计算机网络基础项目化教程

主　编　罗　群　刘振栋
副主编　杨　敏　梁修荣　黄天春

復旦大學出版社

内容提要

本书基于网络体系的层次结构进行知识与技能框架的构建，共由 7 个项目模块组成，全面系统地介绍了计算机网络的基础知识、体系结构、数据通信、局域网技术、广域网与网络互联、网络应用、网络管理与网络安全等方面的知识与技能。每个项目以“基础知识＋实训任务”为主要形式组织内容，同时配备了学习导航、学习小结、巩固练习等环节，以帮助读者了解学习路径、理解理论基础、掌握实践技能，理论与实践相融合，达到学以致用的目的。

本书可作为高等职业院校计算机大类专业计算机网络、计算机网络技术等课程的教材，也可作为相关培训机构的教材和网络技术爱好者的参考用书。

前 言

随着信息技术的不断发展，计算机网络的应用越来越广泛，这就要求大学生掌握计算机网络的基础知识与基本技能。本书依据高等职业院校计算机大类专业的计算机网络课程教学的基本要求编写，以网络体系结构进行知识层次与技能框架的构建，从计算机网络的基础知识、体系结构、数据通信、局域网技术、广域网与网络互联、网络应用、网络管理与网络安全等方面，系统地介绍了计算机网络的相关知识和技能，各项目模块的主要内容如下：

项目 1 主要介绍了计算机网络的基础知识，对计算机网络的发展、功能、组成、分类、当前的网络技术及通信网络领域标准化组织等方面作了详细的阐述，在实训技能方面，主要引导读者对网络有一个初步的认知。

项目 2 主要介绍了计算机网络体系结构，对 OSI/RM 与 TCP/IP 体系结构分别进行了介绍、分析、对比。在实训技能方面，通过对数据包的分析，引导读者进一步地认识和理解网络协议。

项目 3 主要介绍了数据通信与传输介质。对数据通信的基础知识进行了详细的阐述，在实训技能方面，引导读者能够独立完成常见的传输介质(双绞线)的制作。

项目 4 主要介绍了局域网技术，重点对以太网、VLAN 与 WLAN 进行了详细的阐述。在实训技能方面，引导读者理解并能配置交换机、VLAN、WLAN。

项目 5 主要介绍了广域网与网络互联，重点对网络互联与路由协议进行了详细的阐述，在实训技能方面，引导读者理解路由原理、掌握常见路由的配置。

项目 6 主要介绍了 Internet 网络服务，重点对传输层的原理、常见服务器的运行机制进行了详细的阐述，在实训技能方面，引导读者重点掌握 DHCP、DNS、Web 服务器的配置。

项目 7 主要介绍了网络管理与网络安全方面的知识，重点对防火墙与加密技术进行了阐述，在实训技能方面，引导读者能够运用防火墙技术保护系统网络安全。

每个项目以“基础知识＋实训任务”为主要形式组织内容，同时配备了学习导航、学习小结、巩固练习等环节，帮助读者了解学习路径、理解理论基础、掌握实践技能。

本书概念简洁、结构清晰、图文并茂、由浅入深、易学易用、实用性强。通过对本书的学习，读者可以较系统地掌握计算机网络的基础知识和基本技能，更好地做到理论与实践相融合，达到学以致用的目的。

本书由重庆城市职业学院罗群、刘振栋主编，负责全书的知识与技能架构的设计、项目的规划、内容的编写；参编人员还有来自科大讯飞公司的黄天春、重庆城市职业学院的杨敏与梁修荣。其中，项目一～三由罗群编写，项目四、五由刘振栋编写，项目六由杨敏、梁修荣编写，项目七由黄天春编写。本书在编写过程中得到了学院领导、系部领导、教研室各位老师的大力支持和帮助，同时参考了大量国内外计算机网络文献资料，在此谨向这些著作者和为本书付出辛勤劳动的同志致以衷心的感谢！

本书可作为高等职业院校计算机大类专业计算机网络、计算机网络技术课程的教材，也可作为相关培训机构的教材和网络技术爱好者的参考用书。由于编者水平有限，书中难免存在疏漏之处，敬请广大读者指正。

编 者

2019 年 5 月

目 录

计算机网络概述

学习导航

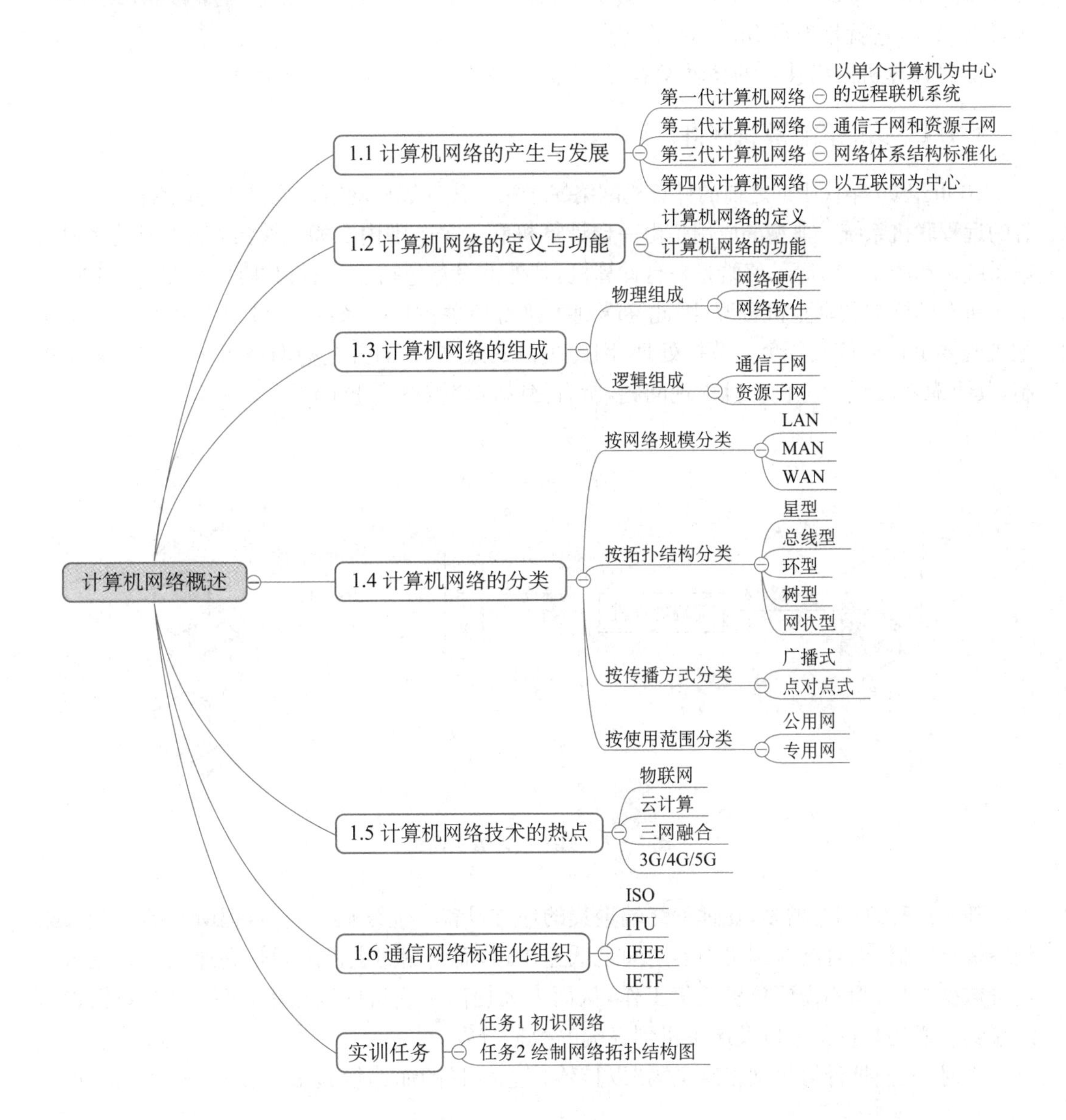

1.1 计算机网络的产生与发展

在20世纪50年代中期，美国的半自动地面防空系统(Semi-Automatic Ground Environment, SAGE)开始了计算机技术与通信技术相结合的尝试。SAGE系统把远程距离的雷达和其他测控设备的信息经由线路汇集至一台IBM计算机上，集中处理与控制。

世界上公认的、最成功的第一个远程计算机网络，是在1969年由美国国防部高级研究计划局(Advanced Research Projects Agency, ARPA)组织研制的，该网络称为ARPANET，它就是现在Internet的前身。

随着计算机网络技术的蓬勃发展，计算机网络的发展经历了4个阶段。

1.1.1 第一代计算机网络

20世纪60年代中期之前的计算机网络属于第一代计算机网络，主要是以单个计算机为中心的远程联机系统。典型的应用是由一台计算机和全美范围内2 000多个终端组成的飞机定票系统。如图1-1所示，终端是一台计算机，其外部设备包括显示器和键盘，无CPU和内存。由于所有的终端共享主机资源，因此终端到主机都单独占用一条线路，线路利用率低。由于主机既要负责通信又要负责数据处理，因此主机的效率低，而且这种网络组织形式是集中控制，其可靠性较低。主机一旦出现问题，所有终端都会被迫停止工作。

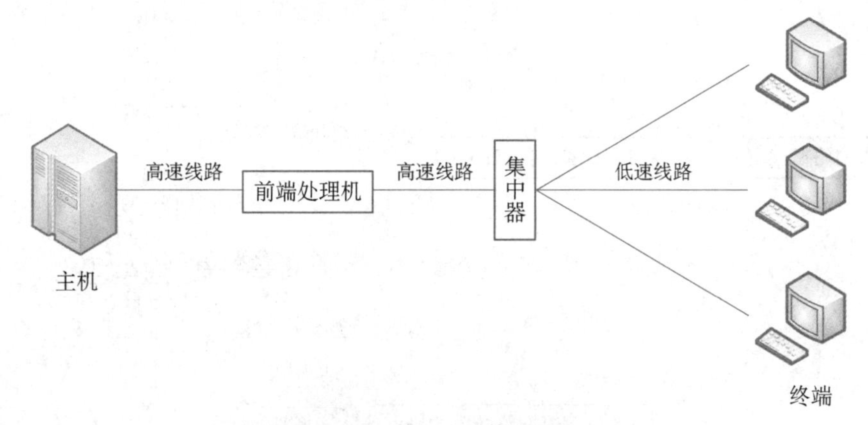

图1-1 第一代计算机网络

随着远程终端的增多，在远程终端聚集的地方设置一个终端集线器，把所有的终端聚集到终端集线器，而且终端到集中器之间是低速线路，而终端到主机之间是高速线路。主机只负责数据处理，而不需要负责通信工作，从而大大提高了主机的利用率，集线器主要负责从终端到主机的数据集中以及从主机到终端的数据分发。

当时，人们把计算机网络定义为“以传输信息为目的而连接起来，实现远程信息处理或进一步达到资源共享的系统”，这样的通信系统已具备了网络的雏形。

1.1.2 第二代计算机网络

从20世纪60年代中期至70年代中期，随着计算机技术和通信技术的发展，已经形成了将多个单处理机联机终端网络互连起来，以多处理机为中心的网络，并利用通信线路将多台主机连接起来，为用户提供服务。典型代表就是美国国防部高级研究计划局组织研制的ARPANET，它是一种基于分组交换技术的网络。ARPANET的成功运行，标志着计算机网络进入了一个新纪元，它的研究成果对促进计算机网络技术发展和理论体系的形成产生了重要作用，并为因特网(Internet)的形成奠定了基础。

这个时代的网络连接主要有两种形式，第一种形式是通过通信线路将主机直接连接起来，主机既承担数据处理又承担通信工作；第二种形式是把通信任务从主机分离出来，设置通信控制处理机(CCP)，主机间的通信通过CCP的中继功能间接完成，如图1-2所示。

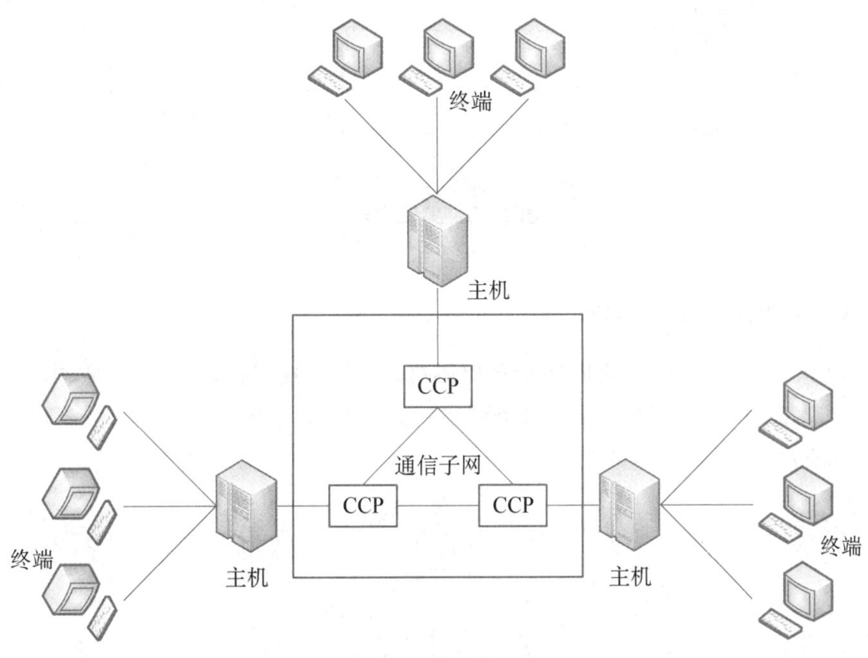

图1-2 第二代网络

CCP负责网上各主机间的通信控制和通信处理。由它们组成了带有通信功能的内层网络，称为通信子网，是网络的重要组成部分。主机负责数据处理，是计算机网络资源的拥有者，而网络中的所有主机构成了网络的资源子网。通信子网为资源子网提供信息传输服务，资源子网上用户间的通信建立在通信子网的基础上，两者共同组成了资源共享的网络。

这个时期，计算机网络被定义为“以能够相互共享资源为目的互联起来的具有独立功能的计算机之集合体”，形成了计算机网络的基本概念。

1.1.3 第三代计算机网络

ARPANET兴起后，计算机网络迅猛发展，各计算机公司相继推出网络体系结构及实现这些结构的软硬件产品。由于没有统一的标准，不同厂商的产品之间要实现互联是非常困难的，人们迫切需要一种开放性的标准化实用网络环境，这样国际通用的体系结构应运而生了。国际标准化组织 ISO 于 1981 年颁布开放式系统互连体系结构参考模型(OSI/RM)，它极大地促进了计算机网络技术的发展，如图 1-3 所示。

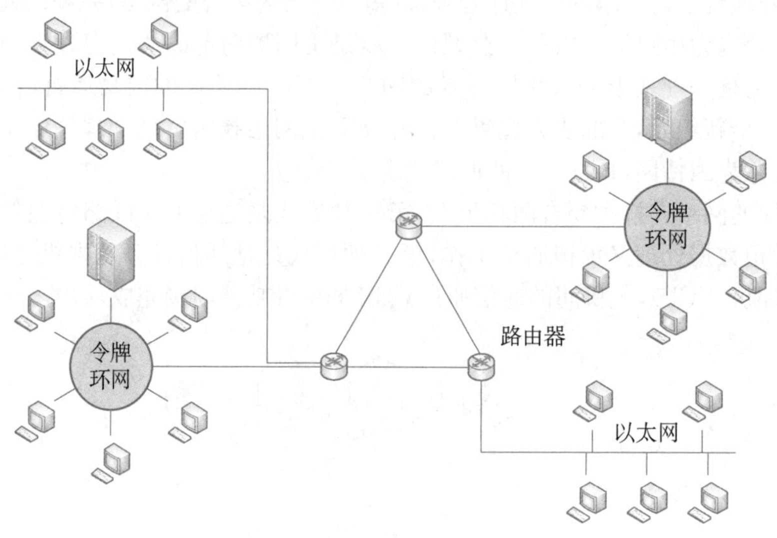

图 1-3 第三代网络

1.1.4 第四代计算机网络

20 世纪 90 年代末至今的第四代计算机网络，由于局域网技术发展成熟，出现光纤及高速网络技术、多媒体网络、智能网络，整个网络就像一个对用户透明的大的计算机系统，发展为以 Internet 为代表的网络，如图 1-4 所示。

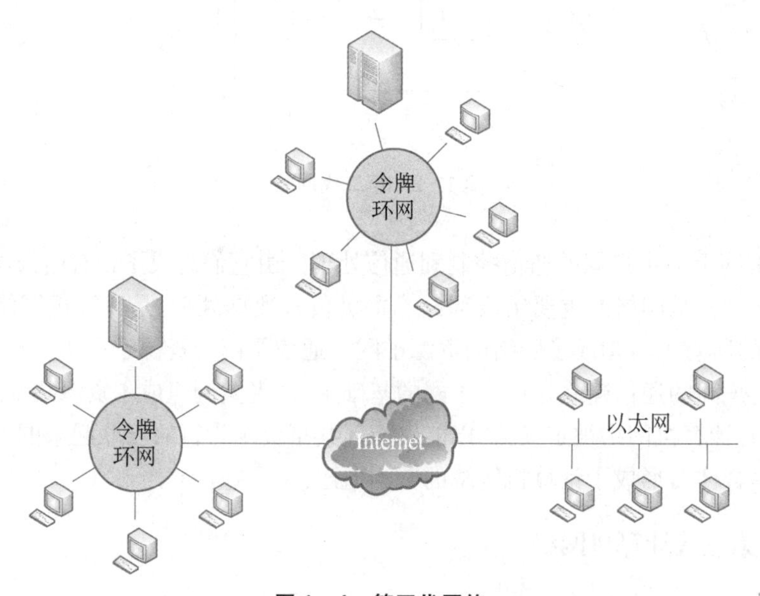

图 1-4 第四代网络

近年来，我们已经进入了移动互联网时代，即将移动通信与互联网二者结合起来，成为一体。移动互联网(Mobile Internet，MI)是一种通过智能移动终端，采用移动无线通信方式获取业务和服务的新兴业务，包含终端、软件和应用3个层面。其中，终端层包括智能手机、平板电脑、电子书、MID等；软件包括操作系统、中间件、数据库和安全软件等；应用层包括休闲娱乐类、工具媒体类、商务财经类等不同应用与服务。

1.2 计算机网络的定义与功能

1.2.1　计算机网络的定义

在计算机网络的不同发展阶段，人们对计算机网络有不一样的认识，其定义也不尽相同，但计算机网络始终包含3个方面的因素：

(1) 连网的对象　地理位置分散、功能独立的多个计算机系统。

(2) 连网的方法　通过通信线路连接起来，由功能完善的网络软件将其有机地联系到一起并管理。

(3) 连网的目的　实现信息传送与资源共享的系统。

因此，可以将计算机网络定义为：利用通信设备和传输介质将地理位置分散、功能独立的多台计算机互联起来，在功能完善的网络软件的支持下实现网络资源共享和信息交换的系统。

1.2.2　计算机网络的功能

计算机网络的功能主要是实现计算机之间的资源共享、网络通信和对计算机的集中管理。除此之外还有负荷均衡、分布处理和提高系统安全与可靠性等功能。

1. 资源共享

资源共享是计算机网络的核心功能，使网络资源得到充分利用，主要包括：

(1) 硬件资源　包括各种类型的计算机、大容量存储设备、计算机外部设备，如彩色打印机、静电绘图仪等。

(2) 软件资源　包括各种应用软件、工具软件、系统开发所用的支撑软件、语言处理程序、数据库管理系统等。

(3) 数据资源　包括数据库文件、数据库、办公文档资料、企业生产报表等。

(4) 信道资源　通信信道可以理解为电信号的传输介质。通信信道的共享是计算机网络中最重要的共享资源之一。

2. 网络通信

网络通信是计算机网络最基本的功能，网络通信可以传输各种类型的信息，包括数据信息、图形、图像、声音、视频流等各种多媒体信息。

3. 分布处理

分布处理是指把要处理的任务分散到各个计算机上运行，而不是集中在一台大型计算机上。这样，不仅可以降低软件设计的复杂性，而且还可以大大提高工作效率和降低成本。

4. 集中管理

在没有联网的条件下，每台计算机都是一个“信息孤岛”。在管理这些计算机时，必须分别管理。而计算机联网后，可以在某个中心位置实现对整个网络的管理。如数据库情报检索系统、交通运输部门的定票系统、军事指挥系统等。

5. 均衡负荷

当网络中某台计算机的任务负荷太重时，通过网络和应用程序的控制和管理，将作业分散到网络中的其他计算机中，由多台计算机共同完成。

1.3 计算机网络的组成

从物理组成角度看，计算机网络是由网络硬件与网络软件共同组成的；从逻辑组成角度看，计算机网络是由通信子网与资源子网共同组成的。

1.3.1 物理组成

1. 计算机网络硬件

(1) 网络中的计算机

① 服务器(Server)：一般是一台或多台高性能的计算机，用于网络管理、运行应用程序、处理各网络站点的信息请求，并连接一些外部设备。网络服务器上运行网络操作系统，为网上用户提供通信控制、管理和资源共享。根据网络服务器作用的不同，可以分为文件服务器、应用程序服务器、数据库服务器等。服务器的类型主要有机架式与刀片式，如图 1-5 和图 1-6 所示。

图 1-5 机架式服务器

图 1-6 刀片式服务器

② 工作站(Workstation)：网络工作站也常称为客户机，具有独立功能并受网络服务器控制和管理的、共享网络资源的计算机。

(2) 网络适配器 网络适配器(Network Interface Card, NIC)俗称网卡，是计算机之间直接或间接通过传输介质通信的接口，插在计算机 I/O 槽中，发出和接收不同的信息帧、计算帧校验序列、执行编码译码转换等，以实现计算机通讯的集成电路卡。网卡负责执行网络协议、实现物理层信号的转换等，是网络系统中的通信控制器。网络服务器和每个工作站上至少安装一块网卡，通过网卡与公共的通信电缆相连。

按照总线可将网卡分为 ISA(16 位)、EISA(32 位)、PCI(32 位)，目前使用较多的是基于 PCI 总线的网卡。按照接口规格，可将网卡分为 AUI 接口、BNC 接口、RJ45 接口、光纤接口。在生活中，使用较多的是 RJ45 接口的网卡，如图 1-7 所示。

(3) 通信连接设备

① 中继器(Repeater)：中继器可以放大信号，补偿信号衰减，用于扩展局域网网段的长度(仅用于连接相同的局域网网段)，如图 1-8 所示。

② 集线器(Hub)：集线器的主要功能是对接收到的信号进行再生整形放大，以扩大网络的传输距离。同时把所有节点集中在以它为中心的节点上，它工作于 OSI(开放系统互联参考模型)参考模型的物理层，如图 1-9 所示。

图 1-7 网卡　　图 1-8 中继器　　图 1-9 集线器

③ 网桥(Bridge)：网桥更像一个“聪明”的中继器，是用于连接两个局域网的一种存储/转发设备，它能将一个大的局域网分割为多个网段，或将两个以上的局域网互联为一个逻辑局域网，使局域网上的所有用户都可访问服务器，用于连接两个同类型的网络，如图 1-10 所示。

④ 交换机(Switch)：交换机是一种工作在数据链路层的用于电信号转发的网络设备，它可以为接入交换机的任意两个网络节点提供独享的电信号通路。交换机有多个端口，每个端口都具有桥接功能，可以连接一个局域网或一台高性能服务器或工作站。最常见的交换机是以太网交换机，其他常见的还有电话语音交换机、光纤交换机等，如图 1-11 所示。

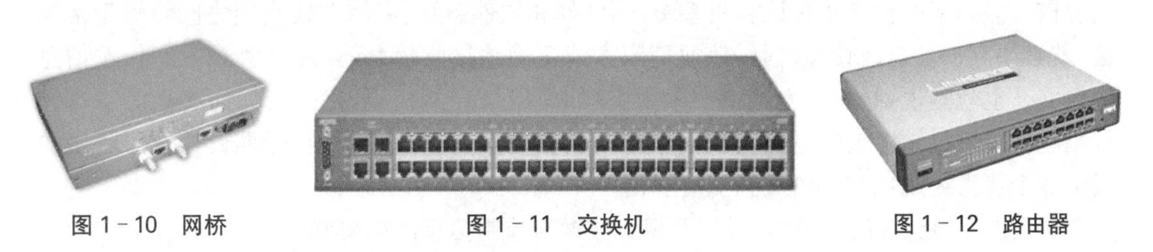

图 1-10 网桥　　图 1-11 交换机　　图 1-12 路由器

⑤ 路由器(Router)：路由器是连接因特网中各局域网、广域网的设备，工作在网络层。它会根据信道的情况自动选择和设定路由，以最佳路径，按前后顺序发送信号。路由器是互联网络的枢纽，就如城市的“交通警察”一样，如图 1-12 所示。

⑥ 网关(Gate Way):网关在网络层以上实现网络互连,是最复杂的网络互连设备,仅用于两个高层协议不同的网络互连。它既可以用于广域网互连,也可用于局域网互连,是一种承担转换重任的计算机系统或设备。在不同的通信协议、数据格式或语言,甚至体系结构完全不同的两种系统之间,网关是一个翻译器,如图 1-13 所示。

⑦ 调制解调器(Modem):用于通过电话线方式上网的用户,其作用是进行数字信号和模拟信号的相互转换。所谓调制,就是把数字信号转换成电话线上传输的模拟信号;解调即把模拟信号转换成数字信号,合称调制解调器,如图 1-14 所示。

图 1-13 网关　　图 1-14 调制解调器

(4) 传输介质　传输介质是数据传输系统中发送装置和接收装置的物理媒体。常用的传输介质分为有线介质和无线介质两大类。有线传输介质包括双绞线、同轴电缆、光纤(光缆)等,如图 1-15～图 1-17 所示;无线传输介质包括无线电波、红外线、蓝牙、微波、激光等。

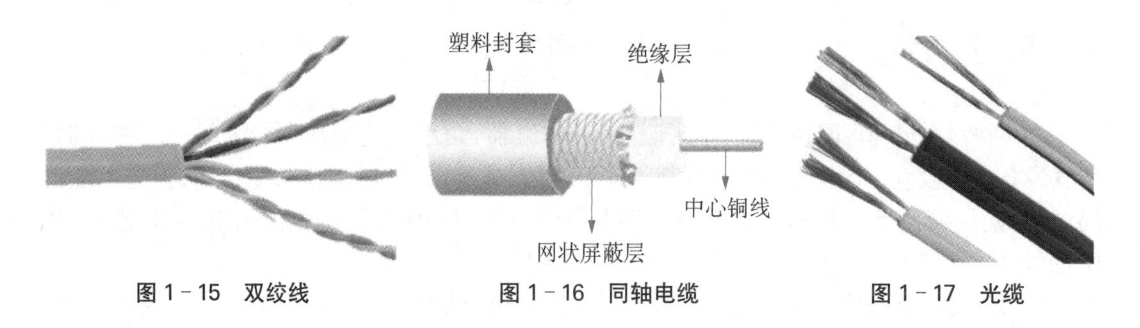

图 1-15 双绞线　　图 1-16 同轴电缆　　图 1-17 光缆

2. 计算机网络软件

(1) 网络协议　在计算机网络中为了实现各种服务的功能,就必然要在计算机系统之间通信。但网络中包含多种计算机系统,其硬件和软件系统各异,要使它们之间能够正常通信,就必须有一套通信管理机制,使通信双方能正确地接收信息,并能理解对方所传输信息的含义。也就是说,必须事先约定一种规则(如交换信息的代码、格式及如何交换等),这种规则就称为协议。协议就是为实现网络中的数据交换而建立的规则、标准或约定。网络协议由 3 个要素组成:语法、语义和交换规则。

① 语法:确定协议元素的格式,即规定数据与控制信息的结构和格式。

② 语义:确定协议元素的类型,即规定通信双方要发出何种控制信息、完成何种动作以及做出何种应答。

③ 交换规则:规定事件实现顺序的详细说明,即确定通信状态的变化和过程,如通信双方的应答关系。

可见，网络通信协议(Protocol)是网络设备用来通信的一套规则，这套规则可以理解为一种彼此都能听得懂的公用语言，使得用户之间能够相互“交流”。就像使用不同母语的人与人之间需要一种通用语言才能交谈一样，网络之间的通信也需要一种通用语言，这种通用语言就是通信协议。目前，Internet 中常用的通信协议是 TCP/IP 协议。

(2) 网络操作系统　连接到网络上的计算机，其操作系统必须遵循通信协议，支持网络通信，才能使计算机接入网络。现在几乎所有的操作系统都具有网络通信功能，特别是运行在服务器上的操作系统。它除了具有通常操作系统应具有的功能(处理器管理、存储器管理、设备管理、文件和作业管理)外，还提供高效、可靠的网络通信能力，和多种网络服务功能(如共享服务、文件传输服务、电子邮件服务等)，这种操作系统称为服务器操作系统或网络操作系统。目前，在局域网中使用的网络操作系统主要有 Windows 系统(如 Windows server 2003、Windows server 2008)、Unix 系统(如 AIX、HP-UX、Solaris 等)、Linux 系统(如 REDHAT、红旗 Linux 等)以及早期的 NetWare 系统。

(3) 网络应用服务软件　为了提供网络服务和各种网络应用，服务器和工作站计算机还必须安装运行网络应用程序，如电子邮件程序、浏览器、即时通信软件、网络游戏软件等。

1.3.2 逻辑组成

计算机网络按逻辑功能可划分为资源子网和通信子网两部分，如图 1-18 所示。资源子网是指计算机网络中面向用户的部分，负责数据的处理工作，包括网络中独立的计算机及其外围设备、软件资源和整个网络共享数据。通信子网是网络中的数据通信系统，由用于信息交换的网络节点处理器和通信链路组成，主要负责通信工作。

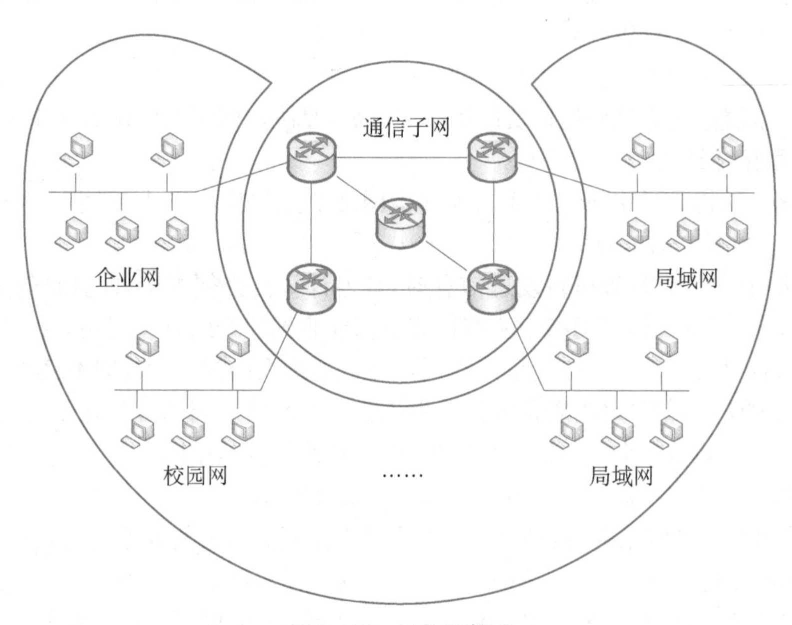

图 1-18　网络逻辑图

1.4 计算机网络的分类

1.4.1 按网络规模分类

按网络覆盖的地理范围,计算机网络可分为:

(1) 局域网(Local Area Network, LAN) 局域网是将较小地理区域内的计算机或数据终端设备连接在一起的通信网络。局域网覆盖的地理范围比较小,一般在几十米到几千米之间。它常用于组建一个办公室、一栋楼、一个楼群、一个校园或一个企业的计算机网络,实现短距离的数据传输与资源共享。

(2) 城域网(Metropolitan Area Network, MAN) 城域网的覆盖范围一般为几千米至几万米,它将位于一个城市之内不同地点(比如学校、企事业单位、公司、医院等)的多个计算机局域网连接起来,实现资源共享。

(3) 广域网(Wide Area Network, WAN) 广域网的覆盖范围大,是在一个广阔的地理区域内传输数据、语音、图像信息的计算机网络。广域网可以覆盖一个城市、一个国家甚至于全球。因特网(Internet)是广域网的一种,它将各种物理网络(局域网、广域网与城域网)互联,并通过高层协议实现网络间的通信。

1.4.2 按拓扑结构分类

计算机网络的拓扑结构是网络中通信线路和站点(计算机或设备)的几何排列方式。在计算机网络中,将主机和终端抽象为点,将通信介质抽象为线,形成点和线组成的图形,使人们对网络整体有明确的全貌印象。

计算机网络中常见的拓扑结构有星型、总线型、环型、树型、网状型等。拓扑结构影响整个网络的设计、功能、可靠性和通信费用等许多方面,是决定网络性能优劣的重要因素之一。

1. 总线型拓扑结构

总线型拓扑结构是早期同轴电缆以太网中网络节点的连接方式,网络中各个节点连接到一条总线上,如图 1-19(a)所示。

在总线上,任何一台计算机在发送信息时,其他计算机必须等待,而且计算机发送的信息会沿着总线向两端扩散,使网络中所有计算机都能收到这个信息。但是否接收,还取决于信息的目标地址是否与网络主机地址一致,若一致,则接收;若不一致,则不接收。

在总线型网络中,信号会沿着传输线路发送到整个网络。当信号到达线缆的端点时,将产生反射信号。发射信号会与后续信号发生冲突,从而使通信中断。为了防止通信中断,必须在线缆的两端安装终结器,吸收端点信号,防止信号反弹。

总线型拓扑结构的特点主要表现在:网络连接不需要插入任何其他的连接设备。网络中任何一台计算机发送的信号都沿一条共同的总线传播,而且能被其他所有计算机接收。其优点主要有连接简单、易于安装、成本费用低。其不足表现在传送数据的速度缓慢、维护困难。

2. 星型拓扑结构

每个节点都由单独的通信线路连接到中心节点上,中心节点控制全网的通信,任何两台计算机之间的通信都要通过中心节点来转接,如图 1-19(b)所示。因此中心节点是网络的瓶颈,这种拓扑结构又称为集中控制式网络结构,是目前使用最普遍的拓扑结构。处于中心的网络设备一般采用交换机。

星型拓扑结构的优点主要表现在结构简单、便于维护和管理。因为当中某台计算机或头条线缆出现问题时,不会影响其他计算机的正常通信,维护比较容易。其不足表现在通信线路专用、电缆成本高,中心节点是全网络的可靠瓶颈,中心节点出现故障会导致网络的瘫痪。

3. 环型拓扑结构

环型拓扑结构是以一个共享的环型信道连接所有设备,如图 1-19(c)所示。在环型拓扑中,信号会沿着环型信道按一个方向传播,并通过每台计算机。每台计算机会将信号放大后,传给下一台计算机。在网络中有一种特殊的信号称为令牌,令牌按顺时针方向传输。当某台计算机要发送信息时,必须先捕获令牌,再发送信息,发送信息后,释放令牌。

环型结构的显著特点是每个节点用户都与两个相邻节点用户相连。其优点主要表现在:电缆长度短;增加或减少工作站时,仅需简单地连接;可使用光纤,传输速度很高,传输信息的时间是固定的,便于实时控制。其缺点主要是节点过多影响传输效率,检测故障困难。

4. 树型拓扑结构

树型拓扑结构的网络层次清晰,易扩展,如图 1-19(d)所示,是目前多数校园网和企业网使用的结构。这种方法的缺点是对根节点的可靠性要求很高。

5. 网状型拓扑结构

网状型拓扑结构是指将网络节点与通信线路连接成不规则的形状,每个节点至少与其他两个节点相连,或者说每个节点至少有两条链路与其他节点相连,如图 1-19(e)所示。很多大型的网络一般都采用这种结构,比如我国的教育科研网 CERNET、因特网的主干网。

网状型拓扑结构的优点主要表现在可靠性高、时延少、网络性能较高。其不足主要表现在结构复杂,不易管理和维护,线路成本高,适用于大型广域网。

除了上述的 5 种拓扑结构,还有混合型结构。混合型拓扑结构是由以上几种拓扑结构混合而成的,如环星型结构,总线型和星型的混合结构等。

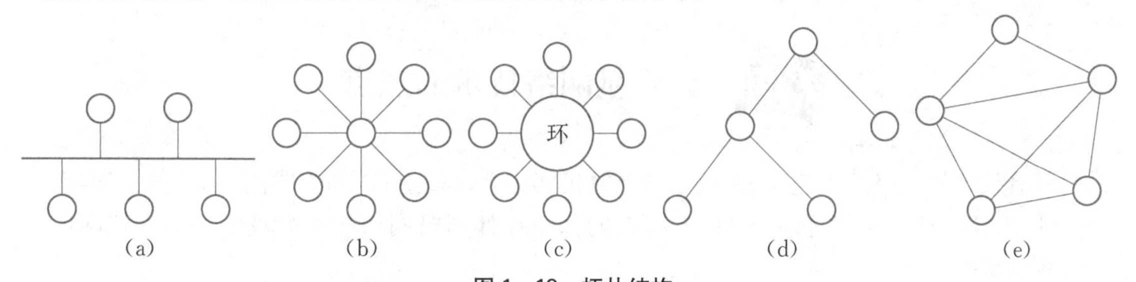

图 1-19 拓扑结构

1.4.3 按传播方式分类

按照传播方式不同,可将计算机网络分为:

(1) 广播式网络 网络中的计算机或者设备使用一个共享的通信介质传播数据,网络中的所有节点都能收到任意节点发出的数据信息,如图 1-20 所示。

(2) 点对点式网络 点对点式网络是指两个节点之间的通信方式是点对点的,如图

1－21所示。如果两台计算机之间没有直接连接的线路,那么它们之间的分组传输就要通过中间节点的接收、存储、转发,直至目的节点。点对点传播方式主要应用于广域网中。

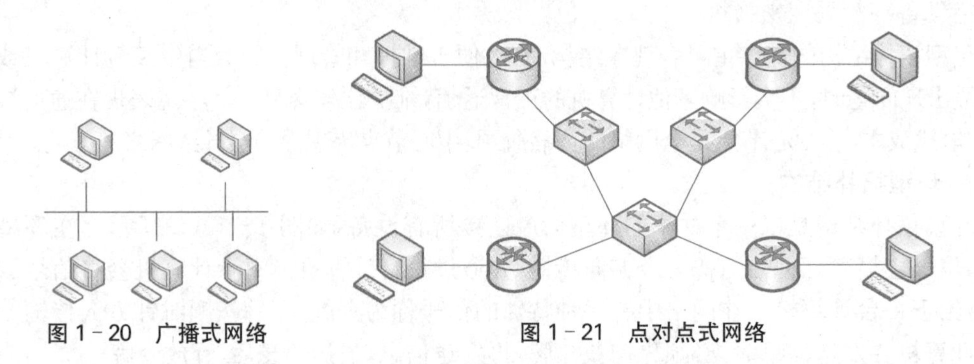

图1－20 广播式网络　　图1－21 点对点式网络

计算机或设备以点对点的方式传输数据。由于连接这两个节点之间的网络结构可能很复杂,任何两个节点间都可能有多条单独的链路,所以从源节点到目的节点可能存在多条路径,因此需要提供关于最佳路径的选择机制。

1.4.4 按使用范围分类

计算机网络按使用范围可分为:

(1) 公用网　由电信部门或其他提供通信服务的运营商出资组建、管理和控制的大型网络。“公用”的意思就是运营商规定交纳费用的人都可以使用这种网络。公用网常用于广域网络的构造,支持用户的远程通信,如我国的电信网、广电网、联通网等。

(2) 专用网　由用户部门组建经营的网络,不容许其他用户和部门使用。由于投资的因素,专用网常为局域网或者是通过租借电信部门的线路而组建的广域网络。如学校组建的校园网、由企业组建的企业网等。这是某个部门为满足本单位特殊的需要而构建的网络,不向本单位以外的人提供服务。

1.5 计算机网络技术的热点

随着计算机网络的飞速发展,近年来计算机网络有许多热点,如物联网、云计算、三网融合、3G/4G/5G移动通信、移动互联网等,它们都是在计算机网络技术高度发展与因特网广泛应用的基础上产生的。

1. 物联网

物联网(Internet of Things, IOT)是实现物物相连的互联网络。其内涵包含两个方面的意思:一是物联网的核心和基础仍是互联网,是在互联网基础上延伸和扩展的一种网络;二是其用户端延伸和扩展到了任何物品和物品之间。物联网的核心技术是,通过射频识别(Radio Frequency Identification, RFID)装置、传感器、红外感应器、全球定位系统和激光扫描器等信息传感设备,按约定的协议,把任何物品与互联网相连,进行信息交换和通信,以实现智慧化识别、定位、跟踪、监控和管理的一种网络。

物联网把新一代IT技术充分运用于各行各业，具体地说，就是把感应器嵌入和融入到电网、铁路、桥梁、隧道、公路、建筑、大坝、油气管道等各种物体中，然后将物联网与现有的互联网整合起来，实现人类社会与物理系统的整合。在这个整合的网络当中，能力超级强大的中心计算机群能够实时管理和控制网络内的人员、机器、设备和基础设施，以更加精细和动态的方式管理生产和生活，达到"智慧"状态，提高资源利用率和生产力水平，改善人与自然间的关系。

2. 云计算

云计算(Cloud Computing)是一种基于互联网的计算方式，它将网格计算、分布式计算、并行计算、效用计算、网络存储技术、虚拟化、负载均衡等传统计算机技术和网络技术发展整合，共享的软件资源、硬件资源、信息可以按需提供给计算机和其他设备。它包括以下几个层次的服务：SaaS(Software-as-a-Service，软件即服务)、PaaS(Platform-as-a-Service，平台即服务)、IaaS(Infrastructure-as-a-Service，基础设施即服务)。

美国国家标准与技术研究院(NIST)将云计算定义为：云计算是一种按使用量付费的模式，这种模式提供可用的、便捷的、按需的网络访问，能够快速提供可配置的计算资源共享池(资源包括网络、服务器、存储、应用软件、服务)，只需投入很少的管理工作，或与服务供应商进行很少的交互。

3. 三网融合

三网融合是指原来独立运营的三大网络(互联网、电信网络和有线电视网络)，在向宽带通信网、数字电视网、下一代互联网演进过程中，相互渗透和相互融合，形成一个统一的信息服务网络系统。三类不同的业务、市场和产业相互渗透和融合，并以全数字化的网络设施来支持包括数据、语音和视频在内的所有业务的通信。

4. 3G/4G/5G

3G是第三代移动通信技术，是指支持高速数据传输的蜂窝移动通信技术。3G服务能够同时传送声音及数据信息，速率一般在几百kbps以上。

4G是第四代移动通信技术，它集3G与WLAN于一体，能够快速传输高质量音频、视频和图像等数据。4G能够以100 Mbps以上的速度下载，能够满足几乎所有用户对无线服务的需求。

5G是第五代移动通信技术，是4G之后的延伸，其峰值理论传输速度可达每秒数10 Gb，比4G网络的传输速度快数百倍。

1.6 通信网络标准化组织

1. ISO

国际标准化组织(International Organization for Standardization, ISO)是一个全球性的非政府组织，是国际标准化领域中一个十分重要的组织。ISO的主要任务是促进全球范围内的标准化及其有关活动的开展，以利于国际间产品和服务的交流，以及在知识、科学、技术和经济活动中发展国际间的相互合作。

国际标准化组织ISO和国际电报电话咨询委员会CCITT联合制定了网络通信标准，即开放系统互连参考模型(OSI)。

2. ITU

国际电信联盟(International Telecommunication Union, ITU)是世界各国政府的电信主管部门之间协调电信事务的一个国际组织。ITU 的宗旨是维持和扩大国际合作,以改进和合理地使用电信资源,促进技术设施的发展及其有效地运用,以提高电信业务的效率,扩大技术设施的用途,并尽量使其普遍利用,协调各国行动。

在通信领域,最著名的国际电信联盟标准化部门(ITU-T)标准有 V 系列标准,例如 V. 32、V. 33 和 V. 42 等;X 系列标准,例如 X. 25、X. 400 和 X. 500 为公用数字网上传输数据的标准。

3. IEEE

电气与电子工程师协会(Institute of Electrical and Electronics Engineers, IEEE)由 1963 年美国电气工程师学会(AIEE)和美国无线电工程师学会(IRE)合并而成,是美国规模最大的专业学会。IEEE 致力于电气、电子、计算机工程和与科学有关的领域的开发和研究,在太空、计算机、电信、生物医学、电力及消费性电子产品等领域已制定了 900 多个行业标准,现已发展成为具有较大影响力的国际学术组织。

IEEE 的最大成果是制定了局域网和城域网的标准,这个标准被称为 802 项目或 802 系列标准。

4. IETF

国际互联网工程任务组(The Internet Engineering Task Force, IETF)是制定互联网技术标准的世界性组织。IETF 的主要任务是负责互联网相关技术标准的研发和制定,是国际互联网业界具有一定权威的网络相关技术研究团体。

实训任务

任务 1　初识网络

实训目的

1. 认识网络的组成元素。
2. 观察网络的物理连接。

实训环境

实训室

硬件:PC 机(网络连通)。

软件:操作系统。

实训内容

1. 参观实训室的网络连接。
2. 观察双绞线的连接。
3. 观察交换机的连接。
4. 根据你的观察,分享你对网络的认识与了解。

实训总结

任务 2　绘制网络拓扑结构图

实训目的

1. 理解网络拓扑的概念。
2. 绘制基本的网络拓扑结构。
3. 分析实训室的网络拓扑结构。
4. 绘制实训室的网络拓扑结构图。

实训环境

实训室

硬件：PC 机(网络连通)。

软件：安装有 Visio 或 Word 应用程序。

实训内容

1. 独立完成总线型、环型、星型、树型网络拓扑结构图的绘制。
2. 完成实训室网络拓扑结构图的绘制。

实训总结

学习小结

在理论知识体系上，本项目初步介绍了计算机网络，主要讲述计算机网络的产生与发展、定义与功能、组成与分类、热点应用与标准化组织等，使学生能够对计算机网络从整体上有一个基本的了解与认识。

在实践技能应用上，学生能够认识常见的网络设备、传输介质，了解网络的连接及拓扑结构，能够利用软件绘制出网络拓扑结构图。

巩固练习

一、名词解释

1. 计算机网络：

2. 局域网：
3. 广域网：
4. 通信子网：
5. 资源子网：

二、填空题

1. 计算机网络的核心功能是(　　　　　　)。
2. 计算机网络从逻辑功能上可分为(　　　　)子网和(　　　　)子网。
3. 计算机网络按网络的覆盖范围可分为(　　　　)、(　　　　)和(　　　　)。
4. 常见的网络拓扑结构有(　　　　)、(　　　　)、(　　　　)、(　　　　)和(　　　　)。
5. 常用的传输介质有两类：有线介质和无线介质，有线介质主要有(　　　　)、(　　　　)和(　　　　)。

三、单选题

1. 世界上第一个公认的计算机网络是(　　)。

A. ARPANET　　B. CHINANET　　C. Internet　　D. CERNET

2. 计算机网络的主要目的是(　　)。

A. 制定网络协议　　B. 资源共享　　C. 集中计算　　D. 分布式处理

3. 计算机网络中可以共享的资源包括(　　)。

A. 硬件、软件、数据、通信信道　　B. 主机、外设、软件、通信信道
C. 硬件、程序、数据、通信信道　　D. 主机、程序、数据、通信信道

4. 一座大楼内的一个计算机网络系统，属于(　　)。

A. PAN　　B. LAN　　C. MAN　　D. WAN

5. 在计算机网络中，城域网的英文简写是(　　)。

A. LAN　　B. MAN　　C. WAN　　D. DCN

6. 一旦中心节点出现故障，整个网络瘫痪的局域网拓扑结构是(　　)。

A. 总线型结构　　B. 星型结构　　C. 环型结构　　D. 工作站

7. 当网络中任何一个工作站发生故障时，都有可能导致整个网络停止工作，这种网络的拓扑结构是(　　)。

A. 星型　　B. 环型　　C. 总线型　　D. 树型

8. 目前，实际存在与使用的广域网基本都采用(　　)。

A. 总线型结构　　B. 环型结构　　C. 网状结构　　D. 星型结构

9. 按传输媒介分类，通信系统可分为(　　)和无线两类。

A. 卫星　　B. 光纤　　C. 电缆　　D. 有线

10. 下面不属于“三网合一”的是(　　)。

A. 电信网　　B. 互联网　　C. 广播电视网　　D. 物联网

四、简答题

1. 什么是网络拓扑结构？计算机网络常见的拓扑结构有哪些？
2. 计算机网络的主要功能是什么？

计算机网络体系结构

学习导航

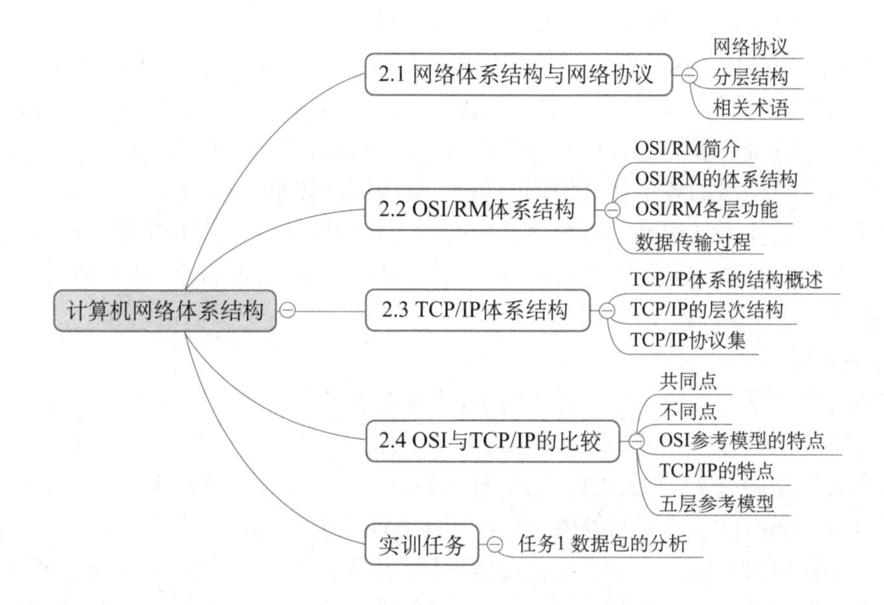

基础知识

2.1 网络体系结构与网络协议

1. 网络协议

网络协议是计算机网络不可缺少的组成部分，前边已说明，这里不再赘述。

2. 分层结构

为了减少网络协议设计的复杂性，并不是设计一个单一、巨大的协议来为所有形式的通信规定完整的细节，而是把通信问题划分为许多个小问题，为每个小问题设计一个单独的协议。每个协议的设计、分析、编码和测试都比较容易。分层模型是一种用于开发网络协议的设计方法。本质上,分层模型把通信问题分为几个小问题(称为层次),每个小问题对应于一层。

对于非常复杂的计算机网络协议,分层可以带来许多好处:

(1) 各层之间是独立的　某一层并不需要知道下一层是如何实现的,而仅仅需要知道该层通过层间的接口(即界面)所提供的服务。由于每一层只实现一种相对独立的功能,因而可将一个难以处理的复杂问题分解为若干个较容易处理的更小一些的问题。这样,整个问题的复杂程度就下降了。

(2) 灵活性好　当任何一层发生变化时(例如由于技术的变化),只要层间接口关系保持不变,则在这层以上或以下各层均不受影响。此外,某一层提供的服务还可修改。当某层提供的服务不再需要时,甚至可以将这层取消。

(3) 结构上可分割开　各层都可以采用最合适的技术来实现。

(4) 易于实现和维护　这种结构使得实现和调试一个庞大而又复杂的系统变得易于处理,因为整个系统已被分解为若干个相对独立的子系统。

(5) 能促进标准化　因为每一层的功能及其所提供的服务都已有了明确的说明。

分层时应注意,使每一层的功能非常明确。若层数太少,就会使每一层的协议太复杂。但层数太多又会在描述和综合各层功能的系统工程任务时遇到较多的困难。

我们把计算机网络的各层及其协议的集合,称为网络体系结构。

计算机网络的体系结构就是这个计算机网络及其构件所应完成的功能的精确定义。这些功能究竟是用何种硬件或软件完成的,则是体系结构的实现的问题。体系结构是抽象的,而实现是具体的。

3. 相关术语

在网络分层体系结构中,如图 2-1 所示,涉及以下术语:

(1) 实体(Entity)　每一层中的活动元素通常称为实体。实体既可以是软件实体(如一个进程),也可以是硬件实体(如智能输入/输出芯片)。不同通信节点上的同一层实体称为对等实体(Peer Entity)。不同网络中的对等实体之间不能直接通信。

在具有功能层次的两个不同系统上通信,是在对等层之间进行的,对等层中通信的一对实体称为对等实体,第 n 层的对等实体间通信时所遵守的协议称为第 n 层协议。

(2) 接口(Interface)　每一对相邻层次之间都有一个接口,接口定义了下层向上层提供的命令和服务,相邻两个层次都是通过接口来交换数据的。

(3) 服务(Service)　服务位于层次接口的位置,表示底层为上层提供哪些操作功能。至于这些功能是如何实现的,完全不是服务考虑的范畴。服务分为面向连接服务和无连接服务。面向连接服务的提供者负责建立连接、维护连接和拆除连接,这种服务最大的好处就是能够保证数据高速、可靠和顺序的传输。无连接服务不需要维护连接的额外开销,但是可靠性较低,也不能保证数据的顺序传输。

(4) 服务访问点(Service Accessing point, SAP)　服务访问点是相邻两层实体之间通过接口,调用服务或提供服务的联系点。

(5) 协议数据单元(Protocol Data Unit, PDU)　协议数据单元是对等实体之间通过协议传送的数据单元。

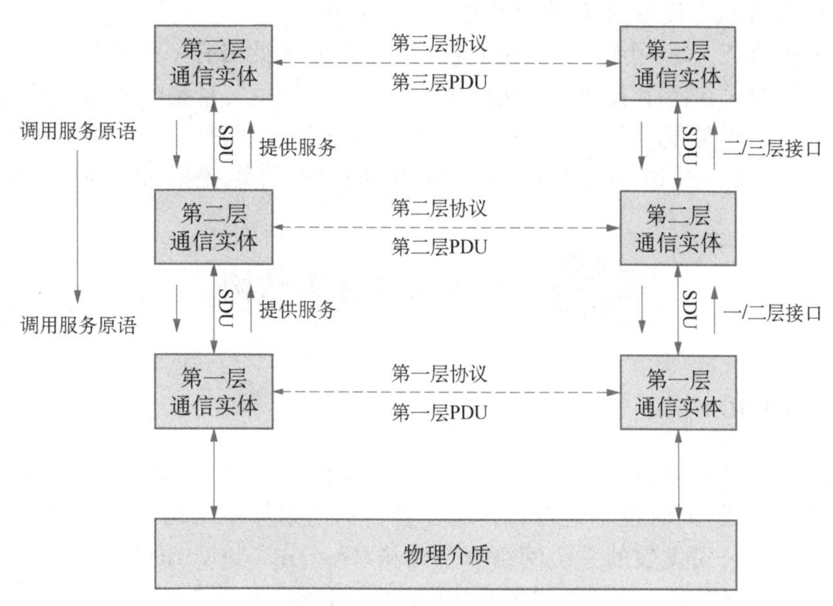

图2-1　实体、服务与接口关系图

(6) 接口数据单元(Interface Data Unit, IDU)　接口数据单元是相邻层次之间通过接口传送的数据单元,也称为服务数据单元(Service Data Unit, SDU)。

4. 各层设计中要解决的问题

计算机网络的设计过程中,每层协议都有确定的问题需要解决,但有些问题具有一定的普遍性,涉及大多数的层,比如,如何建立与拆除连接,如何确定数据的传输方式,如何控制数据流量等。

(1) 建立连接　这是每层都要解决的问题,因为网络中有多个计算机系统且每个系统的每层中都包含有多个实体和进程,因此,需要某种机制在通信的两个实体或进程之间建立临时连接。

(2) 拆除连接　当两个进程通信结束后,要拆除它们之间临时建立的连接,及时释放所占资源。

(3) 确定数据传输方式:数据传输可以是单工、半双工和全双工方式,可以是同步或异步方式,可以分普通信息传输和紧急信息传输等情况。

(4) 差错控制　由于物理通信电路传输过程中常常产生错误,所以差错控制就是一个重要问题。每层协议都要涉及如何发现错误,如何纠正错误,以及如何通知发送方哪些信息已被正确接收等问题。

(5) 数据流量控制　由于缓冲区容量的限制,加之各对等层的两个通信实体可能具有不同的发送与接收速度,因而双方必须采取有效的控制机制,保证双方状态说明信息的及时反馈,解决速度匹配问题,否则会出现信息丢失,甚至会导致网络死锁。

(6) 路径选择　在点对点信道子网中,源节点和目的节点之间常常存在多条路径,所以要从中选择一条省时、省资源的路径。

(7) 多路复用　若两个通信进程单独建立连接的费用太高,常常将多对通信进程之间的对话放在一个连接上传送，在接收方的适当位置分开。

（8）信息的拆装　每一层不可能接收任意长的信息，因此要有一种机制把过长的信息拆分成多个短信息发送，然后在接收方再按原来的顺序将这些短信息装配成与原来相同的长信息。相反的情况也存在，即当传送的信息均很短时，为了提高效率，也可以将这些独立的短信息先组装成一个长信息发送，到达对方后再恢复为各自的短信息，送给各自的目的进程。

2.2 OSI/RM体系结构

2.2.1 OSI/RM简介

在20世纪70年代，计算机工业迅速发展，国际上许多大的计算机生产厂家都在开发各自的计算机系列产品，同时也相继自行定义了各自的网络体系结构。其中，比较著名的有1974年9月，IBM公司发表的系统网络体系结构（System Network Architecture，SNA），DEC公司于1975年发布的数字网络体系结构（Digital Network Architecture，DNA），还有HP公司的分布式系统网络（Distributed System Network，DSN）等。这些种类繁多的网络体系结构，由于通信过程中各自定义的层数、每层所采用的协议常常有差异，造成彼此之间不兼容，给不同厂家的计算机间通信和网络互联带来了很大困难，阻碍了计算机网络功能的发挥。

为了使不同体系结构的计算机网络能够互联，1978年，国际标准化组织（International Organization for Standardization，ISO）的技术委员会TC97建立了一个分委员会SC16，专门研究开放系统互连（Open System Interconnection，OSI）。同年3月，SC16召开了第一次会议决定优先制定作为发布标准协议基础的计算机通信网络的标准体系结构模型。18个月之后，SC16向TC97提交了“开放系统互连基本参考模型”的建议草案。该草案于1979年由TC97通过，作为ISO发展OSI标准的基础。OSI基本参考模型同时也为CCITT公共数据网研究组SGVII所承认。1980年，SC16提议把参考模型上升为国际标准草案。经过两轮讨论后，基本参考模型于1982年春季发展成为国际标准草案（DIS）。又经讨论投票，该参考模型到1983年春季终于成为正式国际标准（ISO7498），即开放系统互联参考模型OSI/RM。

所谓“开放”是强调对OSI标准的遵从，只要遵循OSI标准的系统，就可以与位于世界上任何地方的、同样遵循这同一标准的任何其他系统通信。

这里的“系统”表示在现实世界中能够处理信息或传送信息的自治系统，它可以是一台或多台计算机以及和这些计算机相关的软件、外部设备、终端、信息传输手段等的集合。若这种系统在和其他系统通信时遵循OSI标准，则该系统称为开放系统。

OSI参考模型的目的是为协调系统互联标准的开发提供一个共同基础，是对现有计算机网络体系结构在博采众长的基础上反映系统互联技术未来发展的产物。它将引导而不是追随数据通信系统产品的发展，并对技术的发展起一定的指导作用。OSI参考模型具有如下特性：

① 这是一种将异构系统互联的分层结构。

② 它提供了控制互联系统交互规则的标准框架。

③ 它定义了一种抽象的功能性结构，并非具体实现描述和协议细节的精确定义。

因此，可以说 OSI 参考模型及其有关标准都只是技术规范，而不是工程规范。

2.2.2 OSI/RM 的体系结构

1. 分层原则

OSI/RM 的基本构造技术是分层，利用层次结构把开放系统的信息交换问题分解在一系列较易于控制和实现的软硬件项目中。具体遵循下列分层原则：

① 根据功能需要进行分层，每层应当实现定义明确的功能。

② 每一层功能的选择应当有助于制定国际标准化协议。

③ 层次界面的选择应尽量减少通过接口的信息量。

④ 层次功能的定义和接口的划分应使得各层彼此独立，从而在接口保持不变的情况下，某一层的改变不会影响到其他层。

⑤ 层次的数量应适当，数量过少会使过多功能集中在同一层，从而使协议变得复杂；数量过多又会使整个网络体系结构过于庞大，通信处理速度下降。

2. OSI/RM

在 OSI/RM 中采用了 7 个层次的体系结构，最下面的是第一层，最上层是第七层，从下而上依次称为物理层、数据链路层、网络层、传输层、会话层、表示层和应用层，并分别用各层名称英文首字母缩写 PH、DL、N、T、S、P 和 A 来代表，如图 2-2 所示。

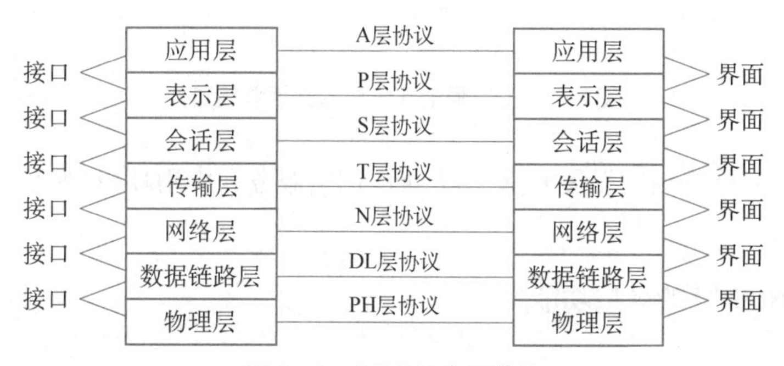

图 2-2 OSI/RM 各层协议

在 OSI 网络体系结构中，除了物理层之外，网络中数据的实际传输方向是垂直的。数据由用户发送进程给应用层，向下经表示层、会话层等到达物理层，再经传输媒体传到接收端，由接收端物理层接收，向上经数据链路层等到达应用层，再由用户获取。数据在由发送进程交给应用层时，由应用层加上该层有关控制和识别信息，再向下传送，这一过程一直重复到物理层。在接收端，信息向上传递时，各层的有关控制和识别信息被逐层剥去，最后数据送到接收进程，如图 2-3 所示。

一般地，在制定网络协议和标准时，都把 OSI/RM 模型作为参照基准，并说明与该参照基准的对应关系。例如，在 IEEE 802 局域网标准中，只定义了物理层和数据链路层，并且增强了数据链路层的功能。在广域网协议中，CCITT 的 X.25 建议包含了物理层、数据链路层和网络层等 3 层协议。一般来说，网络的低层协议决定了一个网络系统的传输特性，包括所采用的传输介质、拓扑结构及介质访问控制方法等，这些通常由硬件来实现；网络的高层协

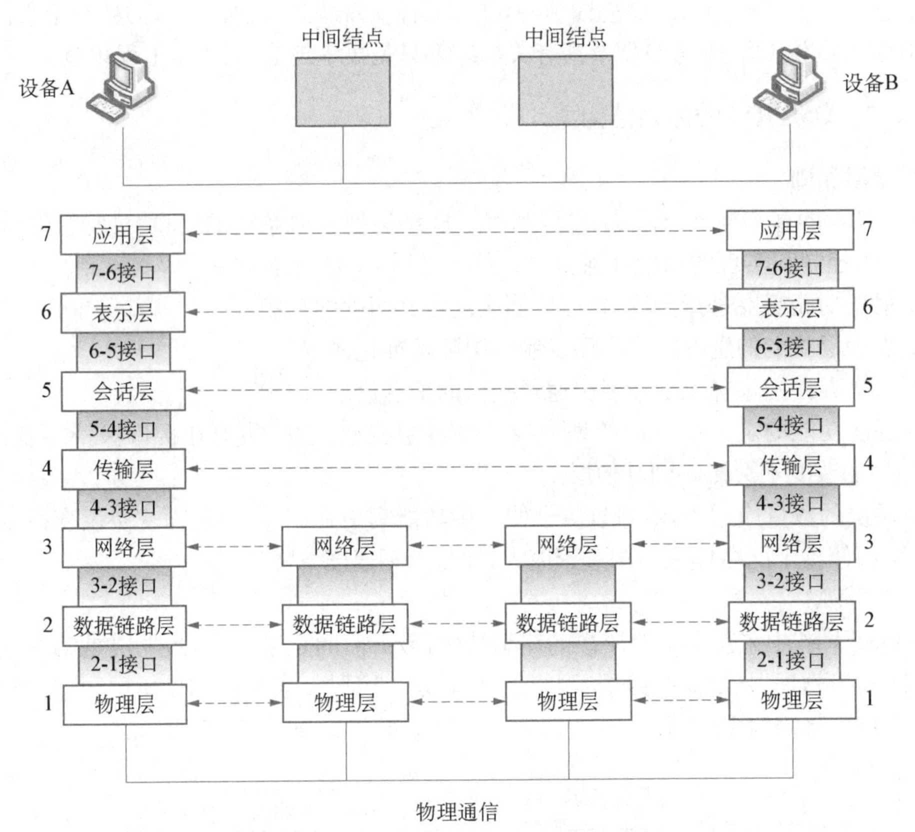

图 2-3 OSI 通信实体间的数据传输过程

议则提供了与网络硬件结构无关的、更加完善的网络服务和应用环境，这些通常是由网络操作系统来实现的。

2.2.3 OSI/RM 的各层功能

1. 物理层

物理层建立在物理通信介质的基础上，作为系统和通信介质的接口，只有该层为真实的物理通信。物理层的主要任务是透明地传输比特流，它不关心比特流的实际意义和结构，只是负责接收和传送。

物理层提供与通信介质的连接，提供为建立、维护和释放物理链路所需的机械的、电气的、功能的和规程的特性，主要体现在：

(1) 机械特性　主要规定了物理连接时对插座的几何尺寸、插针或插孔的芯数及排列方式、连线的根数等。

(2) 电气特性　主要规定了信号状态的电压、电流的识别，每种信号的电平，信号的脉冲宽度，允许的数据传输速率和最大传输距离等。

(3) 功能特性　主要规定了接口信号的来源、作用与其他信号之间的关系等。

(4) 规程特性　规定了接口电路信号发出的时序、应答关系和操作过程，这些操作过程的应用便于比特流的顺利传输。

物理层定义网络硬件的特性，包括使用什么传输介质以及与传输介质连接的接头等物理特性，典型规范代表有 EIA/TIA RS－232、EIA/TIA RS－449、V.35、RJ－45 等。

2. 数据链路层

数据链路层的主要任务是在两个相邻节点间的线路上无差错地传输以帧(frame)为单位的数据，并产生和识别帧边界，提供差错控制与流量控制，保证在物理线路上的数据无差错传输。

数据链路层的主要目的是提供建立、维持和释放数据链路连接，以及传输数据链路服务数据单元所需的功能和过程的手段。数据链路连接是建立在物理连接基础上，建立和拆除数据链路连接。每次通信前后，通信双方相互联系以确认一次通信的开始和结束，在一次物理连接上可以多次通信。

数据链路层服务可分为以下 3 种：

(1) 应答、无连接服务　发送前不必建立数据链路连接，接收方也不做应答，出错和数据丢失时也不做处理。这种服务质量低，适用于线路误码率很低以及传送实时性要求高的信息，比如语音类信息。

(2) 有应答、无连接服务　当发送主机的数据链路层要发送数据时，直接发送数据帧。目标主机接收数据链路的数据帧，并经校验正确后，向源主机数据链路层返回应答帧；否则返回否定帧，发送端可以重发原数据帧。这种方式发送的第一个数据帧，除传送数据外，也起数据链路连接的作用。这种服务适用于一个节点的物理链路多或通信量小的情况，其实现和控制都较为简单。

(3) 面向连接的服务　该服务的数据传送分为 3 个阶段：数据链路建立，数据帧传送和数据链路的拆除。数据链路建立阶段要求双方的数据链路层作好传送的准备；数据传送阶段是将网络层递交的数据传送到对方；数据链路拆除阶段是当数据传送结束时，拆除数据链路连接。这种服务的质量好，是 ISO/OSI 参考模型推荐的主要服务方式。

数据链路层与网络层交换数据格式为服务数据单元。数据链路服务数据单元，配上数据链路协议控制信息，形成数据链路协议数据单元。

数据链路层能够从物理连接上传输的比特流中，识别出数据链路服务数据单元的开始和结束，以及识别出其中的每个字段，实现正确的接收和控制，并能按发送的顺序传输到相邻节点。

数据链路层协议可分为面向字符和面向比特两种。面向字符的链路层协议是利用控制字符控制报文的传输。报文由报头和正文两部分组成。报头用于传输控制信息，包括报文名称、源地址、目标地址、发送日期以及标识报文开始和结束的控制字符。正文则为报文的具体内容。目标节点检查收到的源节点发来的报文，若正确，则向源节点发送确认的字符信息；否则发送接收错误的字符信息，典型代表有 PPP 协议。面向比特的链路层协议以帧为传送信息的单位，帧又分为控制帧和信息帧。在信息帧的数据字段(即正文)中，数据为比特流。比特流用帧标志来划分帧边界，帧标志也可用作同步字符。典型代表有 SDLC、HDLC 等。

3. 网络层

网络层的主要任务是选择路由，以确保数据分组(packet)从发送端到达接收端，并在数据分组发生阻塞时控制拥塞。网络层还要解决异构网络的互连问题，以实现数据分组在不同类型的网络中传输。

网络层的主要功能是支持网络层的连接。网络层的具体功能如下：

(1) 建立和拆除网络连接　在数据链路层提供的数据链路连接的基础上，建立传输实体间或者若干个通信子网的网络连接。互连的子网可采用不同的子网协议。

(2) 路径选择、中继和多路复用　网际的路径和中继不同于网内的路径和中继，网络层可以在传输实体的两个网络地址之间选择一条适当的路径，或者在互连的子网之间选择一条适当的路径和中继。并提供网络连接多路复用的数据链路连接，以提高数据链路连接的利用率。

(3) 分组、组块和流量控制　数据分组是指将较长的数据单元分割为一些相对较小的数据单元；数据组块是指将一些相对较小的数据单元组成块后一起传输。用以实现网络服务数据单元的有序传输，以及对网络连接上传输的网络服务数据单元进行有效的流量控制，以免发生信息堵塞现象。

(4) 差错的检测与恢复　利用数据链路层的差错报告，以及其他的差错检测能力来检测经网络连接所传输的数据单元，检测是否出现异常情况，并可以从出错状态中解脱出来。

网络层中提供两种类型的网络服务，即无连接服务和面向连接的服务，它们又称为数据报服务和虚电路服务。

(1) 数据报服务　在数据报方式下，网络层从传输层接受报文，拆分为报文分组，并且独立地传送，因此数据报格式中包含有源和目标节点的完整网络地址、服务要求和标识符。发送时，由于数据报每经过一个中继节点，都要根据当时情况按照一定的算法为其选择一条最佳的传输路径，因此，数据报服务不能保证这些数据报按序到达目标节点，需要在接收节点根据标识符重新排序。

数据报方式对故障的适应性强，若某条链路发生故障，则数据报服务可以绕过这些故障路径而另选其他路径，把数据报传送至目标节点。数据报方式易于平衡网络流量，因为中继节点可为数据报选择一条流量较少的路由，从而避开流量较高的路由。数据报传输不需建立连接，目标节点在收到数据报后，也不需发送确认，因而是一种开销较小的通信方式。但是发送方不能确切地知道对方是否准备好接收、是否正在忙碌，故数据报服务的可靠性不是很高。

(2) 虚电路服务　在虚电路传输方式下，在源主机与目标主机通信之前，必须为分组传输建立一条逻辑通道，称为虚电路。为此，源节点先发送请求分组，请求分组中包含了源和目标主机的完整网络地址。请求分组途径每一个通信网络节点时，都要记下为该分组分配的虚电路号，并且路由器为它选择一条最佳传输路由，发往下一个通信网络节点。当请求分组到达目标主机后，若它同意与源主机通信，则沿着该虚电路的相反方向发送请求分组给源节点，当在网络层为双方建立起一条虚电路后，每个分组中不必再填上源和目标主机的全网地址，而只需标上虚电路号，即可以沿着固定的路由传输数据。当通信结束时，将该虚电路拆除。

虚电路服务能保证主机所发出的报文分组按序到达。由于在通信前双方已联系过，每发送完一定数量的分组后，对方也都给予了确认，故可靠性较高。

网络层的主要功能是将分组从源节点经过选定的路由送到目标节点，分组途经多个通信网络节点造成多次转发，存在路由选择问题。路由选择或称路径控制，是指网络中的节点根据通信网络的情况(可用的数据链路、各条链路中的信息流量),按照一定的策略(传输时间最短、传输路径最短等)选择一条可用的传输路由,把信息发往目标节点。

网络路由选择算法是网络层软件的一部分,负责确定所收到的分组应传送的路由。当网络内部采用无连接的数据报方式时,每传送一个分组都要选择一次路由。当网络层采用虚电路方式时,在建立呼叫连接时,选择一次路径,后继的数据分组就沿着建立的虚电路路径传送,路径选择的频度较低。

路由选择算法可分为静态算法和动态算法。静态路由算法是指按照某种固定的规则来选择路由,例如扩散法、固定路由选择法、随机路由选择法和流量控制选择法。动态路由算法是指根据拓扑结构以及通信量的变化来改变路由,例如孤立路由选择法、集中路由选择法、分布路由选择法、层次路由选择法等。

4. 传输层

从传输层向上的会话层、表示层、应用层都属于端到端的主机协议层。传输层是网络体系结构中最核心的一层,传输层将实际使用的通信子网与高层应用分开。从这层开始,各层通信全部是在源与目标主机上的各进程间进行的,通信双方可能经过多个中间节点。传输层为源主机和目标主机之间提供性能可靠的数据传输。具体实现是在网络层的基础上再增添一层软件,使之能屏蔽掉各类通信子网的差异,向用户提供通用接口,用户进程通过该接口,方便地使用网络资源并通信。

传输层独立于所使用的物理网络,提供传输服务的建立、维护和连接拆除的功能;选择网络层提供的最适合的服务。传输层接收会话层的数据,分成较小的信息单位,再送到网络层,实现两传输层间数据的无差错透明传送。

传输层可以使源与目标主机之间以点对点的方式简单地连接起来,真正实现端到端间的可靠通信。传输层服务是通过服务原语提供给传输层用户。当一个传输层用户希望与远端用户建立连接时,通常定义传输服务访问点 TSAP,提供服务的进程在本机 TSAP 端口等待传输连接请求。当某一节点的应用程序请求该服务时,向提供服务的节点机 TSAP 端口发出传输连接请求,并表明自己的端口和网络地址。如果提供服务的进程同意,就向请求服务的节点机发出确认连接,并对请求该服务的应用程序传递消息,应用程序收到消息后,释放传输连接。

传输层提供面向连接和无连接两种类型的服务。这两种类型的服务和网络层的服务非常相似。传输层提供这两种类型服务的原因是,用户不能控制通信子网,无法使用通信处理机来改善服务质量。传输层提供比网络层更可靠的端到端间数据传输,更完善的查错纠错功能。传输层之上的会话层、表示层、应用层都不包含任何数据传送的功能。

传输层协议和网络层提供的服务有关。网络层提供的服务越完善,传输层协议就越简单,网络层提供的服务越简单,传输层协议就越复杂。传输层服务可分成5类:

(1) 0类 提供最简单形式的传送连接,提供数据流控制。

(2) 1类 提供最小开销的基本传输连接,提供误差恢复。

(3) 2类 提供多路复用,允许几个传输连接多路复用一条链路。

(4) 3类 具有0类和1类的功能,提供重新同步和重建传输连接的功能。

(5) 4类 用于不可靠传输层连接,提供误差检测和恢复。

基本协议机制包括建立连接、数据传送和拆除连接。传输连接涉及4种不同类型的标识：

(1) 用户标识　即服务访问点 SAP，允许实体多路数据传输到多个用户。

(2) 网络地址　标识传输层实体所在的站。

(3) 协议标识　当有多个不同类型的传输协议的实体，对网络服务标识出不同类型的协议。

(4) 连接标识　标识传送实体，允许传输连接多路复用。

5. 会话层

会话是指两个用户进程之间的一次完整通信。会话层提供不同系统间两个进程建立、维护和结束会话连接的功能；提供交叉会话的管理功能，有一路交叉、两路交叉和两路同时会话的 3 种数据流方向控制模式。会话层是用户连接到网络的接口。

会话层的目的是提供一个面向应用的连接服务。建立连接时，将会话地址映射为传输地址。会话连接和传输连接有 3 种对应关系，一个会话连接对应一个传输连接；多个会话连接建立在一个传输连接上；一个会话连接对应多个传输连接。

数据传送时，可以传送会话的常规数据、加速数据、特权数据和能力数据。

会话释放时，允许正常情况下的有序释放；异常情况下，由用户发起的异常释放和服务提供者发起的异常释放。

会话服务用户之间的交互对话可以划分为不同的逻辑单元，每个逻辑单元称为活动。每个活动完全独立于它前后的其他活动，且每个逻辑单元的所有通信不允许分隔开。

会话活动由会话令牌来控制，保证会话有序。会话令牌分为 4 种：数据令牌、释放令牌、次同步令牌和主同步令牌。令牌是互斥使用会话服务的手段。

会话用户进程间的数据通信一般采用交互式的半双工通信方式。由会话层给会话服务用户提供数据令牌来控制常规数据的传送，有数据令牌的会话服务用户才可发送数据，另一方只能接收数据。当数据发完之后，就将数据令牌转让给对方，对方也可请求令牌。

在会话服务用户组织的一个活动中，有时要传送大量的信息，如将一个文件连续发送给对方，为了提高数据发送的效率，会话服务提供者允许会话用户在传送的数据中设置同步点。一个主同步点表示前一个对话单元的结束及下一个对话单元的开始。在一个对话单元内部或者说两个主同步点之间可以设置次同步点，用于会话单元数据的结构化。当会话用户持有数据令牌、次同步令牌和主同步令牌时，就可在发送数据流中用相应的服务原语设置次同步点和主同步点。

一旦出现高层软件错误或不符合协议的事件则发生会话中断，这时会话实体可以从中断处返回到一个已知的同步点继续传送，而不必从文件的开头恢复会话。会话层定义了重传功能，重传是指在已正确应答对方后，在后期处理中发现出错而请求的重传，又称为再同步。为了使发送端用户能够重传，必须保存数据缓冲区中已发送的信息数据，将重新同步的范围限制在一个对话单元之内，一般返回到前一个次同步点，最多返回到最近一个主同步点。

6. 表示层

表示层处理信息传送中数据表示的问题。由于不同厂家的计算机产品常使用不同的信息表示标准，例如，在字符编码、数值表示、字符等方面存在着差异。如果不解决信息表示上的差异，通信的用户之间就不能互相识别。因此，表示层要完成信息表示格式转换，转换可以在发送前,也可以在接收后,也可以要求双方都转换为某标准的数据表示格式。所以表示层的主要功能是完成被传输数据表示的解释工作,包括数据转换、数据加密和数据压缩等。表示层协议主要功能有:为用户提供执行会话层服务原语的手段;提供描述负载数据结构的方法;管理当前所需的数据结构集和完成数据的内部与外部格式之间的转换。例如,确定所使用的字符集、数据编码以及数据在屏幕和打印机上显示的方法等。表示层提供了标准应用接口所需要的表示形式。

7. 应用层

应用层是用户访问网络的接口层,应用进程借助应用实体、实用协议和表示服务来交换信息,应用层的作用是在实现应用进程相互通信的同时,完成一系列业务处理所需的服务功能。当然这些服务功能与所处理的业务有关。

应用进程使用 OSI 定义和通信功能,这些通信功能是通过 OSI 参考模型各层实体来实现的。应用实体是应用进程利用 OSI 通信功能的唯一窗口。它按照应用实体间约定的通信协议(应用协议),传送应用进程的要求,并按照应用实体的要求在系统间传送应用协议控制信息,有些功能可由表示层和表示层以下各层实现。

应用实体由一个用户元素和一组应用服务元素组成。用户元素是应用进程在应用实体内部,为完成其通信目的,需要使用的应用服务元素的处理单元。实际上,用户元素向应用进程提供多种形式的应用服务调用,而每个用户元素实现一种特定的应用服务使用方式。用户元素屏蔽应用的多样性和应用服务使用方式的多样性,简化了应用服务的实现。应用进程完全独立于 OSI 环境,它通过用户元素使用 OSI 服务。

应用服务元素可分为两类,公共应用服务元素和特定应用服务元素。公共应用服务元素是用户元素和特定应用服务元素共用的部分,提供通用的最基本的服务,它使不同系统的进程相互联系并有效通信。它包括联系控制元素、可靠传输服务元素、远程操作服务元素等。特定应用服务元素提供满足特定应用的服务,包括虚拟终端、文件传输和管理、远程数据库访问、作业传送等。对于应用进程和公共应用服务元素来说,用户元素具有发送和接收能力。对特定服务元素来说,用户元素是请求的发送者,也是响应的最终接收者。

2.2.4 数据传输过程

在数据传输过程中,发送方进程的数据传送如图 2-4 所示:

① 应用层为数据加上应用层的报头,组成应用层的协议数据单元,再传送到表示层。

② 表示层接收到应用层数据单元后,加上表示层报头组成表示层协议数据单元,再传送到会话层,表示层按照协议要求对数据进行格式变换和加密处理。

③ 会话层接收到表示层数据单元后,加上会话层报头组成会话层协议数据单元,再传送到传输层。会话层报头用来协调通信主机进程之间的通信。

④ 传输层接收到会话层数据单元后,加上传输层报头组成传输层协议数据单元,再传送到网络层,传输层协议数据单元成为报文。

⑤ 网络层接收到传输层报文后,由于网络层协议数据单元的长度有限,需要将长报文分成若干较短的报文段,加上网络层报头组成网络层协议数据单元,再传送到数据链路层,网络层协议数据单元成为分组。

⑥ 数据链路层接收到网络层分组后,按照数据链路层协议规定的帧格式封装成帧,再

传送到物理层，数据链路层协议数据单元称为帧。

⑦ 物理层接收到数据链路层的帧后，将组成帧的比特流，通过传输介质传送给下一个主机的物理层，物理层的协议数据单元是比特序列。

在发送方，将应用程序的数据分段，根据每层的功能定义协议头，逐层封装协议头，这是一个逐层封装的过程。

当数据到达接收方时，从物理层依层上传，每层处理自己的协议数据单元报头，按协议规定的语义、语法和时序解释，执行报头信息，将用户数据交给高层，最终将发送方进程传给接收方进程，这个接收过程是一个数据的拆封过程。

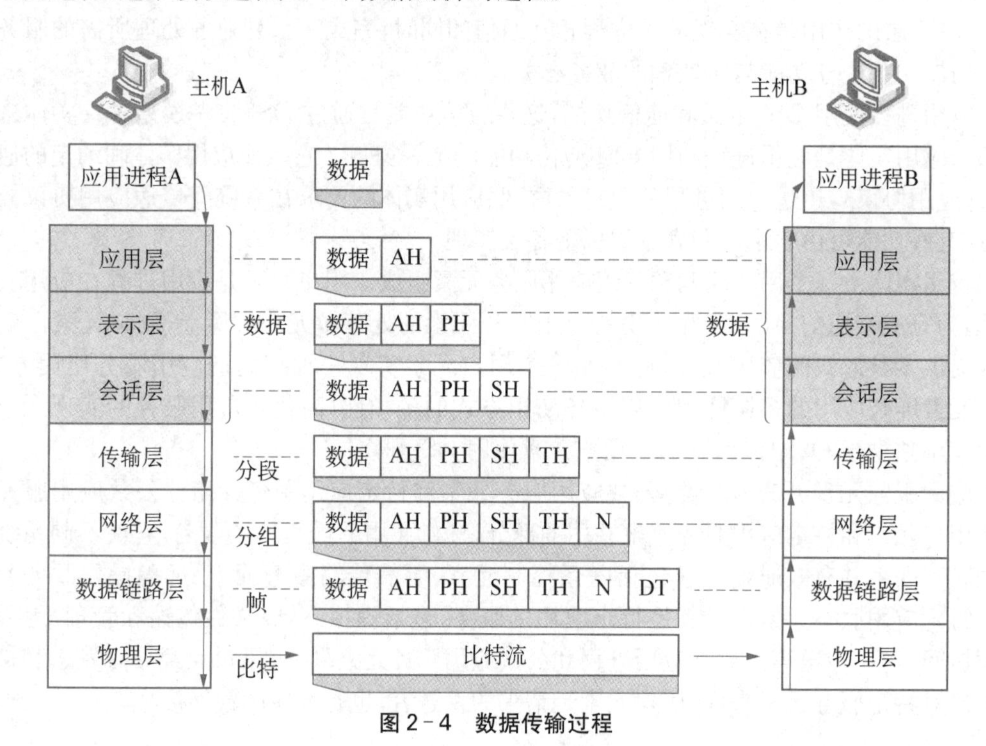

图 2-4 数据传输过程

2.3 TCP/IP 体系结构

2.3.1 TCP/IP 体系结构概述

TCP/IP 即传输控制协议/网际协议，源于美国 ARPANET 网，其主要目的是提供与底层硬件无关的网络之间的互连，包括各种物理网络技术。TCP/IP 并不是单纯的两个协议而是一组通信协议的聚合，所包含的每个协议都具有特定的功能。

TCP/IP 协议特点包括：

① 开放的协议标准，与硬件、操作系统无关。

② 独立于特定的网络硬件，可运行于局域网、广域网，特别是互联网中。

③ 统一网络编址，网络地址具有唯一性。

④ 标准化高层协议可提供多种服务。

2.3.2　TCP/IP 的层次结构

TCP/IP 采用 4 层结构，如图 2-5 所示，由于设计时并未考虑到要与具体的传输媒体相关，所以没有对数据链路层和物理层做出规定。实际上，TCP/IP 的这种层次结构遵循着对等实体通信原则，每一层实现特定功能。TCP/IP 协议的工作过程，可以通过“自上而下，自下而上”形象地描述，数据信息的传递在发送方是按照应用层—传输层—网际层—网络接口层顺序，在接收方则相反。遵循低层为高层服务的原则：

① 应用程序接口层与 OSI 模型中的高 3 层任务相同，用于提供网络服务。

② 传输层与 OSI 传输层类似，负责主机到主机之间的端到端通信，使用传输控制协议 TCP 协议和用户数据包协议 UDP 协议。

③ 网际层也称网络互联层，主要功能是处理来自传输层的分组，将分组形成数据包（IP 数据包），并为该数据包选择路径，最终将数据包从源主机发送到目的主机。常用的协议是网际协议 IP 协议。

④ 网络接口层对应着 OSI 的物理层和数据链路层，负责通过网络发送和接收 IP 数据报。

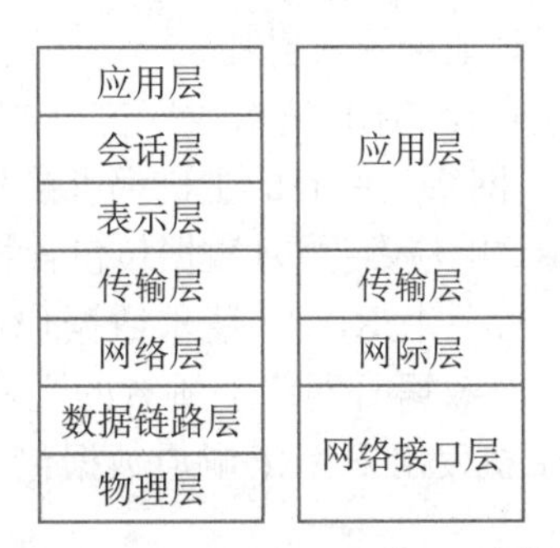

图 2-5　OSI/RM 与 TCP/IP 层次结构

2.3.3　TCP/IP 协议集

TCP/IP 体系结构模型与相应协议对应关系如图 2-6 所示。

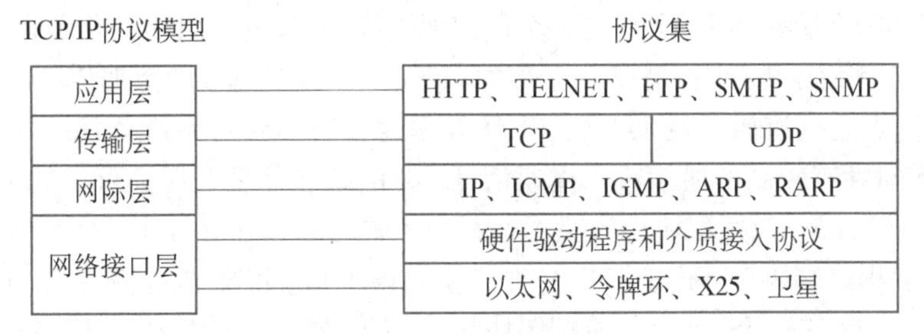

图 2-6　TCP/IP 协议集

1. 网际层协议

(1) 网际协议 IP　IP 协议是一个面向无连接的协议，在对数据传输处理上，只提供“尽力传送机制”，也就是尽最大努力完成投递服务，而不管传输正确与否。

① IP 协议的特点：提供无连接的数据报传输机制，完成点对点的通信。

② IP 协议的作用：用于主机与网关、网关与网关、主机与主机之间的通信。

③ IP 协议的功能：IP 的寻址、面向无连接数据报传送、数据报路由选择和差错处理。

(2) 网际控制报文协议 ICMP　用于在 IP 主机、路由器之间传递控制消息。控制消息是指网络通不通、主机是否可达、路由是否可用等网络本身的消息。这些控制消息虽然并不传输用户数据，但是对于用户数据的传递起着重要的作用。

(3) 网际主机组管理协议 IGMP　该协议运行在主机和组播路由器之间，用于管理网路协议多播组成员的一种通信协议。

(4) 地址解析协议 ARP 和反向地址解析协议 RARP　在一个物理网络中，网络中的任何两台主机之间进行通信时，都必须获得对方的物理地址，而使用 IP 地址的作用就在于，它提供了一种逻辑的地址，能够使不同网络之间的主机进行通信。

当 IP 把数据从一个物理网络传输到另一个物理网络之后，就不能完全依靠 IP 地址了，而要依靠主机的物理地址。为了完成数据传输，IP 必须具有一种确定目标主机物理地址的方法，也就是说要在 IP 地址与物理地址之间建立一种映射关系，而这种映射关系被称为地址解析。

① 地址解析包括：正向地址解析协议 ARP(从 IP 地址到物理地址的映射)和逆向地址解析协议 RARP(从物理地址到 IP 地址的映射)。

② ARP 工作过程：首先广播一个 ARP 请求数据包(数据包包含源主机的物理地址、IP 地址、目的主机的 IP 地址、数据)，网络上所有的主机都可接收该数据包，只有目的主机处理 ARP 数据包并向源主机发出 ARP 响应数据包(数据包包含物理地址)。

③ RARP 工作过程：首先广播一个 RARP 请求数据包(数据包包含：源主机的物理地址、IP 地址、目的主机的物理地址、数据)，网络上所有的主机都可接收该数据包，只有目的主机处理 RARP 数据包并向源主机发出 RARP 响应数据包(数据包包含 IP 地址)。

(2) 传输层协议

① 传输控制协议 TCP：TCP 是一个面向连接、端对端的全双工通信协议，通信双方需要建立由软件实现的虚连接，为数据报提供可靠的数据传送服务。

TCP 的主要功能包括：完成对数据报的确认、流量控制和网络拥塞的处理；自动检测数据报，并提供错误重发的功能；将多条路由传送的数据报按照原序排列，并对重复数据进行择取；控制超时重发，自动调整超时值；提供自动恢复丢失数据的功能。

② 用户数据报协议 UDP：UDP 是一个面向无连接协议，主要用于不要求确认或者通常只传少量数据的应用程序中，或者是多个主机之间的一对多或多对多的数据传输，如广播、多播。

UDP 的优点是具有较好的实时性，工作效率比 TCP 高，对系统资源要求少，适用于对高速传输和实时性有较高的通信或广播通信；UDP 的缺点是没有保证可靠的机制。

(3) 应用层协议　应用层协议定义了运行在不同端系统上的应用程序进程如何相互传递报文的，如远程终端协议 TELNET、文件传输协议 FTP、超文本传输协议 HTTP、引导协议 BOOTP、域名服务 DNS、动态主机配置协议 DHCP、网络文件系统 NFS、简单网络管理协议 SNMP、简单邮件传输协议 SMTP、路由信息协议 RIP。

 OSI 与 TCP/IP 的比较

1. 共同点

OSI 与 TCP/IP 的共同点主要有：

① 采用了协议分层方法，将庞大且复杂的问题划分为若干个较容易处理的范围较小的问题。

② 各协议层次的功能大体上相似，都存在网络层、传输层和应用层。

③ 两者都可以解决异构网络的互连，实现不同厂家生产的计算机之间的通信。

④ 两者都是计算机通信的国际性标准，虽然这种标准一个(OSI)原则上是国际通用的，一个(TCP/IP)是当前工业界使用最多的。

⑤ 两者都能够提供面向连接和面向无连接的两种通信服务机制。

2. 不同点

OSI 与 TCP/IP 的不同点主要表现在：

① 模型设计的差别：OSI 模型在前协议在后，而 TCP/IP 相反。

② 层数和层间调用关系不同：OSI 逐层调用，TCP/IP 可越层。

③ 最初设计的差别：OSI 建立标准网络，TCP/IP 为异构网。

④ 对可靠性的强调不同：OSI 为传输层之任，TCP/IP 为主机。

⑤ 标准的效率和性能上存在差别：OSI 大规模、低效率，TCP/IP 则小规模而高效率。

⑥ 市场应用和支持上不同：OSI 开发落后而失去市场，TCP/IP 成为主流。

3. OSI 参考模型的特点

OSI 参考模型详细定义了服务、接口和协议 3 个概念，并将它们严格区分。实践证明，这种做法是非常有必要的。

OSI 参考模型产生在协议发明之前，没有偏向于任何特定的协议，因此非常通用。OSI 参考模型的某些层次(如会话层和表示层)对于大多数应用程序来说都没有用，而且某些功能在各层重复出现(如寻址、流量控制和差错控制)，影响了系统的工作效率。

OSI 参考模型的结构和协议虽然大而全，但显得过于复杂和臃肿，因而效率较低，实现起来较为困难。

4. TCP/IP 的特点

TCP/IP 参考模型产生在协议出现以后，实际上是对已有协议的描述。因此，协议和模型匹配得相当好。TCP/IP 参考模型并不是作为国际标准开发的，它只是对一种已有标准的概念性描述。所以，设计目的单一，影响因素少，协议简单高效，可操作性强，没有明显地区分服务、接口和协议的概念。因此，对于使用新技术来设计新网络，TCP/IP 参考模型则不是一个很好的模板。由于是对已有协议的描述，因此通用性较差，不适合描述除 TCP/IP 参考模型之外的其他任何协议。某些层次的划分不尽合理，如主机—网络层。

5. 5 层参考模型

OSI 参考模型的成功之处在于它的层次结构模型的研究思路，TCP/IP 协议体系的成功之处在于它的网络层、传输层和应用层体系成功应用于因特网环境中。

如果将两种模型的共同地方找出来和补充应该有的部分，那么这样的体系结构很容易

被大家接受。图 2－7 所示就是计算机领域著名专家、荷兰皇家艺术和科学院院士安德鲁·坦尼鲍姆(Andrew S. Tanenbaum)提出的 5 层网络参考模型。

OSI/RM	TCP/IP	5层体系结构
高层（5～7）	应用层	应用层
传输层（4）	传输层	传输层
网络层（3）	网际层	网络层
数据链路层（2）	网络接口层	数据链路层
物理层（1）		物理层

图 2－7　5 层体系结构

实训 任务

任务 1　数据包的分析

实训目的

通过网络包分析工具的应用,理解网络体系结构及各层协议。

实训环境

实训室

硬件:PC。

软件:Wireshark 软件。

实训内容

1. 安装 Wireshark 软件。
2. 启动 Wireshark。
3. 使用 Wireshark。

(1) 启动 Wireshark 后,选择网络接口,捕获数据包,在此选择计算机上的“以太网 2”,如图 2－8 所示。

图 2－8　设置抓包的网卡

(2) 在主机上执行操作,抓包如图 2-9 所示。

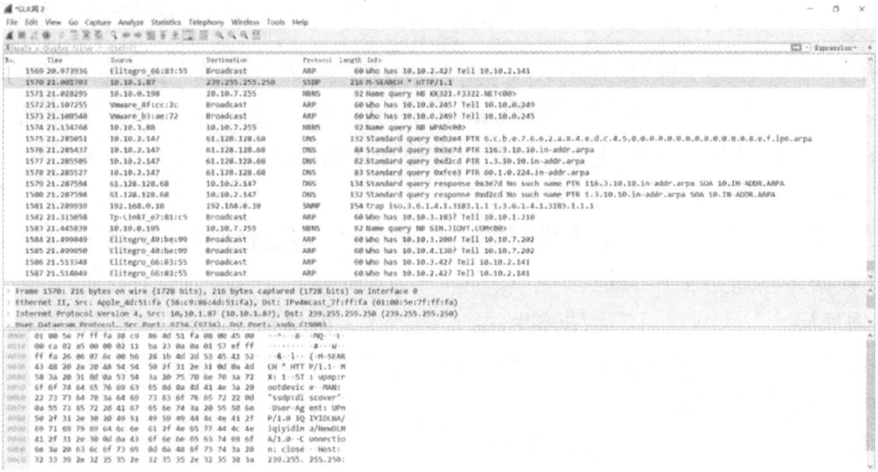

```
File  Edit  View  Go  Capture  Analyze  Statistics  Telephony  Wireless  Tools  Help
No.   Time          Source               Destination        Protocol  Length  Info
1569  20.973936     Elitegro_66:83:55    Broadcast          ARP       60   Who has 10.10.2.42? Tell 10.10.2.141
1570  21.001703     10.10.1.87           239.255.255.250    SSDP      216  M-SEARCH * HTTP/1.1
1571  21.028295     10.10.0.198          10.10.7.255        NBNS      92   Name query NB KK321.F3322.NET<00>
1572  21.107255     Vmware_8f:cc:2c      Broadcast          ARP       60   Who has 10.10.0.245? Tell 10.10.0.249
1573  21.108540     Vmware_b3:ae:72      Broadcast          ARP       60   Who has 10.10.0.249? Tell 10.10.0.245
1574  21.134768     10.10.3.88           10.10.7.255        NBNS      92   Name query NB WPAD<00>
1575  21.285051     10.10.2.147          61.128.128.68      DNS       132  Standard query 0xb2e4 PTR 6.c.b.e.7.6.6.2.a.8.4.e.d.c.4.5.0.0.0.0.0.0.0.0.0.0.0.0.0.8.e.f.ip6.arpa
1576  21.285437     10.10.2.147          61.128.128.68      DNS       84   Standard query 0x3e7d PTR 116.3.10.10.in-addr.arpa
1577  21.285505     10.10.2.147          61.128.128.68      DNS       82   Standard query 0xd2cd PTR 1.3.10.10.in-addr.arpa
1578  21.285527     10.10.2.147          61.128.128.68      DNS       83   Standard query 0xfce3 PTR 60.1.0.224.in-addr.arpa
1579  21.287594     61.128.128.68        10.10.2.147        DNS       134  Standard query response 0x3e7d No such name PTR 116.3.10.10.in-addr.arpa SOA 10.IN-ADDR.ARPA
1580  21.287594     61.128.128.68        10.10.2.147        DNS       132  Standard query response 0xd2cd No such name PTR 1.3.10.10.in-addr.arpa SOA 10.IN-ADDR.ARPA
1581  21.289939     192.168.0.10         192.168.0.10       SNMP      154  trap iso.3.6.1.4.1.3183.1.1 1.3.6.1.4.1.3183.1.1.1
1582  21.315058     Tp-LinkT_e7:81:c5    Broadcast          ARP       60   Who has 10.10.3.183? Tell 10.10.1.210
1583  21.445839     10.10.0.195          10.10.7.255        NBNS      92   Name query NB SIM.JIOVT.COM<00>
1584  21.499049     Elitegro_40:be:99    Broadcast          ARP       60   Who has 10.10.3.200? Tell 10.10.7.202
1585  21.499050     Elitegro_40:be:99    Broadcast          ARP       60   Who has 10.10.4.130? Tell 10.10.7.202
1586  21.513348     Elitegro_66:83:55    Broadcast          ARP       60   Who has 10.10.3.42? Tell 10.10.2.141
1587  21.514049     Elitegro_66:83:55    Broadcast          ARP       60   Who has 10.10.2.42? Tell 10.10.2.141

> Frame 1570: 216 bytes on wire (1728 bits), 216 bytes captured (1728 bits) on interface 0
> Ethernet II, Src: Apple_4d:51:fa (38:c9:86:4d:51:fa), Dst: IPv4mcast_7f:ff:fa (01:00:5e:7f:ff:fa)
> Internet Protocol Version 4, Src: 10.10.1.87 (10.10.1.87), Dst: 239.255.255.250 (239.255.255.250)
> User Datagram Protocol, Src Port: 9734 (9734), Dst Port: ssdp (1900)

0000  01 00 5e 7f ff fa 38 c9  86 4d 51 fa 08 00 45 00   ··^···8· ·MQ···E·
0010  00 ca 02 a5 00 00 02 11  ba 23 0a 0a 01 57 ef ff   ········ ·#···W··
0020  ff fa 26 06 07 6c 00 b6  28 1b 4d 2d 53 45 41 52   ··&··l·· (·M-SEAR
0030  43 48 20 2a 20 48 54 54  50 2f 31 2e 31 0d 0a 4d   CH * HTT P/1.1··M
0040  58 3a 20 31 0d 0a 53 54  3a 20 75 70 6e 70 3a 72   X: 1··ST : upnp:r
0050  6f 6f 74 64 65 76 69 63  65 0d 0a 4d 41 4e 3a 20   ootdevic e··MAN: 
0060  22 73 73 64 70 3a 64 69  73 63 6f 76 65 72 22 0d   "ssdp:di scover"·
0070  0a 55 73 65 72 2d 41 67  65 6e 74 3a 20 55 50 6e   ·User-Ag ent: UPn
0080  50 2f 31 2e 30 20 49 51  49 59 49 44 4c 4e 41 2f   P/1.0 IQ IYIDLNA/
0090  69 71 69 79 69 64 6c 6e  61 2f 4e 65 77 44 4c 4e   iqiyidln a/NewDLN
00a0  41 2f 31 2e 30 0d 0a 43  6f 6e 6e 65 63 74 69 6f   A/1.0··C onnectio
00b0  6e 3a 20 63 6c 6f 73 65  0d 0a 48 6f 73 74 3a 20   n: close ··Host: 
00c0  32 33 39 2e 32 35 35 2e  32 35 35 2e 32 35 30 3a   239.255. 255.250:
```

图 2-9　抓包分析

实训总结

学习小结

在理论知识体系上,本项目主要介绍计算机网络的体系结构,主要从计算机网络的层次体系结构、OSI 七层参考模型、TCP/IP 参考模型以及 TCP/IP 各层协议讲述,使同学们能够对计算机网络体系结构有整体的了解与认识。

在实践技能应用上,学生能够通过对数据包的分析,进一步理解网络体系结构与协议的原理与意义。

巩固练习

一、填空题

1. 网络协议包含三要素,分别是(　　　　)、(　　　　)和(　　　　)。
2. OSI 参考模型有(　　　　)、(　　　　)、(　　　　)、传输层、会话层、表示层和(　　　　)7 个层次。
3. 数据链路层上信息传输的基本单位称为(　　　　)。
4. TCP/IP 协议是 Internet 中计算机之间通信所必须共同遵循的一种(　　　　)。

5. 在 TCP/IP 协议簇中,传输层的(　　　　)协议提供了一种可靠的数据传输服务。

二、单选题

1. 在 OSI 模型中,NIC 属于(　　)。

A. 物理层　　B. 数据链路层　　C. 网络层　　D. 传输层

2. 在 OSI 中,为网络用户间的通信提供专用程序的层次是(　　)。

A. 传输层　　B. 会话层　　C. 表示层　　D. 应用层

3. 在 OSI 中,完成整个网络系统内连接工作,为上一层提供整个网络范围内两个终端用户之间数据传输通路工作的是(　　)。

A. 物理层　　B. 数据链路层　　C. 网络层　　D. 传输层

4. 在 OSI 中,为实现有效的可靠数据传输,必须对传输操作进行严格的控制和管理,完成这项工作的层次是(　　)。

A. 物理层　　B. 数据链路层　　C. 网络层　　D. 传输层

5. 在 OSI 中,物理层存在 4 个特性。其中,通信媒体的参数和特性方面的内容属于(　　)。

A. 机械特性　　B. 电气特性　　C. 功能特性　　D. 规程特性

6. 在 OSI 七层结构模型中,处于数据链路层与传输层之间的是(　　)。

A. 物理层　　B. 网络层　　C. 会话层　　D. 表示层

7. 完成路径选择功能是在 OSI 模型的(　　)。

A. 物理层　　B. 数据链路层　　C. 网络层　　D. 传输层

8. TCPIP 协议簇的层次中,解决计算机之间通信问题是在(　　)。

A. 网络接口层　　B. 网络层　　C. 传输层　　D. 应用层

9. 网络协议的主要要素为(　　)。

A. 数据格式、编码、信号电平　　B. 数据格式、控制信息、速度匹配

C. 语法、语义、同步　　D. 编码、控制信息、同步

10. 因特网的网络层含有 4 个重要的协议,分别为(　　)。

A. IP、ICAP、ARP、UDP　　B. TCP、ICMP、UDP、ARP

C. IP、ICMP、ARP、RARP　　D. UDP、IP、ICMP、RARP

11. TCPIP 体系结构中的 TCP 和 IP 所提供的服务分别为(　　)。

A. 链路层服务和网络层服务　　B. 网络层服务和传输层服务

C. 传输层服务和应用层服务　　D. 传输层服务和网络层服务

12. 在 TCP/IP 协议簇中,UDP 协议工作在(　　)。

A. 应用层　　B. 传输层　　C. 网络互联层　　D. 网络接口层

三、简答题

1. 什么是网络协议? 协议的三要素分别是什么?

2. 网络体系结构为什么要采取层次结构?

3. OSI/RM 的分层标准是什么? 它分为哪 7 层? 各层的功能是什么?

4. 试比较 OSI 参考模型与 TCP/IP 参考模型在体系结构方面的异同。

数据通信与传输介质

学习导航

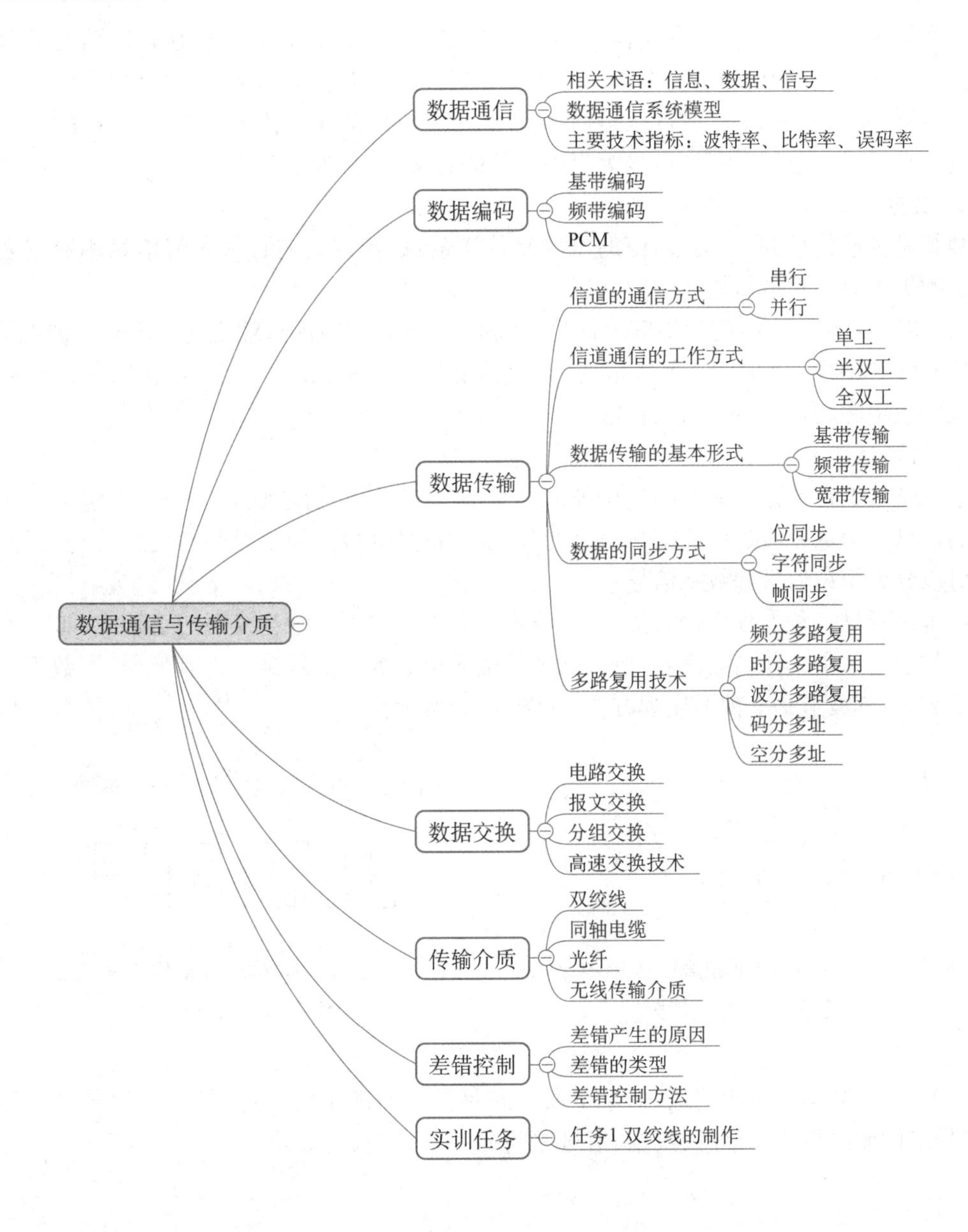

基础 知识

3.1 数据通信

3.1.1 相关术语

数据通信是指通过通信系统将数据以某种信号的方式从一处安全、可靠地传输到另一处，包括数据的传输及传输前后的处理。

1. 信息

一般认为，信息是人们对现实世界事物存在方式或运动状态的某种认识。信息的载体可以是数值、文字、图形、声音、图像以及动画等。任何事物的存在都伴随着相应信息的存在，信息不仅能够反映事物的特征、运动和行为，还能够借助媒体传播和扩散。这里把“事物发出的消息、情报、数据、指令、信号等当中包含的意义”定义为信息。

2. 数据

数据是传递信息的实体。通信的目的是传送信息，传送之前必须先将信息用数据表示出来。数据可分为模拟数据和数字数据。

(1) 模拟数据　在时间和幅度上都是连续的，其取值随时间连续变化，如声音、温度等。

(2) 数字数据　在时间上是离散的，在幅值上是经过量化的。一般是由 0、1 二进制代码组成的数字序列，如文本信息、整数等。

3. 信号

信号是数据在传输过程中的电磁波表示形式，是具体的物理状态。信号中包含了所要传递的信息。信息一般是用数据来表示的，而表示信息的数据通常要转变为信号进行传递。信号可以分为模拟信号和数字信号。

模拟信号是一种连续变化的信号，其波形可以表示成为一种连续性的正弦波，如图 3-1 所示。数字信号是一种离散信号，最常见也是最简单的数字信号是二进制信号，用数字 1 和数字 0 表示，其波形是一种不连续方波，如图 3-2 所示。

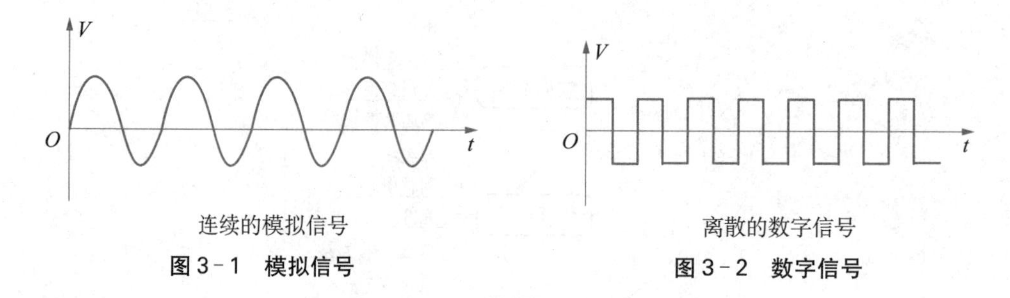

图 3-1　模拟信号　　图 3-2　数字信号

由此可见，数据中包含信息，信息是通过解释数据而产生的；数据是通过信号进行传输的，信号是传输的载体。信息、数据、信号之间的关系如图 3-3 所示。

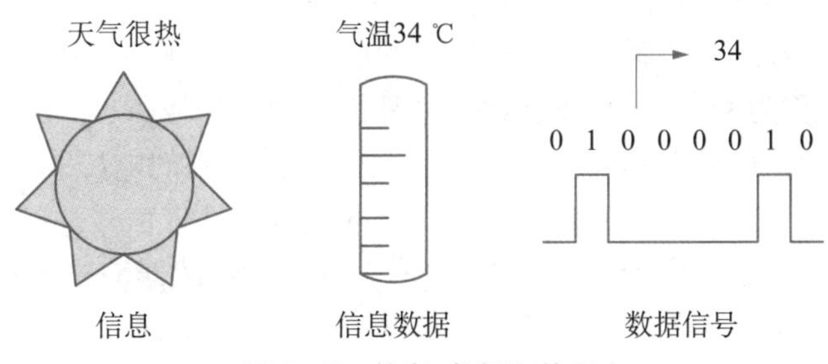

图 3-3 信息、数据和信号

3.1.2 数据通信系统模型

如图 3-4 所示，一个数据通信系统是由信道、信源、信宿组成。其中，信道是指传输信号的通道，由传输介质及相应的附属信号设备组成。信源是指通信中产生和发送信息的一端，信宿是指接收信息的一端，噪声是指信号在传输的过程中受到的干扰。

图 3-4 数据通信系统

根据信道中传输的信号类型，可将数据通信系统分为模拟通信系统和数字通信系统。

1. 模拟通信系统

信道中传输模拟信号的系统称为模拟通信系统。比如，计算机之间利用电话网络传输数据时，要涉及模拟信号和数字信号类型的转换，如图 3-5 所示。

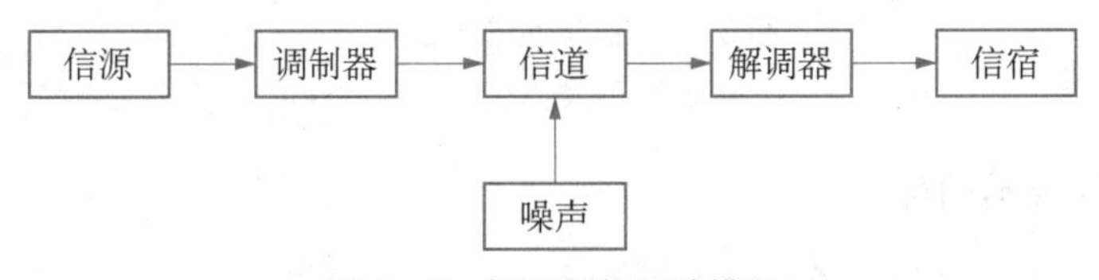

图 3-5 模拟通信系统模型

在这个模拟通信系统模型中，要进行两种变换，其一是发送端的连续消息要变换成原始电信号，接收端收到的信号要反变换成原连续消息；其二是将原始电信号变换成其频带适合信道传输的信号，或在接收端将信道中传输的信号还原成原始的电信号。这就涉及了调制与解调。

(1) 调制(modulation)　主机将由数字信号表示的数据发送到电话网络之前，需要先把数字信号转换成能在电话网络上传输的模拟信号，即为调制。

(2) 解调(demodulation)　从电话网络上传给主机的数据是用模拟信号表示的，在交给主机前也得将模拟信号转换成主机能识别的数字信号，这个过程也称为解调。

(3) 调制解调器(Modem)　在通信主机和电话网络之间需要一个既能调制又能解调的

设备，这个设备就是调制解调器(俗称猫)。

经过调制后的信号成为已调信号，发送端调制前和接收端解调后的信号成为基带信号。因此，原始电信号又称为基带信号，而已调信号又称为频带信号。

基带信号是将计算机发送的数字信号 0 或 1 用两种不同的电压表示后，直接送到通信线路上传输的信号，如图 3-5 中计算机输出的比特流就是基带信号。频带信号是基带信号经过调制后形成的频分复用模拟信号，如图 3-5 中调制解调器输出的模拟信号为频带信号。消息从发送端传递到接收端并非仅经过以上两种变换，系统里可能还有滤波、放大、变频、辐射等等过程。

2. 数字通信系统

数字通信系统是指用数字形式传输消息或用数字形式将载波信号调制后再传输的通信方式。常见的电话和电视都属于模拟通信。电话和电视模拟信号经数字化后，再进行数字信号的调制和传输，便称为数字电话和数字电视。以计算机为终端的相互间的数据通信，因信号本身就是数字形式，而属于数字通信。卫星通信中采用时分或码分的多路通信也属于数字通信。

数字通信系统的模型如图 3-6 所示，图中信源输出的是模拟信号，经过数字终端的信源编码器成为数字信号。终端输出数字信号，经过信道编码器后变成适合于信道传输的数字信号。然后由解调器把数字信号调制到系统所使用的数字信道上，再传输到接收端，经过相反的转换后最终送到信宿。

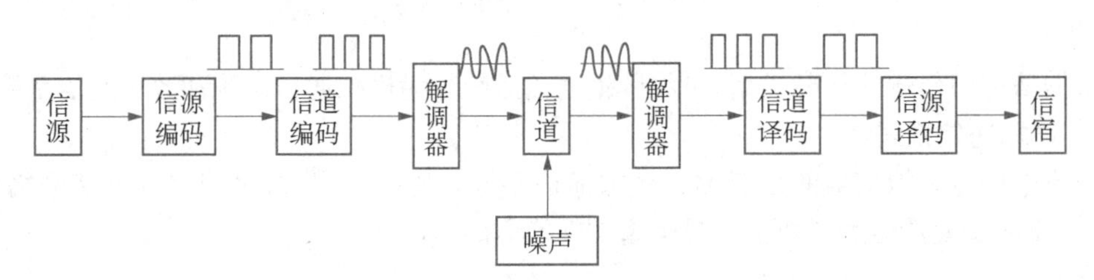

图 3-6 数字通信系统模型

3.1.3 主要技术指标

数据通信技术指标可以通过传输数量和传输质量两个方面来描述，而传输数量是指在同一时间段内，数据的传输数量的多少。它又可以从信道容量与传输速率两个指标来进行衡量，而衡量传输质量的重要指标是误码率。含义分别如下：

(1) 信道容量　单位时间内信道上所能传输的最大比特数。

(2) 波特率　脉冲信号经过调制后的传输速率，指单位时间内传输的码元数目，又称为波形速率或码元速率，其单位是波特(Baud)。其中，码元是指一个数字脉冲信号，一个码元可以携带 K 种状态。

(3) 比特率　单位时间内所传送的二进制码的有效位数，又称为信息速率，其单位为每秒比特(位)，以 bit/s 或 bps 表示。

(4) 误码率　衡量通信系统线路质量的一个重要参数，是指二进制符号在传输系统中被传错的概率，近似等于被传错的二进制符号数与所传二进制符号总数的比值。计算机网络中,要求误码率低于 10^{-9}。

比特率与波特率的换算关系为

$$R = B\log_2 K。$$

式中,R 为比特率,B 为波特率。误码率的计算公式可表示为

误码率 = 传输中发生差错的码元数 / 传输总码元数。

3.2 数据编码

由于数据有模拟数据和数字数据,而信道上传输的信号有模拟信号和数字信号,为了能够在信道中正确传输数据,就需要采用一定的处理技术,如图3-7所示。而这种将传输数据用不同形式的传输信号表示的处理技术被称为数据编码技术。数据编码分为数字数据的编码和模拟数据的编码。

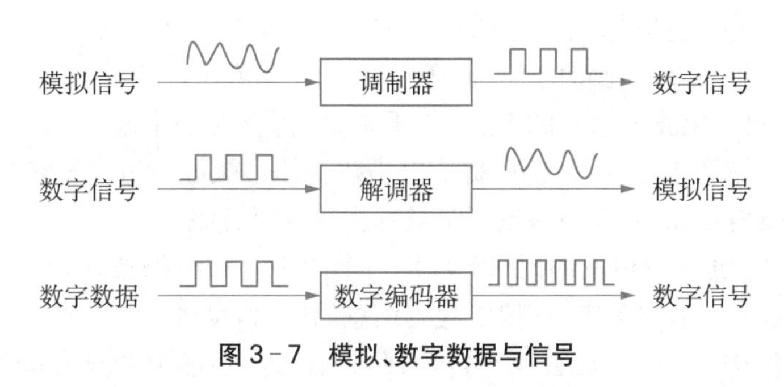

图3-7 模拟、数字数据与信号

数字数据采用数字信号,例如,用一系列断续变化的电压脉冲,可用恒定的正电压表示二进制数1,用恒定的负电压表示二进制数0,或光脉冲来表示。当数字信号采用断续变化的电压或光脉冲来表示时,一般则需要用双绞线、电缆或光纤介质将通信双方连接起来,才能将信号从一个节点传到另一个节点。

3.2.1 基带编码(数字数据编码为数字信号)

基带传输在基本不改变数字数据信号频带(波形)的情况下直接传输数字信号,可以达到很高的数据传输速率。基带传输适合近距离传输,基带信号的功率衰减不大,信道容量不会发生变化,因此,在局域网中通常使用基带传输技术。但它只能传输一种信号,所以信道利用率低。基带传输是计算机网络中最基本的数据传输方式,传输数字信号的编码方式主要有不归零码、曼彻斯特编码、差分曼彻斯特编码。

1. 不归零编码 NRZ

NRZ编码分别采用两种高低不同的电平来表示二进制的0和1。通常用高电平表示1,用低电平表示0,电压范围取决于所采用的特定物理层标准,如图3-8所示。NRZ编码实现简单,但其抗干扰能力较差。另外,由于接收方不能准确地判断位的开始与结束,从而收发双方不能保持同步,需要采取额外的措施来保证发送时钟与接收时钟的同步。

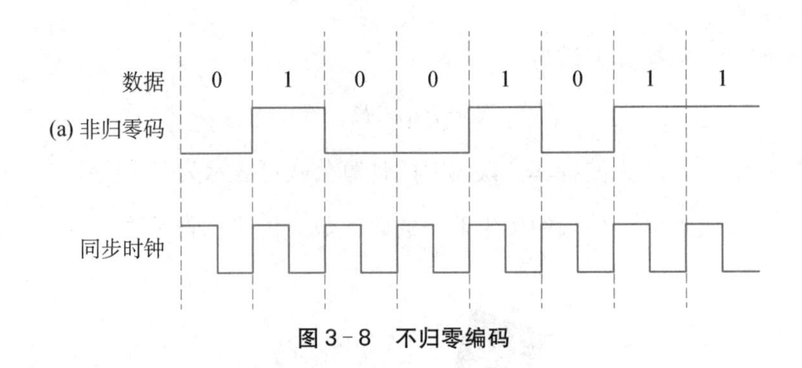

图 3-8 不归零编码

其特点如下：

① NRZ 无法判断一位的开始与结束，收发双方不能保持同步。

② 为了保持同步，在发送 NRZ 时用另一个信道同时传送同步信号。

③ 当 0 或 1 占优势时，容易形成直流分量的累积。

2. 曼彻斯特编码

曼彻斯特编码是目前应用最广泛的编码方法之一，它将每比特的信号周期 T 分为前 T/2 和后 T/2。用前 T/2 传比特的反（原）码，用后 T/2 传送该比特的原（反）码。因此，在这种编码方式中，每一位波形信号的中点（即 T/2 处）都存在一个电平跳变。由于任何两次电平跳变的时间间隔是 T/2 或 T，因此提取电平跳变信号就可作为收发双方的同步信号，而不需要另外的同步信号，故曼彻斯特编码又被称为自含时钟编码。

曼彻斯特编码，也叫做相位编码（PE），是一个同步时钟编码技术，常用于局域网传输。它将时钟和数据包含在数据流中，在传输代码信息的同时，也将时钟同步信号一起传输到对方，每位编码中有一跳变，不存在直流分量，因此具有自同步能力和良好的抗干扰性能。如图 3-9 所示。

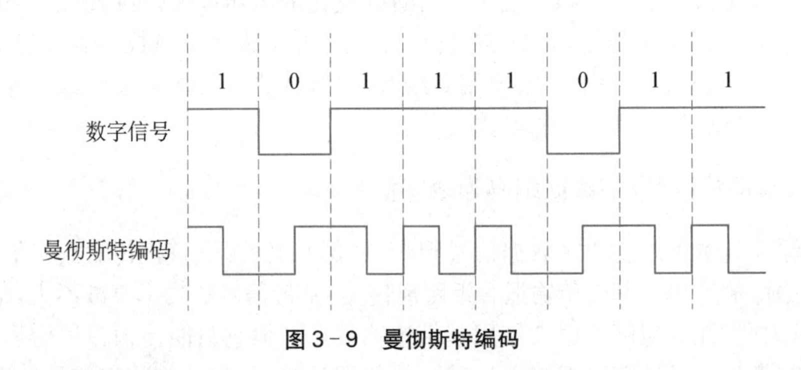

图 3-9 曼彻斯特编码

它的编码规则是：

每比特只占时钟周期 T 的一半；前 T/2 传送该比特的原码，后 T/2 传送该比特的反码（也可相反，只要有电平跳变即可）。

其特点如下：

① 每个比特的中间有一次电平跳变，利用电平跳变可以产生收发双方的同步信号，因此曼彻斯特编码也称为自含时钟编码。

② 曼彻斯特编码的效率低。其编码的时钟频率为发送频率的 2 倍。

3. 差分曼彻斯特编码

差分曼彻斯特编码是对曼彻斯特编码的改进。其特点是每一位二进制信号的跳变依然提供收发端之间的同步，但每位二进制数据的取值，要根据其开始边界是否发生跳变来决定。若一个比特开始处存在跳变则表示 0，无跳变则表示 1。之所以采用位边界的跳变方式来决定二进制的取值是因为跳变更易于检测。

它是一种使用中位跳变来计时的编码方案。数据在数据位开始处加一跳变来表示。令牌环局域网就利用差分曼彻斯特编码方案。差分曼彻斯特编码在每个时钟周期的中间都有一次电平跳变，这个跳变做同步之用。在每个时钟周期的起始处：跳变则说明该比特是 0，不跳变则说明该比特是 1，如图 3 - 10 所示。

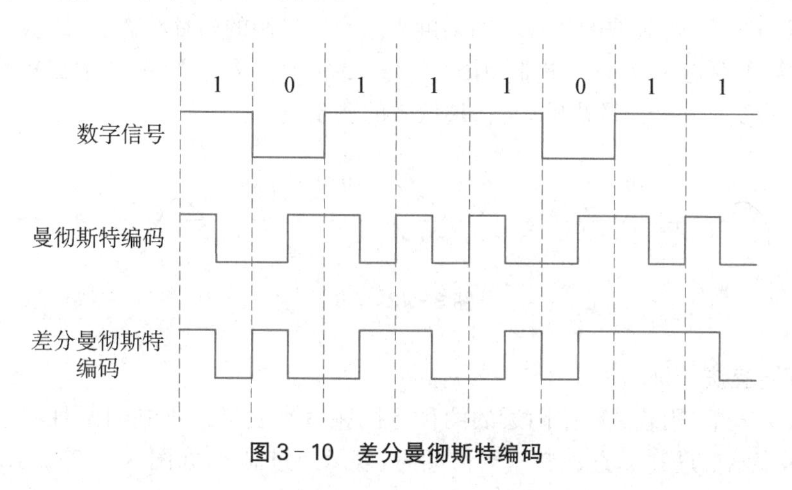

图 3 - 10　差分曼彻斯特编码

编码规则是：

① 第一位是 0 则从低到高跳变，第一位是 1 从高到低跳变；

② 第一位之后，若源码为 1，则其编码的前半部分与前一个编码的电平相同，后半部分与其前半部分相反；若源码为 0，则其编码的前半部分与前一个编码的电平相反，后半部分与其前半部分相反；

③ 每个比特的值取决于其开始是否有跳变。

3.2.2　频带编码(数字信号调制成模拟信号)

在实现远距离通信时，经常要借助电话线路，此时需利用频带传输方式。所谓频带传输是指将数字信号调制成音频信号后再发送和传输，到达接收端时再把音频信号解调成原来的数字信号，数字信号与模拟信号的解调过程如图 3 - 11 所示。

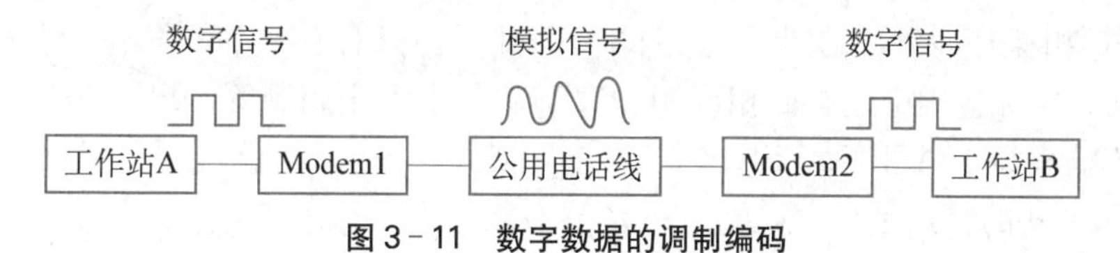

图 3 - 11　数字数据的调制编码

(1) 调制　将发送端数字信号变成模拟信号的过程。

(2) 解调　将接收端模拟信号还原成数字信号的过程。

工作站 A 与 Modem1 相连,传输的是数字信号,Modem1 与公用电话线相连,公用电话线传输的是模拟信号,Modem1 起到调制作用;Modem2 与工作站 B 相连,Modem2 起到解调作用,将模拟信号还原为数字信号。

模拟信号在信道中传输的基础是载波,载波具有 3 大要素:幅度、频率和相位,可以改变这 3 个参量来实现模拟数据编码。将数字信号调制成电话线上可以传输的信号有 3 种基本方式:移幅键控法(Amplitude Shift Keying, ASK)、移频键控法(Frequency Shift Keying, FSK)和移相键控法(Phase Shift Keying, PSK)。

1. 移幅键控法(ASK)

在 ASK 方式下,用载波的两种不同幅度来表示二进制的两种状态,如载波存在时,表示二进制 1,载波不存在时,表示二进制 0,如图 3-12 所示。采用 ASK 技术比较简单,但抗干扰能力差,容易受增益变化的影响,是一种低效的调制技术。

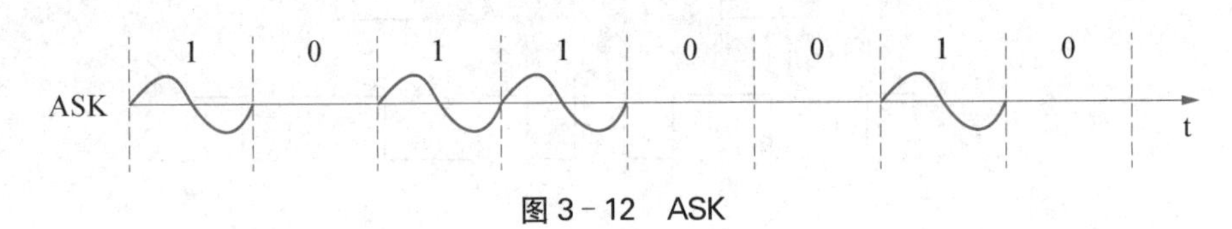

图 3-12　ASK

2. 移频键控法(FSK)

在 FSK 方式下,用载波频率附近的两种不同频率来表示二进制的两种状态,如载波频率为高频时,表示二进制 1,载波频率为低频时,表示二进制 0,如图 3-13 所示。FSK 技术的抗干扰能力优于 ASK 技术,但所占的频带较宽。

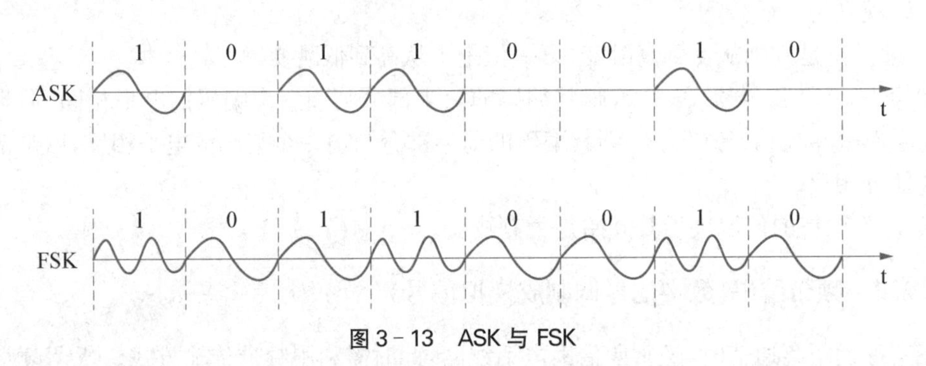

图 3-13　ASK 与 FSK

3. 移相键控法(PSK)

在 PSK 方式下,用载波信号的相位移动来表示数据,如载波不产生相移时,表示二进制 0,载波有 180°相移时,表示二进制 1,如图 3-14 所示。只有 0°或 180°相位变化的方式称为二相调制,而在实际应用中还有四相调制、八相调制、十六相调制等。PSK 方式的抗干扰性能好,数据传输率高于 ASK 和 FSK。

3 种编码方式的特点是:

① ASK:技术简单,抗干扰能力差,较少使用。

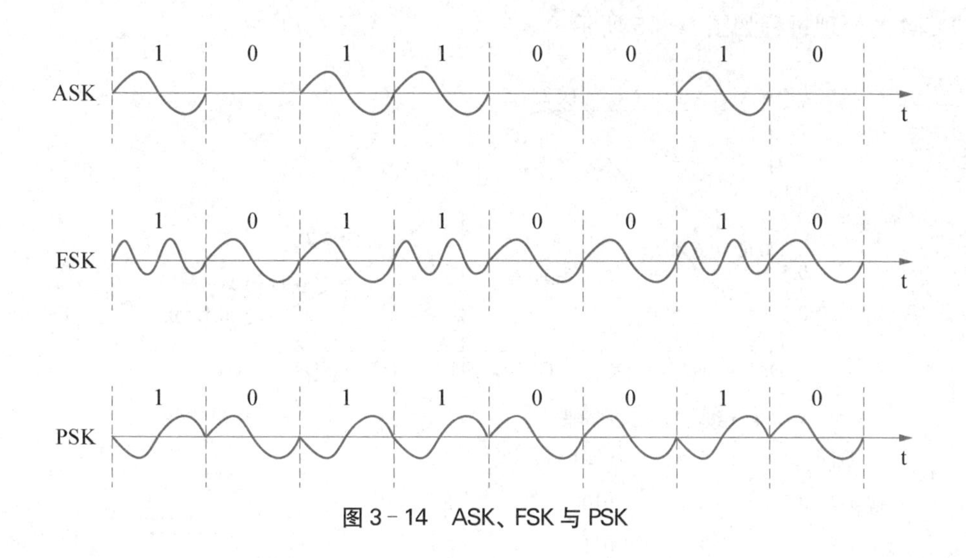

图 3-14 ASK、FSK 与 PSK

② FSK:技术简单,抗干扰能力强。

③ PSK:使用二相或多于二相的相移,利用这种技术,传输速率可以加倍。

3.2.3 模拟数据的数字编码(PCM)

模拟数据一般采用模拟信号,例如,用一系列连续变化的电磁波(如无线电与电视广播中的电磁波),或电压信号(如电话传输中的音频电压信号)来表示。当模拟信号采用连续变化的电磁波来表示时,电磁波本身既是信号载体,同时作为传输介质;而当模拟信号采用连续变化的信号电压来表示时,一般通过传统的模拟信号传输线路(如电话网、有线电视网)来传输。

比较典型的脉冲编码调制 PCM 就是把一个时间连续、取值连续的模拟信号变换成时间离散、取值离散的数字信号后在信道中传输。脉冲编码调制要对模拟信号先采样,再对样值量化、编码的过程。

(1) 采样　由于一个模拟信号在时间上是连续的,而数字信号要求在时间上是离散的,这就要求系统每经过一个固定的时间间隔测量模拟信号,这种测量就叫做采样,这个时间周期就叫做采样周期。

(2) 量化　对采样得到的测量值进行数字化转换的过程,一般使用 A/D(即数模转换)转换器。

(3) 编码　将取得的量化数值转换为二进制数数据的过程。

语音信号先通过滤波器进行脉冲抽样,变成 8 kHz 重复频率的抽样信号(即离散的脉冲调幅 PAM 信号),然后将幅度连续的 PAM 信号用四舍五入办法量化为有限个幅度取值的信号,再经编码后转换成二进制码。对于电话传输,CCITT 规定抽样频率为 8 kHz,每抽样值用 8 位二进制编码,即共有 $2^8=256$ 个量化值,因而每话路 PCM 编码后的标准数码率是 64 kbps。为解决均匀量化时小信号量化误差大,音质差的问题,在实际中采用不均匀选取量化间隔的非线性量化方法,即量化特性在小信号时分层密,量化间隔小,而在大信号时分层疏,量化间隔大。

PCM 的处理过程如图 3-15 所示。

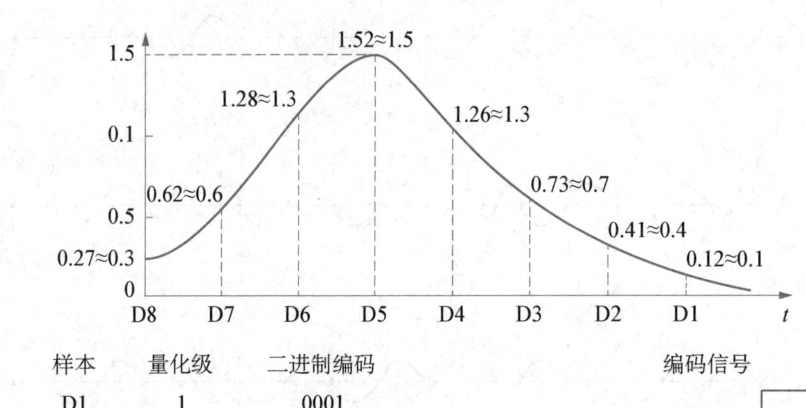

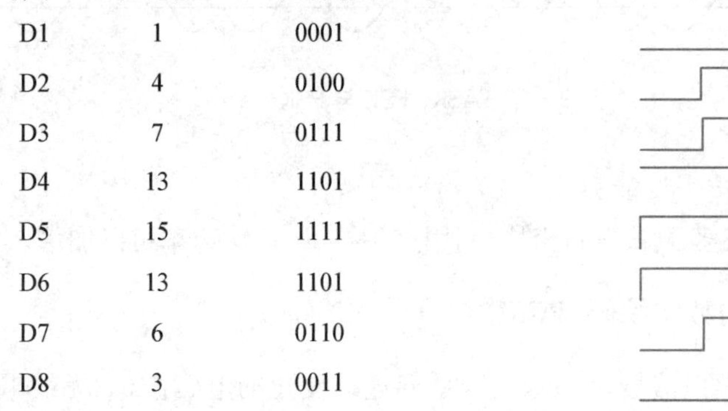

样本	量化级	二进制编码	编码信号
D1	1	0001	
D2	4	0100	
D3	7	0111	
D4	13	1101	
D5	15	1111	
D6	13	1101	
D7	6	0110	
D8	3	0011	

图 3-15 PCM

3.3 数据传输

3.3.1 信道的通信方式

在数字通信中，按每次传送的数据位数，传输方式可分为串行通信和并行通信两种，如图 3-16 所示。串行通信传输时，数据是一位一位地在通信线路上传输的，适用于计算机与计算机、计算机与外设之间的远距离通信。并行通信传输中有多个数据位，同时在两个设备之间传输。发送设备将这些数据位通过对应的数据线传送给接收设备，还可附加一位数据校验位。

串行通信与并行通信的特点是：

① 串行通信采用一条信道通信，并行通信采用多条信道同时通信；

② 串行通信传输的数据从低位到高位依次进行，并行通信同时进行；

③ 相同速率下，并行通信传输的码元数是串行通信的 n 倍；

④ 在实际通信中，大都采用串行通信。

3.3.2 信道通信的工作方式

按照信号的传送方向与时间的关系，信道的通信方式可以分为 3 种：单工、半双工和全

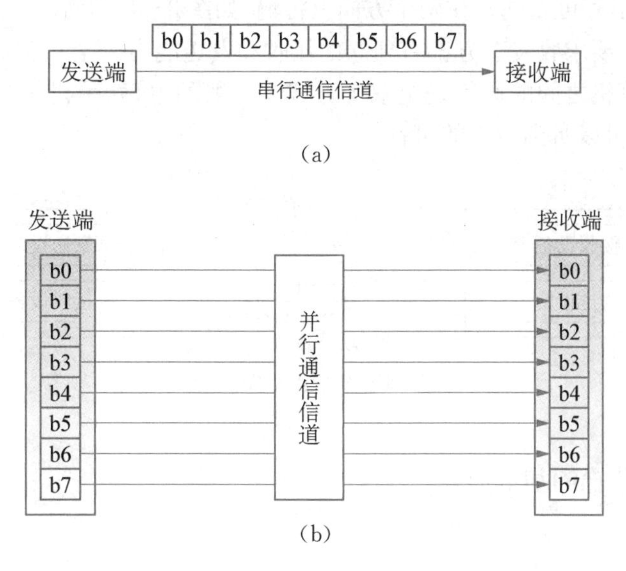

图3-16 串行与并行通信

双工。

(1) 单工　信号只能向一个方向传输,不能改变信号的传输方向,如图3-17所示。为保证正确传送数据信号,接收端要校验接收的数据,若校验出错,则通过监控信道发送请求重发的信号。此种方式适用于数据收集系统,如气象数据的收集、电话费的集中计算。例如,计算机和打印机之间的通信是单工模式,因为只有计算机向打印机传输数据,而没有相反方向的数据传输。

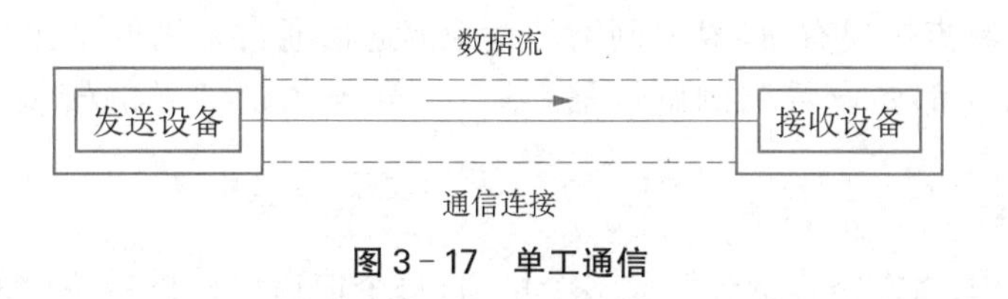

图3-17 单工通信

(2) 半双工　信号可以双向传输,但是必须交替进行,一个时间只能向一个方向传输,它是一种切换方向的单工通信,如图3-18所示。此种方式适用于问讯、检索、科学计算等数据通信系统,传统的对讲机使用的就是半双工通信方式。由于对讲机传送及接收使用相同的频率,不允许同时进行。因此一方讲完后,需设法告知另一方讲话结束,另一方才知道可以讲话。

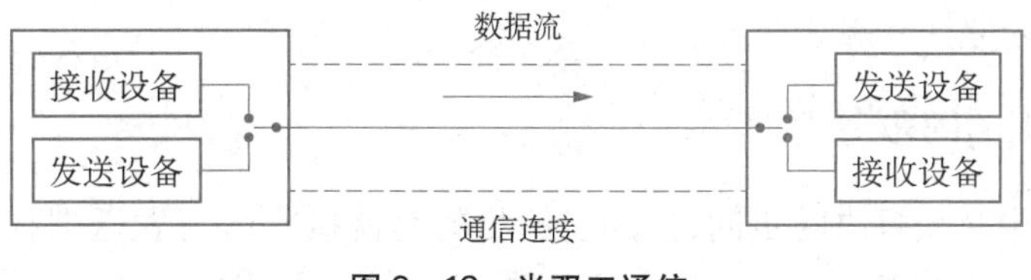

图3-18 半双工通信

(3) 全双工　信号可以同时在两个方向上传输，如图 3-19 所示。全双工通信是两个单工通信方式的结合，要求收发双方都有独立的接收和发送能力。全双工通信效率高，控制简单，但造价高。计算机之间的通信是全双工方式。一般的电话、手机也是全双工的系统，因为在讲话时同时也可以听到对方的声音。

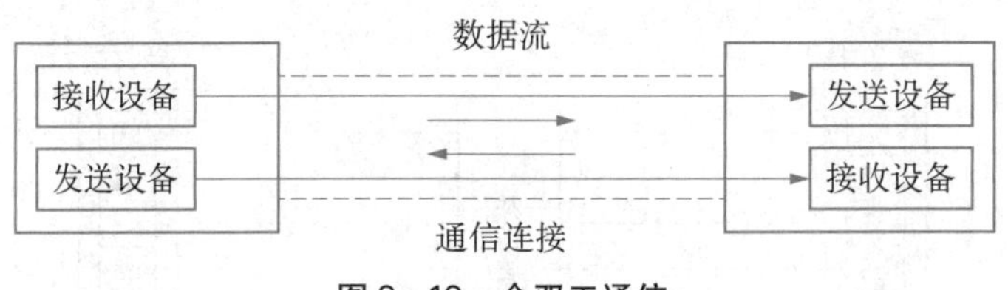

图 3-19　全双工通信

3.3.3　数据传输的基本形式

1. 基带传输

计算机或终端的数字信号都是二进制序列，它是一种矩形脉冲信号，这种矩形脉冲信号称为基带信号。基带传输是指在通信介质上传输 0 或 1 数字信号。

基带传输的特点主要有：基带传输的是数字信号，不需要调制解调器；基带传输受距离和传输介质的限制，距离长，容易发生畸变，适合短距离的数据传输，用于局域网。在计算机的远程通信中，通常是借助于电话交换网来实现，此时需要频带传输。

2. 频带传输

将基带信号变换(调制)成能在模拟信道中传输的模拟信号(频带信号)，再将这种频带信号在模拟信道中传输的方式。

频带传输的特点主要有：计算机网络的远距离通信通常采用的是频带传输；频带传输在发送端和接收端都要设置调制解调器，基带信号与频带信号的转换需要调制解调器完成。

3. 宽带传输

借助频带传输，将链路容量分解成多个信道，每个信道可以携带不同的信号，这就是宽带传输。宽带传输中的所有信道都可以同时发送信号，例如广电有线电视(CATV)、综合业务数字网(ISDN)等。

基带传输和宽带传输的区别主要表现在：

(1) 数据传输速率不同　基带数据传输速率通常在 1～2.5 Mbps，宽带数据传输速率通常在 5～10 Mbps。

(2) 传输信号不同　基带传输数字信号，宽带传输模拟信号。

宽带传输一定是采用频带传输技术。

3.3.4　数据的同步方式

在通信过程中必须解决同步问题，同步的目的是使接收端与发送端在时间基准上保持一致(包括开始时间、位边界、重复频率等)，数据通信的同步方式有位同步、字符同步、帧同步。

1. 位同步

接收端根据发送端发送数据的时钟频率与数据的起始时刻，校正自己的时钟频率与接收数据的起始时刻，这个过程叫做位同步。实现位同步的方式有外同步法和内同步法。

(1) 外同步法　发送端在发送数据前，先向接收端发送一串同步时钟，接收端根据此时钟频率来校正时钟频率，以便在接收数据时始终与发送端保持同步。

(2) 内同步法(自同步法)　通过特殊编码(曼彻斯特编码、差分曼彻斯特编码)，这些数据编码信号包含了同步信号，接收方从中提取同步信号来锁定自己的时钟脉冲频率。

2. 字符同步

以字符为边界实现字符的同步接收。

(1) 异步制　在一个字符的前后加上起止符，字符内同步，字符之间异步。字符传输时设置1个起始位、8个数据位和2个停止位，下一字符的起始位在前一字符的停止位之后的任意时间出现。

异步制字符同步的性能：字符起止位用于同步时钟调整，每个字符开始时都会重新同步；每两个字符之间的间隔时间不固定；增加了辅助位，传输效率低。例如，采用1个起始位、8个数据位、2个停止位时，其效率为8/11，小于72%。

(2) 同步制　同步传输是将多个字符组织成组，以组为单位连续传送。在每组字符之前加上一个或多个用于同步控制的字符SYN，字符之间不再添加任何附加的位。接收端收到同步控制字符SYN后，确定字符的起始和终止，以实现同步传输的功能，如图3-20所示。

SYN	SYN	字符	字符	……	字符	字符	字符

图3-20　同步制

同步制字符同步的性能：同步方式效率高，一旦有错误，就要全部重传，在通信中多普遍采用同步制字符传输。

3. 帧同步

帧同步方式是以识别一个帧的开始和结束来同步的，分为面向字符的帧同步方式和面向比特的帧同步方式两种。

帧是数据链路中的传输单位，由数据和控制信息部分组成的二进制序列。面向字符的帧同步方式是以同步字符(SYN)来标识一个帧的开始，适用于字符类型的数据帧，如BSC协议。面向比特的帧同步方式是以特殊位序列(7EH，即01111110)来标识一个帧的开始，适用于任意数据类型的帧，如HDLC协议、PPP协议、帧中继等。

3.3.5　多路复用技术

多路复用技术是把多个低速信道组合成一个高速信道的技术，可以有效提高数据链路的利用率，从而使得一条高速的主干链路同时为多条低速的接入链路提供服务，网络干线可以同时运载大量的语音和数据传输。

多路复用技术的实质是将一个区域的多个用户数据通过发送多路复用器汇集，然后将汇集后的数据通过一个物理线路传送，接收多路复用器再将数据分离，分发到多个用户。多路复用通常分为频分多路复用、时分多路复用、波分多路复用、码分多址和空分多址。

1. 频分多路复用

频分多路复用(Frequency Division Multiplexing, FDM)就是将具有一定带宽的信道分割为若干个有较小频带的子信道,每个子信道传输一路信号,如图 3-21 所示。在信道中就可同时传送多个不同频率的信号。被分开的各子信道的中心频率不相重合,且各信道之间留有一定的空闲频带(也叫保护频带),以保证数据在各子信道上的可靠传输。频分多路复用实现的条件是信道的带宽远远大于每个子信道的带宽。

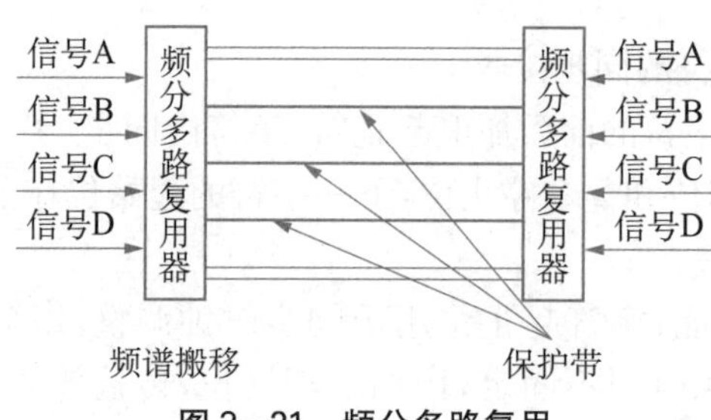

图 3-21 频分多路复用

2. 时分多路复用

时分多路复用(Time Division Multiplexing, TDM)是将一条物理信道的传输时间分成若干个时间片轮流地给多个信号源使用,每个时间片被复用的一路信号占用。当有多路信号准备传输时,一个信道就能在不同的时间片传输多路信号。时分多路复用实现的条件是信道能达到的数据传输速率超过各路信号源所要求的数据传输速率。如果把每路信号调制到较高的传输速率,即按介质的比特率传输,那么每路信号传输时多余的时间就可以被其他路信号使用。为此,使每路信息按时间分片,轮流交换地使用介质,可以达到在一条物理信道中同时传输多路信号的目的。

时分多路复用可分为同步时分多路复用和异步时分多路复用两种。

(1) 同步时分多路复用(Synchronization Time-Division Multiplexing, STDM) 时分方案中的时间片是分配好的,而且固定不变,即每个时间片与一个信号源对应,不管该信号源此时是否有信息发送。在接收端,根据时间片序号就可以判断出是哪一路信息,从而将其送往相应的目的地,如图 3-22 所示。

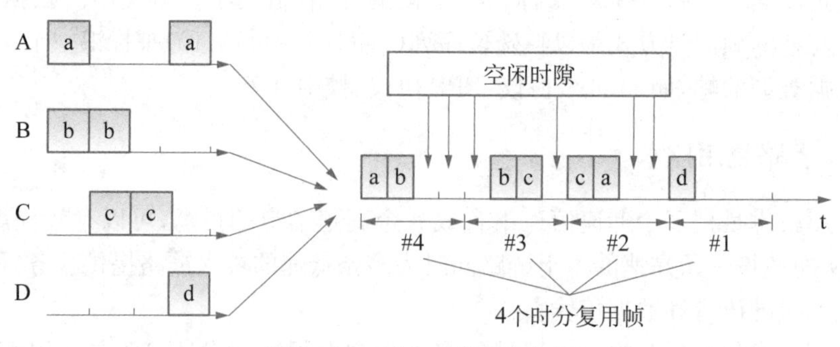

图 3-22 同步时分多路复用

(2) 异步时分多路复用(Asynchronous Time-Division Multiplexing, ATDM)　允许动态地、按需分配信道的时间片,如某路信号源暂不发送信息,就让其他信号源占用这个时间片,这样就可大大提高时间片的利用率,如图 3－23 所示。异步时分多路复用也可称为统计时分多路复用技术,它也是目前计算机网络中应用广泛的多路复用技术,这种方法提高了设备利用率,但是技术复杂性也比较高,所以这种方法主要应用于高速远程通信过程中,例如异步传输模式 ATM。

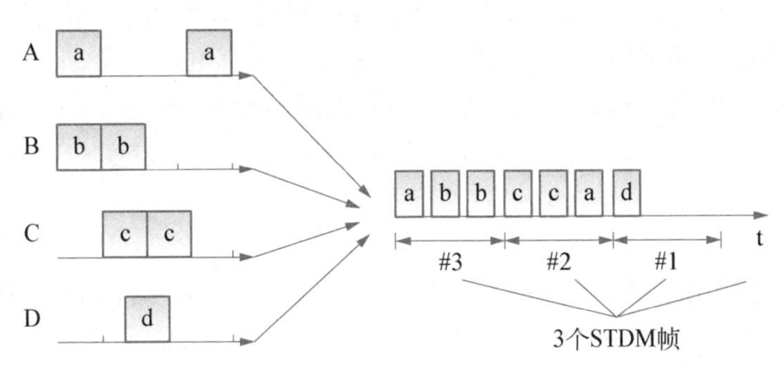

图 3－23　异步时分多路复用

3. 波分多路复用

波分多路复用(Wavelength Division Multiplexing, WDM)是指在一根光纤上能同时传送多个波长不同的光载波的复用技术,主要用于全光纤网组成的通信系统中。通过 WDM,可使原来在一根光纤里只能传输一个光载波的单一光信道,变为可传输多个不同波长光载波的光信道,使得光纤的传输能力成倍增加。也可以利用不同波长沿不同方向传输来实现单根光纤的双向传输。WDM 技术将是今后计算机网络系统主干的信道多路复用技术之一。

波分多路复用一般用波长分割复用器和解复用器(也称合波/分波器)分别置于光纤两端,实现不同光波长信号的耦合与分离,这两个器件的原理是相同的,如图 3－24 所示。

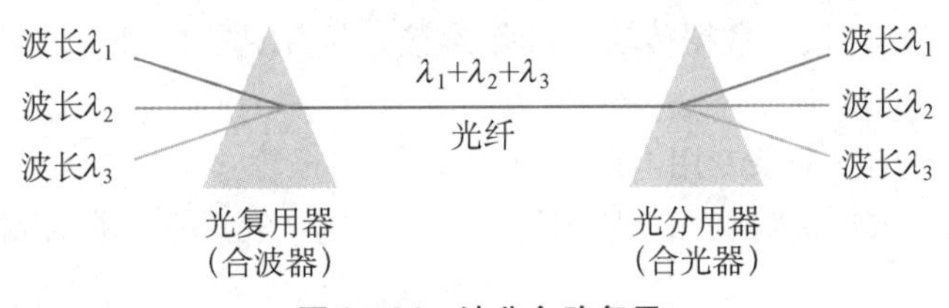

图 3－24　波分多路复用

4. 码分多路复用

码分多路复用(Code Division Multiplexing, CDM)常用的名称是 CDMA(Code Division Multiple Access),也是一种共享信道的方法。每个用户可在同一时间使用同样的频带通信,但使用的是基于码型的分割信道的方法,即每个用户分配一个地址码,各个码型互不重叠,通信各方之间不会相互干扰,抗干扰能力强。

码分多路复用技术主要用于无线通信系统,特别是移动通信系统。它不仅可以提高通信的语音质量和数据传输的可靠性及减少干扰对通信的影响,还增大了通信系统的容量。

笔记本电脑等移动性计算机的联网通信就是使用了这种技术。

3.4 数据交换

两台计算机通过网络交换数据之前，首先要在通信子网中通过交换设备间的线路连接，建立一条实际的物理线路。当两个终端没有直连线路时，必须经过中间节点的转接才能通信，这就需要交换技术来实现。常见的数据交换技术主要有电路交换、报文交换、分组交换。其中，报文交换和分组交换都属于存储转发交换，网络节点（交换设备）先将途径的数据按传输单元接收并存储下来，然后选择一条适当的链路转发出去。

3.4.1 电路交换

电路交换是通信网中最早出现的一种交换方式，也是应用最普遍的一种交换方式，主要用于电话通信网中。电路交换方式最重要的特点是在一对主机之间建立起一条专用的数据通路，如图 3－25 所示。通信包括线路建立、数据传输和线路释放 3 个过程。

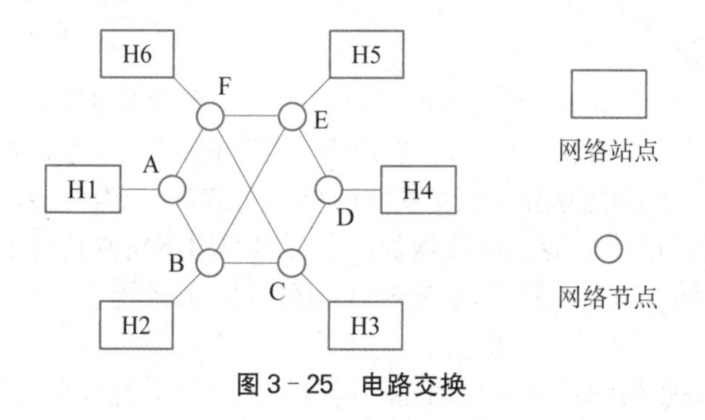

图 3－25 电路交换

两个用户通信时，建立一个临时的专用线路，在通信时用户独占，直到通信一方释放，需要经历 3 个阶段：建立连接—数据传输—拆除连接。例如，图 3－25 中的 H1 与 H3 的通信过程描述如下：

（1）电路建立　建立一条专用电路 ABC。

（2）数据传输　数据传输从 A→B→C 或 C→B→A。在整个数据传输过程中，电路必须始终保持连接状态。

（3）电路拆除　数据传输结束，由某一方（A 或 C）发出拆除请求。

电路交换的特点是：数据传输前需要建立一条端到端的通路，是一种面向连接的交换方式。

① 电路建立连接的时间长。

② 一旦建立连接就独占线路，线路利用率低。

③ 无纠错机制。

④ 建立连接后，传输延迟小。

3.4.2　报文交换

报文交换是一种以报文为数据传送单位，采用存储转发的信息传递方式。报文交换不要求在两个通信节点之间建立专用通路。不管发送数据的长度多少，都把它当作一个逻辑单元，并在该逻辑单元中加入源地址、目的地址和控制信息，按一定格式打包，就是报文，格式如图 3－26 所示。

图 3－26　报文格式

(1) 报文交换原理

① 报文交换无需建立线路连接，它基于存储转发技术；

② 报文存放在交换机中，根据报文中目的地址选择合适的路由发送到下一节点，依次中转，直到目的地址。

(2) 报文交换的特点

① 传输之前不需要建立端到端的连接，仅在相邻节点之间传输报文。

② 建立节点间的连接为无连接的交换方式。

③ 整个报文作为一个整体一起发送。

(3) 优缺点

① 没有建立和拆除连接所需的等待时间。

② 线路利用率高。

③ 传输可靠性较高。

④ 报文大小不一，造成存储管理复杂。

⑤ 大报文的存储转发的延时过长，对存储容量要求较高。

⑥ 出错后整个报文全部重发。

(4) 适用于电报传送，不适用于交互通信。

3.4.3　分组交换

分组交换是报文交换的一种改进，它将报文分成若干个长度一定的分组(这些分组称为包)，减少每个节点存储能力。由于分组长度较短，检错容易，发生错误时重发花费的时间少，限定分组最大数据长度，有利于提高存储转发节点的存储能力与传输效率。因此，分组交换是计算机网络中广泛使用的一种交换技术。

在分组交换中，根据网络中传输控制协议和传输路径不同，可分为以下两种方式。

1. 数据报

如图 3－27 所示，主机 A 将报文分成多个分组 P1、P2……，然后依次发送至直接相连的通信控制处理机 A 上(节点 A)。节点 A 每收到一个分组，检测差错，以保证收到的数据正确。若正确，为每一个分组选择路由。由于网络是动态变化的，P1 分组下一节点可能是 C，P2 节点下一节点可能是 D，报文的不同分组通过网络的路径可能不同。

节点 A 向节点 C 发送 P1 分组，节点 C 对 P1 进行差错检测。若正确，节点 C 向 A 发送

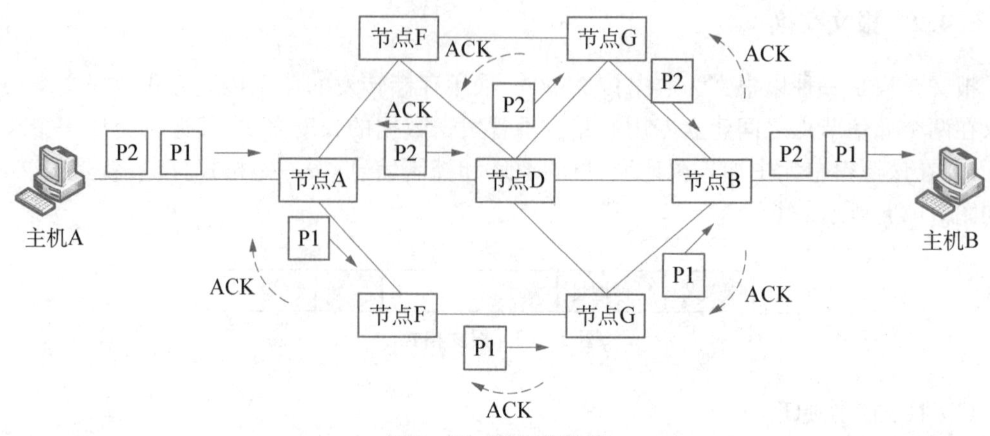

图 3-27 数据报交换

确认信息 ACK，节点 A 收到 C 的 ACK 信息后，确认 P1 已正确发送，此时丢弃 P1 的副本，P1 通过多个节点的存储转发，最终到达目的节点(主机 B)。

数据报工作方式的特点有：

① 数据报属于分组存储转发。

② 每一个分组在传输时都必须带有目的地址与源地址。

③ 在数据报方式中，分组传送之间不需要预先在源主机与目的主机之间建立线路连接。

④ 同一报文的不同分组可以由不同的传输路径通过网络。

⑤ 同一报文的不同分组到达目的节点时可能出现乱序、重复与丢失现象。

2. 虚电路

虚电路方式类似电路交换，两个用户在通信时必须建立一条逻辑链接的虚电路。过程分为虚电路建立阶段、数据传输阶段和虚电路拆除阶段。

如图 3-28 所示，虚电路工作方式的特点有：

① 在每次分组发送之前，必须在发送方与接收方之间建立一条逻辑连接。

② 一次通信的所有分组都通过这条虚电路顺序传送，因此报文分组不必带目的地址、源地址等辅助信息。分组到达目的节点时不会出现丢失、重复与乱序的现象。

③ 分组通过虚电路上的每个节点时，节点只需要做差错检测而不需要做路径选择。

由此可见，虚电路是在传输分组时临时建立的逻辑连接，因为这种虚电路不是专用的或实际存在的。每个节点到其他节点间可能有无数条虚电路存在。

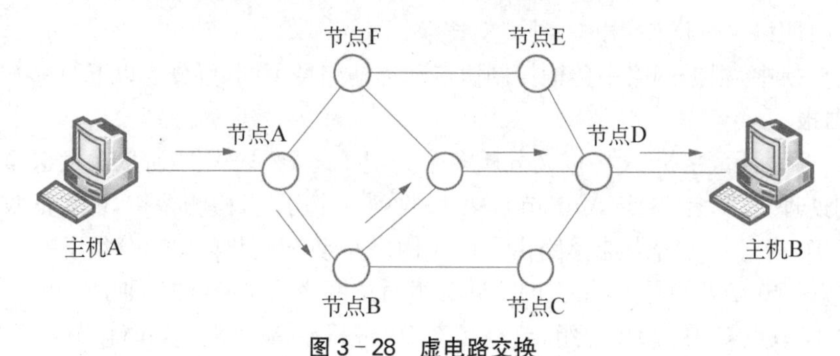

图 3-28 虚电路交换

3.4.4 高速交换技术

除了上述的 3 种交换技术,还有一些高速交换技术,如 ATM 技术、光交换技术等。

1. ATM 技术

ATM(Asynchronous Transfer Mode)技术,即异步传输模式,ATM 技术兼顾各种数据类型,将数据分成一个个的数据分组,这个分组称为一个信元,如图 3-29 所示。每个信元固定长 53 字节,其中 5 字节为信头,48 字节为信息域,用来装载来自不同用户、不同业务的信息。

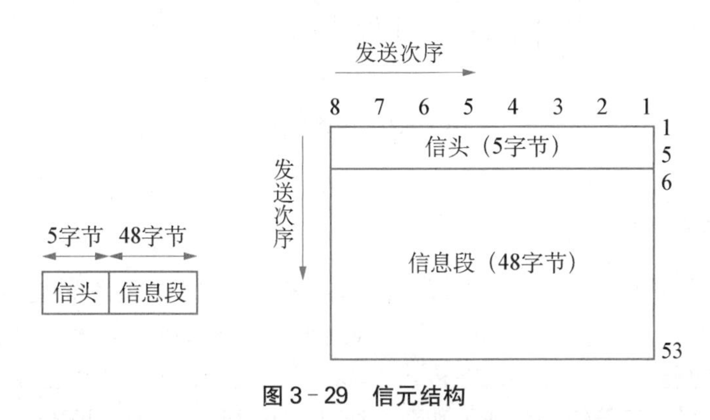

图 3-29 信元结构

ATM 采用异步时分多路复用技术,采用不固定时隙传输,每个时隙的信息中都带有地址信息。

由于 ATM 技术将数据分成定长 53 字节的信元,一个信源占用一个时隙,时隙分配不固定,包的大小进一步减小,更充分地利用了线路的通信容量和带宽。

2. 光交换技术

由于光纤传输技术的不断发展,目前在传输领域中光传输已占主导地位,光交换是全光网络的关键技术之一。光交换技术是指用光纤来进行网络数据、信号传输的网络交换传输技术。

光交换技术可以分成光路交换技术和分组交换技术。光路交换又可分成 3 种类型,即空分(SD)、时分(TD)和波分/频分(WD/FD)光交换,以及由这些交换组合而成的结合型。光分组交换中,异步传送模式是被广泛研究的一种方式。

3.5 传输介质

网络传输介质是网络中发送方与接收方之间的物理通路,是在网络中传输信息的载体,它对网络的数据通信具有一定的影响。常用的网络传输介质可分为两类,一类是有线的,一类是无线的。有线传输介质主要有双绞线、同轴电缆、光纤,无线传输介质有无线电和微波等,如图 3-30 所示。

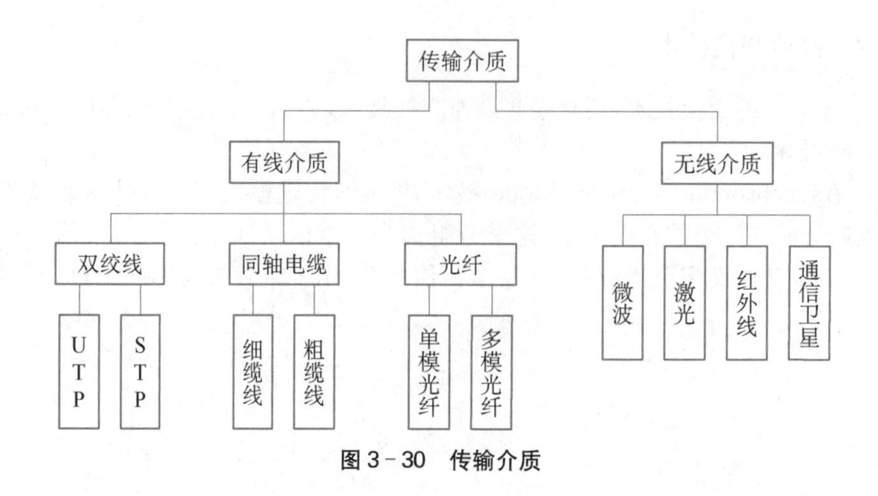

图 3-30 传输介质

3.5.1 双绞线

双绞线是局域网中最常用的一种传输介质，它采用一对互相绝缘的金属导线互相绞合的方式来抵御一部分外界电磁波干扰。把两根绝缘的铜导线按一定密度互相绞在一起，可以降低信号干扰的程度，每一根导线在传输中辐射的电波会被另一根线上发出的电波抵消。

按屏蔽性能，可将双绞线分为非屏蔽双绞线(Unshielded Twisted Pair, UTP)与屏蔽双绞线(Shielded Twisted Pair, STP)。非屏蔽双绞线是一种数据传输线，由 4 对不同颜色的传输线组成，广泛用于以太网路和电话线中，如图 3-31 所示。UTP 的特点主要有：

① 无屏蔽外套，直径小，节省所占用的空间，成本低。

② 重量轻，易弯曲，易安装。

③ 将串扰减至最小或加以消除。

④ 具有阻燃性。

⑤ 具有独立性和灵活性，适用于结构化综合布线。

⑥ 既可以传输模拟数据也可以传输数字数据。

屏蔽双绞线在双绞线与外层绝缘封套之间有一个金属屏蔽层，屏蔽层可减少辐射，防止信息被窃听，也可阻止外部电磁干扰的进入，使屏蔽双绞线比同类的非屏蔽双绞线具有更高的传输速率，如图 3-32 所示。STP 的特点主要有：

① 价格贵。

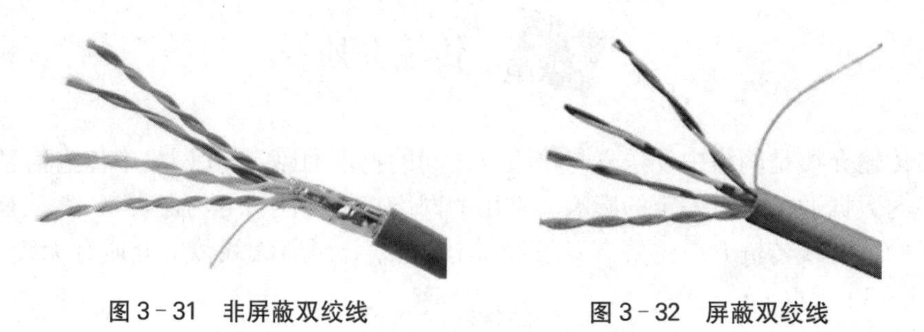

图 3-31 非屏蔽双绞线　　图 3-32 屏蔽双绞线

② 抗电磁辐射的能力很强，适合于在工业环境和其他有严重电磁辐射干扰或无线电辐射干扰的场合布放。

③ 安装复杂。因为STP电缆的屏蔽层接地问题。电缆线对的屏蔽层和外屏蔽层都要在连接器处与连接器的屏蔽金属外壳可靠连接。交换设备、配线架也都需要良好接地。因此，STP电缆不仅是材料本身成本高，而且安装的成本也相应增加。

按电气性能，可将双绞线分为：

(1) 一类线(CAT1) 线缆最高频率带宽是750 kHz，用于报警系统，或只适用于语音传输(一类标准主要用于20世纪80年代初之前的电话线缆)。

(2) 二类线(CAT2) 线缆最高频率带宽是1 MHz，用于语音传输和最高传输速率4 Mbps的数据传输，常见于使用4 Mbps规范令牌传递协议的旧的令牌网。

(3) 三类线(CAT3) 指在ANSI和EIA/TIA568标准中指定的电缆，该电缆的传输频率16 MHz，最高传输速率为10 Mbps，主要应用于语音、10 Mbps以太网(10BASE-T)和4 Mbps令牌环，最大网段长度为100 m，采用RJ形式的连接器，目前已淡出市场。

(4) 四类线(CAT4) 该类电缆的传输频率为20 MHz，用于语音传输和最高传输速率16 Mbps(指的是16 Mbit/s令牌环)的数据传输，主要用于基于令牌的局域网和10BASE-T/100BASE-T。最大网段长为100 m，采用RJ形式的连接器，未被广泛采用。

(5) 五类线(CAT5) 该类电缆增加了绕线密度，外套一种高质量的绝缘材料，线缆最高频率带宽为100 MHz，最高传输率为100 Mbps，用于语音传输和最高传输速率为100 Mbps的数据传输，主要用于100BASE-T和1000BASE-T网络，最大网段长为100 m，采用RJ形式的连接器。这是最常用的以太网电缆。在双绞线电缆内，不同线对具有不同的绞距长度。通常，4对双绞线绞距周期在38.1 mm长度内，按逆时针方向扭绞，一对线对的扭绞长度在12.7 mm以内。

(6) 超五类线(CAT5e) 超五类衰减小，串扰少，并且具有更高的衰减与串扰的比值(ACR)和信噪比(SNR)、更小的时延误差，性能得到很大提高。超五类线主要用于千兆位以太网(1 000 Mbps)。

(7) 六类线(CAT6) 该类电缆的传输频率为1～250 MHz。六类布线系统在200 MHz时综合衰减串扰比(PS-ACR)应该有较大的余量，它提供2倍于超五类的带宽。六类布线的传输性能远远高于超五类标准，最适用于传输速率高于1 Gbps的应用。六类与超五类的一个重要的不同点在于改善了在串扰以及回波损耗方面的性能，对于新一代全双工的高速网络应用而言，优良的回波损耗性能是极重要的。六类标准中取消了基本链路模型，布线标准采用星形的拓扑结构，要求的布线距离为：永久链路的长度不能超过90 m，信道长度不能超过100 m。

(8) 超六类或6A(CAT6A) 此类产品传输带宽介于六类和七类之间，传输频率为500 MHz，传输速度为10 Gbps，标准外径6 mm。目前和七类产品一样，国家还没有出台正式的检测标准，只是行业中有此类产品，各厂家宣布一个测试值。

(9) 七类线(CAT7) 传输频率为600 MHz，传输速度为10 Gbps，单线标准外径8 mm，多芯线标准外径6 mm，可能用于今后的10 Gb以太网。

在局域网组网中，常采用五类的UTP，在远距离传输中，会采用超五类或六类UTP。

3.5.2 同轴电缆

同轴电缆由一对导体组成，按同轴形式构成线对，最里层是内铜芯，向外依次是绝缘层、屏蔽层，最外层则是起保护作用的塑料外套（具有防火作用），如图 3-33 所示。内芯和屏蔽层构成一对导体，金属屏蔽层能将磁场发射回中心导体，同时也使中心导体免受外界的干扰，故同轴电缆比双绞线具有更高的带宽和更好的噪声抑制性能。

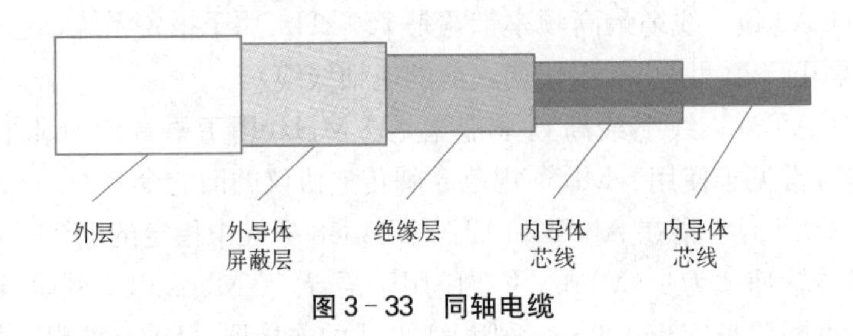

图 3-33 同轴电缆

同轴电缆可分为基带同轴和宽带同轴。基带电缆又可分为细缆和粗缆。

细缆的直径为 0.26 cm，最大传输距离 185 m，使用时与 50 Ω 终端电阻、T 型连接器、BNC 接头与网卡相连。线材价格和连接头成本都比较便宜，而且不需要购置集线器等设备，十分适合架设终端设备较为集中的小型以太网络。

粗缆（RG-11）的直径为 1.27 cm，最大传输距离达到 500 m。由于直径相当粗，它的弹性较差，不适合在室内狭窄的环境内架设，而且 RG-11 连接头的制作方式也相对要复杂许多，并不能直接与电脑连接，需要通过一个转接器转成 AUI 接头，然后再接到电脑上。由于粗缆的强度较强，最大传输距离也比细缆长，因此粗缆的主要用途是扮演网络主干的角色，用来连接数个由细缆所结成的网络。

同轴电缆可以在相对长的无中继器的线路上支持高带宽通信，但其缺点也是显而易见的，比如：

① 体积大，要占用电缆管道的大量空间。

② 不能承受缠结、压力和严重的弯曲，这些都会损坏电缆结构，阻止信号的传输。

③ 成本高。

同轴电缆的这些缺点正是双绞线能克服的，因此在现在的局域网环境中，基本已被基于双绞线的以太网物理层规范所取代。

3.5.3 光纤

光导纤维简称光纤，是一种传输光束的细微而柔韧的介质，通常由非常透明的石英玻璃拉成细丝，由纤芯和包层构成双层通信圆柱体，纤芯用来传导光波，如图 3-34 所示。

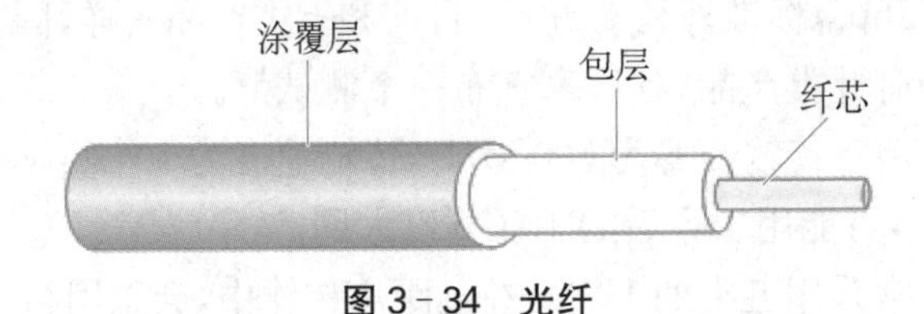

图 3-34 光纤

根据光在其内部的传播方式，可分为单模和多模光纤，如图3-35所示。在单模光纤中，光是沿着直线进行传播，无反射，用于长距离、大容量光纤通信系统，光纤局部区域网和各种光纤传感器中。在100 Mbps的以太网以至1 G千兆网，单模光纤都可支持超过5 000 m的传输距离。单模光纤的特点是：

① 纤芯直径小，只有5～10 μm。

② 几乎没有散射。

③ 适合远距离传输。标准距离达3 km，非标准传输可以达几十千米。

④ 使用激光光源。

单模光纤

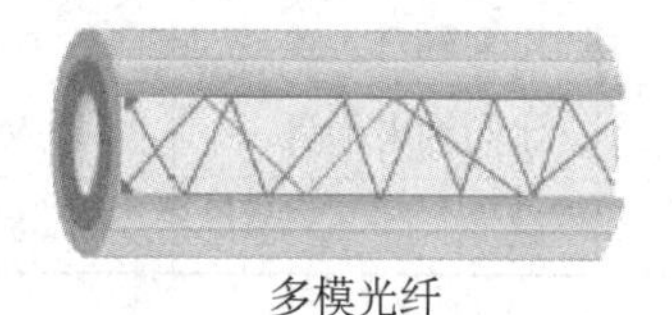

多模光纤

图3-35 单模与多模光纤

多模光纤容许不同模式的光于一根光纤上传输，由于多模光纤的芯径较大，故可使用较为廉价的耦合器及接线器，多模光纤的纤芯直径为50～100 μm。相对于双绞线，多模光纤能够支持较长的传输距离，在10 mbps及100 mbps的以太网中，多模光纤最长可支持2 000 m的传输距离，而于1 Gps千兆网中，多模光纤最高可支持550 m的传输距离，在10 Gps万兆网中，多模光纤OM3可到300 m，OM4可达500 m。

多模光纤的特点是：

① 纤芯直径比单模光纤大，有50～62.5 μm，或更大。

② 散射比单模光纤大，因此有信号的损失。

③ 适合远距离传输，但是比单模光纤小。标准距离2 km。

④ 使用LED光源。

图3-36 光缆

光缆由光纤、塑料保护套、填充物和外护套等构成，如图3-36所示。与其他传输介质相比较，光缆的电磁绝缘性能好，信号衰变小，频带较宽，传输距离较大。光缆主要是在要求传输距离较长，布线条件特殊的情况下用于主干网的连接。光缆通信由光发送机产生光束，将电信号转变为光信号，再把光信号导入光纤，在光缆的另一端由光接收机接收光纤上传输来的光信号，并将它转变成电信号，经解码后再处理。光缆的最大传输距离远、传输速度快，是局域网中传输介质的佼佼者。

由于计算机只能接收电信号，所以光纤连接计算机时需要用光电收发器进行光电转换，如图3-37所示。光纤只能单向传输信号，若作为数据传输介质，应由两根光纤组成一对信

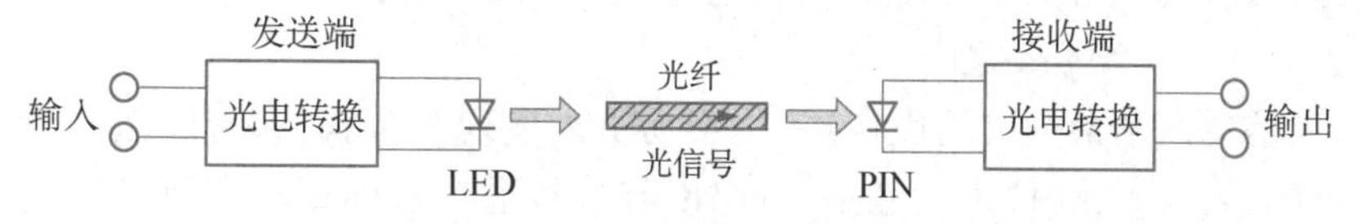

图3-37 光电转换原理

号线，一根用于发送数据，另外一根用于接收数据。在实际应用中的光缆多为多芯光纤。

有线传输介质的特性见表 3-1。

表 3-1 有线传输介质特性

<table>
<tr><th>传输介质</th><th>价格</th><th>带宽</th><th>安装难度</th><th>抗干扰能力</th></tr>
<tr><td>UTP</td><td>最便宜</td><td>低</td><td rowspan="2">非常容易</td><td rowspan="2">较敏感</td></tr>
<tr><td>STP</td><td>比 UTP 贵</td><td>中等</td></tr>
<tr><td>细缆</td><td>比双绞线贵</td><td>高</td><td rowspan="2">一般</td><td rowspan="2">一般</td></tr>
<tr><td>粗缆</td><td>比细缆贵</td><td>较高</td></tr>
<tr><td>多模光纤</td><td>比同轴电缆贵</td><td>极高</td><td rowspan="2">难</td><td rowspan="2">不敏感</td></tr>
<tr><td>单模光纤</td><td>最贵</td><td>最高</td></tr>
</table>

3.5.4 无线传输介质

在计算机网络中，无线传输可以突破有线网的限制，利用空间电磁波实现站点之间的通信，可以为广大用户提供移动通信。最常用的无线传输介质有无线电波、微波和红外线。

1. 无线电波

无线电波是指在自由空间(包括空气和真空)传播的射频频段的电磁波。无线电技术是通过无线电波传播声音或其他信号的技术。

无线电波在空间中的传播方式有以下情况：直射、反射、折射、穿透、绕射(衍射)和散射。

无线电技术的原理在于，导体中电流强弱的改变会产生无线电波。利用这一现象，通过调制可将信息加载于无线电波之上。当电波通过空间传播到达收信端，电波引起的电磁场变化又会在导体中产生电流。通过解调将信息从电流变化中提取出来，就达到了信息传递的目的。

无线电波主要用于移动电话、广播电台等应用领域。

2. 微波

微波是指频率为 300 MHz～300 GHz 的电磁波，是无线电波中一个有限频带的简称，即波长在 1 m(不含 1 m)到 1 mm 之间的电磁波，是分米波、厘米波、毫米波的统称。微波频率比一般的无线电波频率高，通常也称为超高频电磁波。微波常用于卫星通信。

3. 红外线

红外线是由德国科学家霍胥尔于 1800 年发现，他将太阳光用三棱镜分解开，在各种不同颜色的色带位置上放置了温度计，试图测量各种颜色的光的加热效应。结果发现，位于红光外侧的那支温度计升温最快。太阳光谱中，红光的外侧必定存在看不见的光线，这就是红外线。太阳光谱上红外线的波长大于可见光线，波长为 0.75～1 000 μm。红外线可分为 3 部分，即近红外线，波长为 0.75～1.50 μm 之间；中红外线，波长为 1.50～6.0 μm 之间；远红外线，波长为 6.0～1 000 μm 之间。

红外线通信有两个最突出的优点：一是不易被人发现和截获，保密性强；二是几乎不会受到电气、天电、人为干扰，抗干扰性强。此外，红外线通信机体积小，重量轻，结构简单，价格低廉。但是它必须在直视距离内通信,传播性能受天气的影响。在不能架设有线线路,而使用无线电又怕暴露自己的情况下,使用红外线通信是比较好的。比如,遥控电视就采用了红外线的通信方式。

3.6 差错控制

1. 差错产生的原因

发送的数据与通过通信信道后接收到的数据不一致的现象称为传输差错,简称为差错。差错的产生是无法避免的。信号在物理信道中传输时,线路本身电气特性造成的随机噪声、信号幅度的衰减、频率和相位的畸变、电气信号在线路上反射造成的回音效应、相邻线路间的串扰以及各种外界因素,都会造成信号的失真。

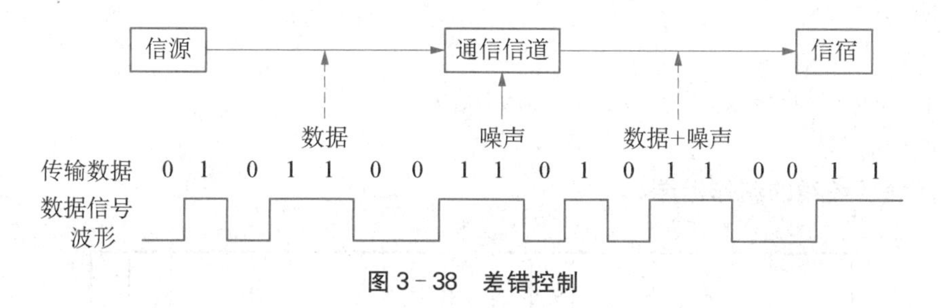

图 3-38 差错控制

2. 差错的类型

传输中的差错通常都是由噪声引起的。噪声有两大类,即随机热噪声和冲击噪声。热噪声由传输介质导体的电子热运动产生,是一种随机噪声,它引起的差错通常是孤立的,与前后码元没有关系。冲击噪声是由外界电磁干扰引起的,是引起传输噪声的主要原因。它引起的传输差错为突发差错,且前后码元的差错具有相关性。

3. 差错控制方法

差错控制的方法有两种。第一种方法是改善通信线路的性能,使错码出现的概率降低到满足系统要求的程度。第二种方法是采用抗干扰编码和纠错编码将传输中出现的某些错码检测出来,并纠正错码。第二种方法最为常用,目前广泛采用的有奇偶校验码,方块码和循环冗余码等。

(1) 奇偶校验　奇偶校验又叫字符校验。在每个字符编码的后面另外增加一个校验位,主要目的是使整个编码中1的个数成为奇数或偶数。在每个字符的数据位传输之前,先检测并计算奇偶校验位,根据采用的奇偶校验位是奇数还是偶数,推出一个字符包含1的数目,接收端重新计算收到字符的奇偶校验位,并确定该字符是否出现传输差错。

(2) 方块校验　方块校验又叫报文校验。在奇偶校验方法的基础上,在一批字符传送之后,另外再增加一个检验字符,该检验字符的编码方法是使每一位纵向代码中1的个数也成为奇数或偶数。采用这种方法可以进一步大大降低数据传输的误码率,效果非常显著。

(3) 循环冗余校验　循环冗余码(Cyclic Redundancy Code, CRC)是使用最广泛并且检错能力很强的一种检验码。在发送端产生一个循环冗余码,附加在信息数据帧后面一起发送到接收端,接收端收到的信息按发送端形成循环冗余码同样的算法进行除法运算,若余数为 0,就表示接收的数据正确,若余数不为 0,则表明数据在传输的过程中出错,发送端重传数据。

实训 任务

任务 1 双绞线的制作

实训目的

1. 了解 UTP 线缆的相关标准。
2. 掌握 UTP 线缆的制作方法。
3. 掌握网线线缆测试仪的使用。

实训环境

实训室

硬件:压线钳、测线仪、双绞线、RJ-45 水晶头。

实训内容

1. 了解双绞线的制作标准

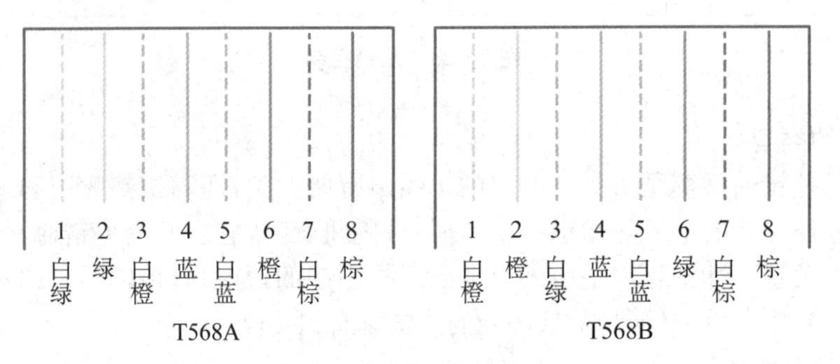

图 3-39 T568A/B 线序

如图 3-39 所示,两种标准的线序如下:

(1) EIA/TIA 568A 标准　白绿/绿/白橙/蓝/白蓝/橙/白棕/棕(从左起)。

(2) EIA/TIA 568B 标准　白橙/橙/白绿/蓝/白蓝/绿/白棕/棕(从左起)。

2. 直通线与交叉线的制作方法

(1) 直通线　双绞线两端都按照 EIAT/TIA 568B 标准连接水晶头,用于连接不同类型设备,比如计算机与交换机、交换机与路由器。

(2) 交叉线　双绞线一端是按照 EIAT/TIA 568A 标准连接,另一端按照 EIT/TIA 568B 标准连接水晶头,用于连接相同类型的设备,比如计算机与计算机、交换机与交换机。

3. UTP 线缆的制作步骤

(1) 剥线　用双绞线压线钳把双绞线的一端剪齐,然后把剪齐的一端插入到压线钳用于剥线的缺口中,注意网线不能弯,直插进去,直到顶住网线钳后面的挡位,稍微握紧压线钳慢慢旋转一圈,如图 3-40 所示。

注意事项：

① 最好先剪一段符合布线长度要求的网线，3 cm 左右。

② 无需担心会损坏网线里面芯线的包皮，因为剥线的两刀片之间留有一定距离，这距离通常就是里面4对芯线的直径。

③ 让刀口划开双绞线的保护胶皮，拨下胶皮。

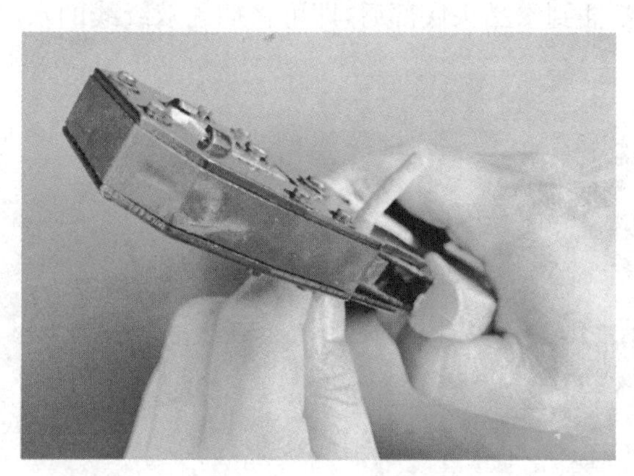

图3-40　剥线

(2) 理线　剥除外胶皮后即可见到双绞线网线的4对8芯线，并且可以看到每对的颜色都不同。每对缠绕的两根芯线是由一条染有相应颜色的芯线加上一条只染有少许相应颜色的白色相间芯线组成，如图3-41所示。

注意事项：

① 4条全色芯线的颜色为橙色、绿色、蓝色、棕色，其绞在上面的分别为白橙、白绿、白蓝、白棕色。

② 把4对芯线一字并排排列，然后再把每对芯线分开(此时注意不跨线排列，也就是说每对芯线都相邻排列)，并按568B标准的顺序排列。

③ 注意每条芯线都要拉直，并且要相互分开并列排列，不能重叠，然后用压线钳垂直于芯线排列方向剪齐。

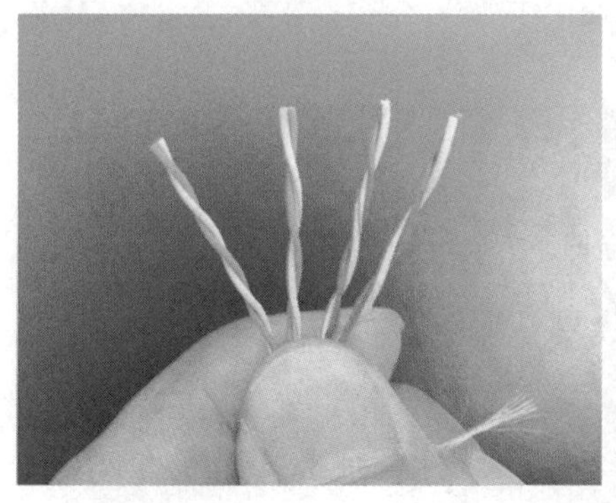

图3-41　理线

(3) 插线　左手水平握住水晶头(塑料扣的一面朝下，开口朝右)，然后把剪齐、并列排列的8条芯线对准水晶头开口并排插入水晶头中,如图3-42所示。

注意事项:

① 注意一定要使各条芯线都插到水晶头的底部,不能弯曲。

② 因为水晶头是透明的,所以可以从水晶头有卡位的一面清楚地看到每条芯线所插入的位置。

③ 确认所有芯线都插到水晶头底部后,即可将插入双绞线的水晶头直接放入压线钳压线缺口。

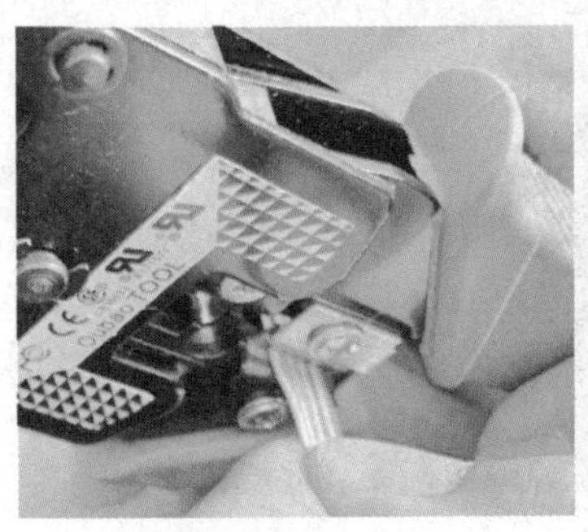

图3-42 插线

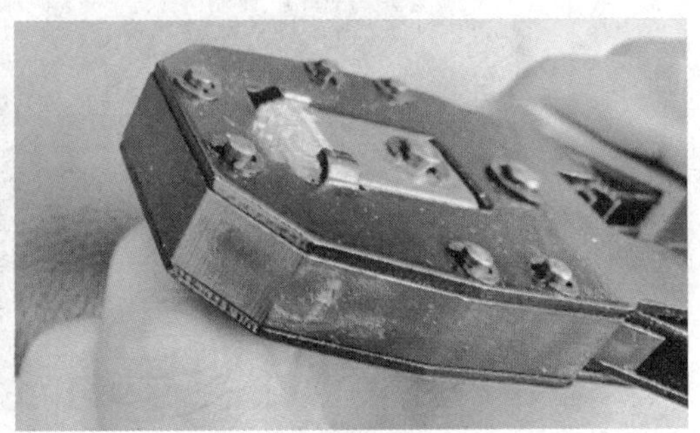

图3-43 压线

(4) 压线 确认所有芯线都插到水晶头底部后,即可将插入双绞线的水晶头直接放入压线钳压线缺口中。因缺口结构与水晶头结构一样,一定要正确放入才能使所压位置正确,如图3-43所示。

注意事项:

① 压的时候一定要使劲,使水晶头的插针都能插入到双绞线芯线之中,与之接触良好。

② 用手轻轻拉一下双绞线与水晶头,看是否压紧,最好多压一次。

③ 最重要的是要注意所压位置一定要正确。

至此,这个RJ-45头就压接好了。按照相同的方法制作双绞线的另一端水晶头,需要注意的是芯线排列顺序一定要与另一端的顺序完全一样,这样整条网线的制作就完成了,如图3-44所示。经过压线后,水晶头将会和双绞线紧紧结合在一起。另外,水晶头经过压制后不能重复使用。

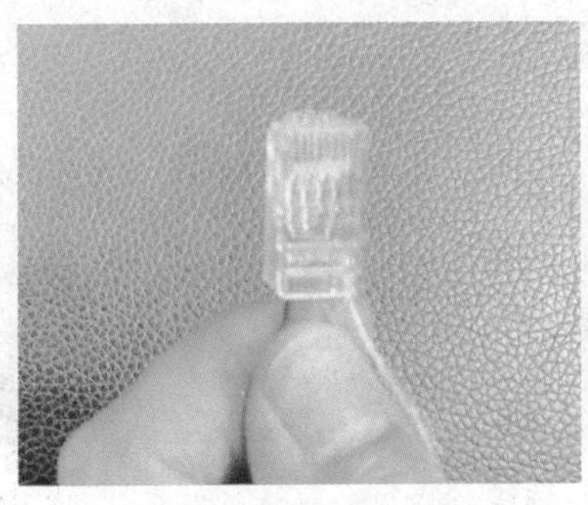

图3-44 制作好的水晶头

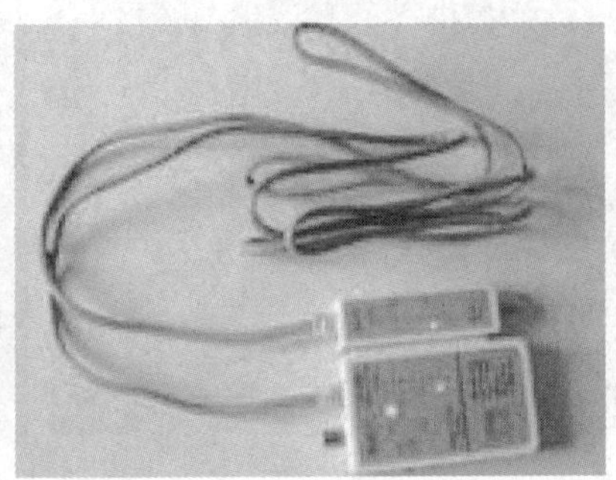

图3-45 测线仪

4. UTP线缆的测试

为了保证双绞线的连通，在完成双绞线的制作后，最好使用电缆测试仪（如图3－45所示）测试网线的两端，保证双绞线能正常使用。将做好的网线两端分别插入电缆测试仪中的RJ－45插座内，打开主项目的电源开关，测试仪开始进行测试，如图3－45所示。

若制作的是直通线，两边的指示灯会按同样的顺序一起亮，表示该网线制作成功，如图3－45(a)所示。亮灯的顺序一样，但有的灯亮有的灯不亮，表示该网线还不合格，可能是还没有压紧，需再次使用压线钳压紧。若多次压紧后还是如此，则这根双绞线不合格。

若制作的是交叉线，两边的指示灯发光顺序为1&3、2&6、3&1、4&4、5&5、6&2、7&7、8&8，表示该网线制作成功，如图3－45(b)所示。若亮灯的顺序不是如此，则说明该交叉双绞线不合格。

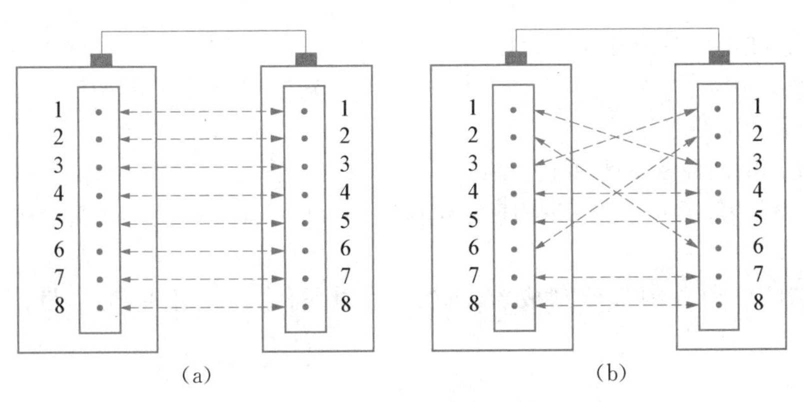

图3－46 网线连通线序

实训总结

学习小结

在理论知识体系上，本项目主要讲述了数据通信的基本概念、模型、数据传输方式与传输技术、数据交换技术、传输介质及差错控制方法等方面的内容，使同学们能够对数据通信有一定的了解与认识。

在实践技能应用上,学生能够根据连网需求制作双绞线。

巩固练习

一、填空题

1. 信号是(　　　　)的表示形式,分为(　　　　)信号和(　　　　)信号。

2. 模拟信号是一种连续变化的(　　　　),而数字信号是一种离散的(　　　　)。

3. 调制解调器是实现计算机的(　　　　)信号和电话线模拟信号间相互转换的设备。

4. 模拟信号传输的基础是载波,载波的3要素分别是(　　　　)、(　　　　)和(　　　　)。

5. 模拟数据的数字化必须经过(　　　　)、(　　　　)、(　　　　)3个步骤。

6. 数据交换技术主要有(　　　　)、(　　　　)、(　　　　),其中(　　　　)交换技术有数据报和虚电路之分。

7. 最常用的两种多路复用技术是(　　　　)和(　　　　),其中,前者表示同一时间同时传送多路信号,后者是将一条物理信道按时间分成若干个时间片轮流分配给多个信号使用。

8. 将物理信道总频带分割成若干个子信道,每个子信道传输一路信号,这就是(　　　　)。

二、单选题

1. CDMA系统中使用的多路复用技术是(　　)。
A. 时分多路　　B. 波分多路　　C. 码分多址　　D. 空分多址

2. 调制解调器的主要功能是(　　)。
A. 模拟信号的放大　　B. 数字信号的整形
C. 模拟信号与数字信号的转换　　D. 数字信号的编码

3. 在数据通信中,利用电话交换网与调制解调器进行数据传输的方法属于(　　)。
A. 频带传输　　B. 宽带传输　　C. 基带传输　　D. IP传输

4. 下列传输介质中,传输介质的抗干扰性最好的是(　　)。
A. 双绞线　　B. 光缆　　C. 同轴电缆　　D. 无线介质

5. PCM是(　　)的编码。
A. 数字信号传输模拟数据　　B. 数字信号传输数字数据
C. 模拟信号传输数字信号　　D. 模拟数据传输模拟数据

6. 在数字数据转换为模拟信号中,(　　)编码技术受噪声影响最大。
A. ASK　　B. FSK　　C. PSK　　D. QAM

7. 在同一个信道上的同一时刻,能够进行双向数据传送的通信方式是(　　)。
A. 单工　　B. 半双工
C. 全双工　　D. 上述3种均不是

8. 采用异步传输方式,设数据位为7位,1位校验位,1位停止位,则其通信效率为

(　　)。

A. 30%　　B. 70%　　C. 80%　　D. 20%

9. 对于实时性要求较高的环境,适合采用的数据交换技术是(　　)。

A. 报文交换　　B. 电路交换　　C. 虚电路交换　　D. 分组交换

10. 将物理信道总频带分割成若干个子信道,每个子信道传输一路信号,属于(　　)。

A. 同步时分多路复用　　B. 空分多路复用

C. 异步时分多路复用　　D. 频分多路复用

11. 下列关于编码的描述中,错误的是(　　)。

A. 采用 NRZ 编码不利于收发双方保持同步

B. 采用曼彻斯特编码,波特率是数据速率的两倍

C. 采用 NRZ 编码,数据速率与波特率相同

D. 在差分曼彻斯特编码中,用每比特中间的跳变来区分 0 和 1

12. 以下选项中不包含时钟编码的是(　　)。

A. 曼彻斯特编码　　B. 非归零码

C. 差分曼彻斯特编码　　D. 都不是

13. 以下关于时分多路复用的概念描述中,错误的是(　　)。

A. 时分多路复用将线路使用的时间分成多个时间片

B. 时分多路复用分为同步时分多路复用和统计时分多路复用

C. 统计时分多路复用将时间片预先分配给各个信道

D. 时分多路复用使用的帧与数据链路层的帧的概念、作用是不同的

14. 将物理信道总频带分割成若干个子信道,每个子信道传输一路信号,这就是(　　)。

A. 同步时分多路复用　　B. 空分多路复用

C. 异步时分多路复用　　D. 频分多路复用

三、简答题

1. 简述并行传输与串行传输、同步传输与异步传输的特点。
2. 请画出数据 10110101 的不归零码、曼彻斯特编码和差分曼彻斯特编码的波形图。
3. 简述电路交换、报文交换和分组交换的特点。

局域网技术

学习导航

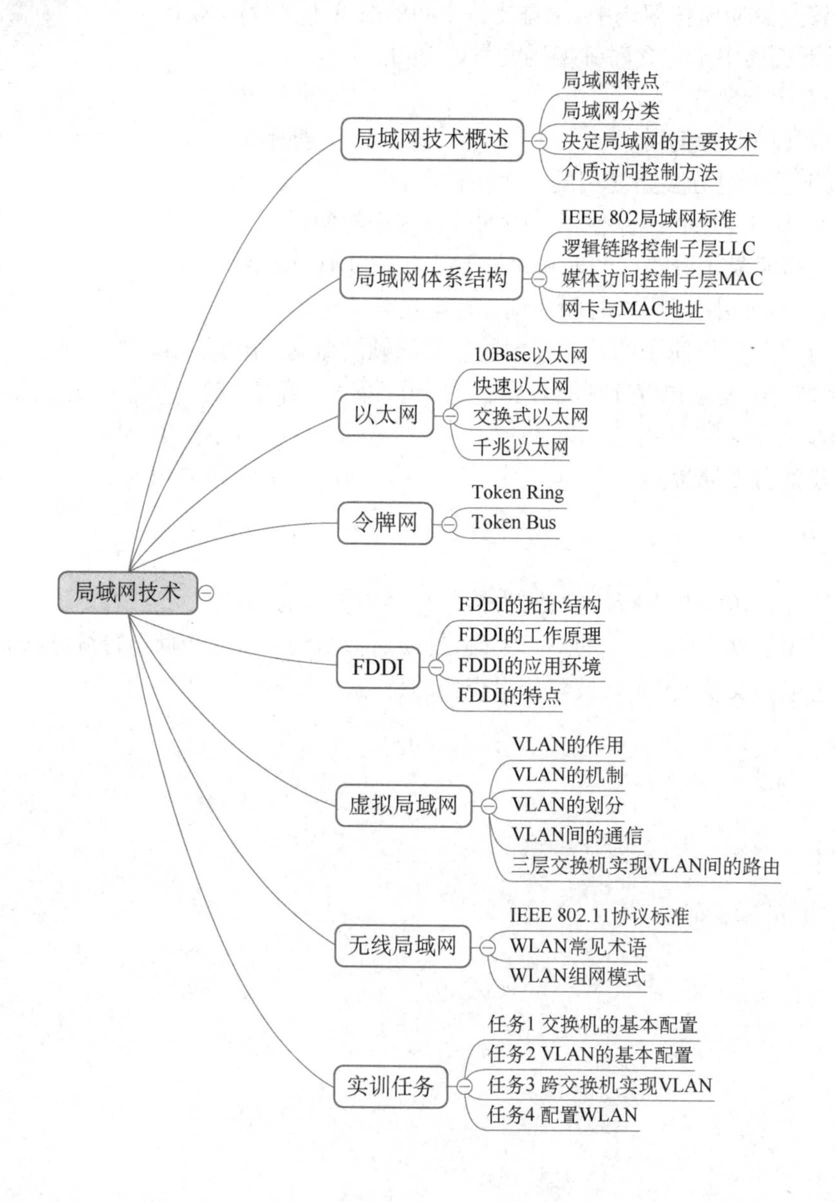

局域网技术
局域网技术概述
局域网特点
局域网分类
决定局域网的主要技术
介质访问控制方法
局域网体系结构
IEEE 802局域网标准
逻辑链路控制子层LLC
媒体访问控制子层MAC
网卡与MAC地址
以太网
10Base以太网
快速以太网
交换式以太网
千兆以太网
令牌网
Token Ring
Token Bus
FDDI
FDDI的拓扑结构
FDDI的工作原理
FDDI的应用环境
FDDI的特点
虚拟局域网
VLAN的作用
VLAN的机制
VLAN的划分
VLAN间的通信
三层交换机实现VLAN间的路由
无线局域网
IEEE 802.11协议标准
WLAN常见术语
WLAN组网模式
实训任务
任务1 交换机的基本配置
任务2 VLAN的基本配置
任务3 跨交换机实现VLAN
任务4 配置WLAN

基础知识

4.1 局域网技术概述

4.1.1 局域网的特点

局域网(Local Area Network, LAN)是在一个局部的地理范围内(如一个学校、工厂和机关内),一般是方圆几千米以内,将各种计算机、外部设备和数据库等互相连接起来组成的计算机通信网。它可以通过数据通信网或专用数据电路,与远方的局域网、数据库或处理中心相连接,构成一个较大范围的信息处理系统。局域网可以实现文件管理、应用软件共享、打印机共享、扫描仪共享、工作组内的日程安排、电子邮件和传真通信服务等功能。局域网的特点主要有:

① 覆盖范围小,一般不超过半径为数千米的区域。

② 传输速率高,典型的传输速率为10 Mbps,高速局域网目前可达到100~1 000 Mbps。

③ 局域网的误码率一般为10^{-11}~10^{-8}。

④ 易于更新扩充,局域网通常为一个部门所有,不受其他网络规定的约束,容易更新设备和技术,扩充网络功能。

4.1.2 局域网的分类

按网络拓扑结构划分,局域网可分为总线型局域网、星型局域网和环型局域网;按局域网通信介质类型划分,局域网可分为有线通信介质局域网和无线介质局域网两种;按局域网基本工作原理划分,局域网可分为共享媒体局域网、交换局域网和虚拟局域网。按传输介质所使用的访问控制方法分类,局域网可分为以太网、令牌环网、FDDI网和无线局域网等。其中,以太网是当前应用最普遍的局域网技术。

局域网的分类,如图4-1所示。

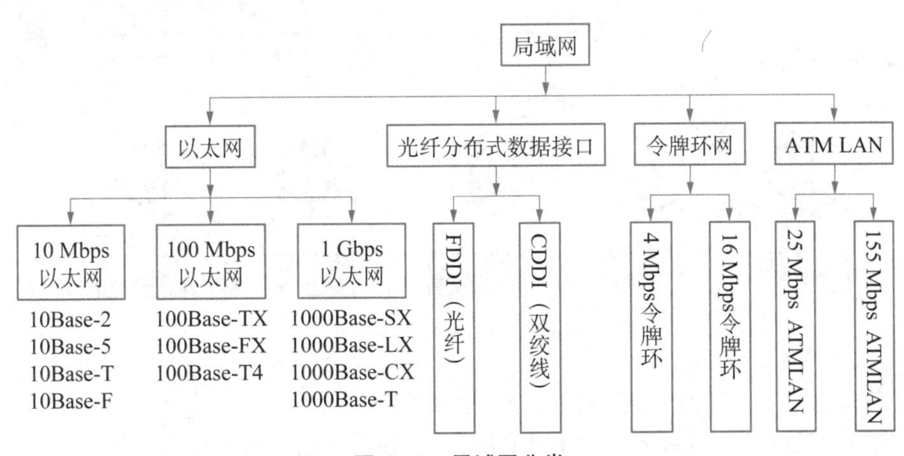

图4-1 局域网分类

4.1.3 决定局域网的主要技术

决定局域网主要技术的要素有网络拓扑结构、传输介质与介质访问控制方法。

局域网的典型拓扑结构有星型、环型、总线型和树型结构等，拓扑结构影响着整个网络的设计、功能、可靠性和通信费用等许多方面，是决定网络性能优劣的重要因素之一。

局域网中经常使用的传输介质有同轴电缆、双绞线、光纤、电磁波等。对于不便使用有线介质的场合，可以采用微波、卫星等作为局域网的传输介质，已获得广泛应用的无线局域网就是其典型例子。网络传输介质是网络中发送方与接收方之间的物理通路，它对网络的数据通信具有一定的影响。不同的传输介质，其特性也各不相同，不同的特性对网络中数据通信质量和通信速度有较大影响。

介质访问方法是网络的访问控制方式，是指网络中各节点之间的信息通过介质传输时如何控制、如何合理完成对传输信道的分配、如何避免冲突，同时，又能保障网络的工作效率及可靠性等。介质访问控制方法是局域网最重要的一项基本技术，对局域网体系结构、工作过程和网络性能产生决定性影响。

4.1.4 介质访问控制方法

1. CSMA/CD

载波侦听多路访问/冲突检测（Carrier Sense Multiple Access/Collision Detect，CSMA/CD）方法是一种基于竞争的介质访问控制方法，适用于由以太网为代表的总线型局域网。总线型局域网中，所有的节点都直接连到同一条物理信道上，并在该信道中发送和接收数据，因此对信道的访问是以多路访问方式进行的。任一节点都可以将数据帧发送到总线上，而所有连接在信道上的节点都能检测到该帧。当目的节点检测到该数据帧的目的地址（MAC 地址）为本节点地址时，就继续接收该帧中包含的数据，同时给源节点返回一个响应。若有两个或更多的节点在同一时间都发送了数据，在信道上就造成了帧的重叠，导致冲突。为了克服这种冲突，在总线 LAN 中常采用 CSMA/CD 协议，即带有冲突检测的载波侦听多路访问协议，它是一种随机争用型的介质访问控制方法，如图 4-2 所示。

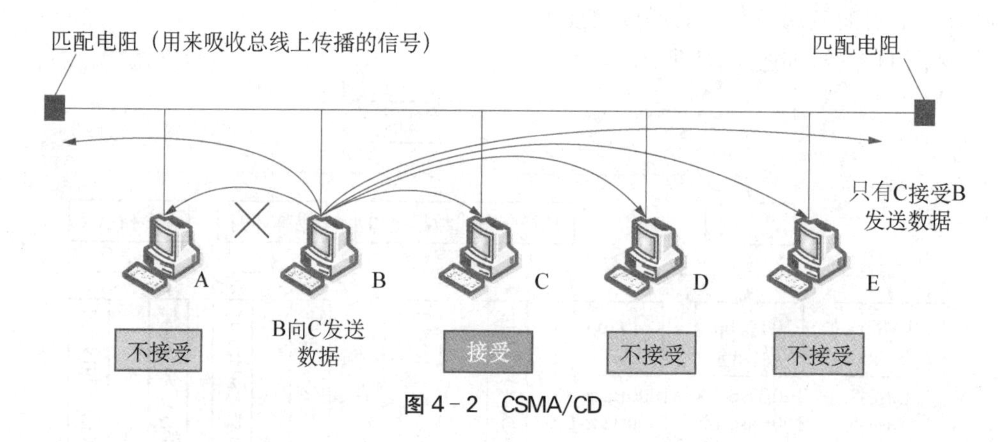

图 4-2 CSMA/CD

(1) CSMA/CD 的工作原理“先听后发，边发边听”

① 先听后发（Listen Before Talk，LBT）：节点在发送前必须先侦听总线是否空闲，确认

在总线上没有载波存在时才能发送，以减少冲突率。

② 边发边听(Listen While Talk, LWT)：由于信息在总线上有传播时延，因此在一个节点刚开始发送后的瞬间内，另一个节点可能侦听到总线是空闲的并开始发送，因而导致冲突。为此需要增加一个冲突检测功能，在发送后继续侦听，一旦发现冲突，冲突的双方就立即停止发送，并使总线很快恢复空闲。

(2) 介质忙/闲的侦听与冲突的检测技术　在CSMA/CD中，通过检测总线上的信号存在与否，来实现载波侦听。发送站的收发器同时检测冲突，如果发生冲突，收发器电缆上的信号超过收发器本身发送信号的幅度，就判断出冲突。由于在介质上传输的信号会衰减，为了正确地检测出冲突信号，以太网限制电缆的最大长度为500 m。

(3) CSMA/CD协议的工作过程　由于整个系统不是采用集中式控制，且总线上每个节点发送信息要自行控制，所以各节点在发送信息之前，首先要侦听总线上是否有信息在传送，若有，则其他各节点不发送信息，以免破坏传送；若没有信息传送，则可以发送信息到总线上。当一个节点占用总线发送信息时，要一边发送一边检测总线，看是否有冲突。发送节点检测到冲突产生后，就立即停止发送信息，并发送强化冲突信号，然后采用某种算法，等待一段时间后再重新侦听线路，准备重新发送该信息。CSMA/CD协议的工作流程如图4-3所示，对CSMA/CD协议的工作过程通常可以概括为“先听后发、边听边发、冲突停发、随机重发”。

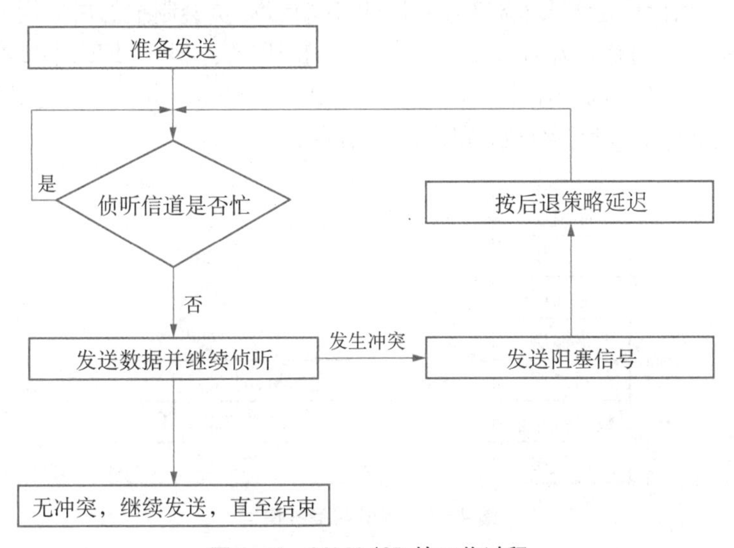

图4-3　CSMA/CD的工作过程

2. 令牌传递方法

令牌传递方法适用于以令牌传递环网为代表的环型局域网。实际上，令牌传递环网并不是广播介质，而是用中继器把单个点之间的线路连接起来，并首尾相接形成环路。中继器是连接环网的主要设备，它的主要功能是把本站的数据发送到输出链路上，也可以把发送给本站的数据复制到站中。一般情况下，环上数据帧由发送站回收，这种方案有以下优点：

(1) 实现组播功能　当帧在环上循环一周时，可被多个站复制。

(2) 允许自动应答　当帧经过目标站时,目标站可改变帧中的应答字段,从而不需返回专门的应答帧。

令牌依次沿每个节点传送,使得每个节点都有平等发送信包的机会。令牌有空和忙两个状态。空表示令牌没有被占用,即网中没有信息发送;忙表示令牌已被占用,即令牌正在携带信息发送。当空的令牌传送至正待发送信包的节点时,则立即可以发送并将令牌置为忙标志。在一个节点占有令牌期间,其他节点只能处于接收状态。

当所发信包到达目的节点并将信包放下后,是立即释放令牌还是回到源节点再释放令牌,取决于控制策略。令牌被释放后,又被置为空标志,然后继续沿环路周游。令牌传递环网的典型实例是美国贝尔实验室的 Newhall 环形网。

令牌传递环网的特点是:每当一站获得令牌后,可传送一变长信息。但因为规定由源站收回信包,大约有 50%的环路在传送无用信息,影响了传输效率。

4.2 局域网体系结构

4.2.1 IEEE 802 局域网标准

IEEE 802 系列标准是 IEEE 802 LAN/MAN 标准委员会制定的局域网、城域网技术标准。其中使用最广泛的有以太网、令牌环网、无线局域网等。根据 IEEE 802 标准,局域网体系结构由物理层、媒体访问控制子层(Media Access Control, MAC)和逻辑链路控制子层(Logical Link Control, LLC)组成,如图 4-4 所示。

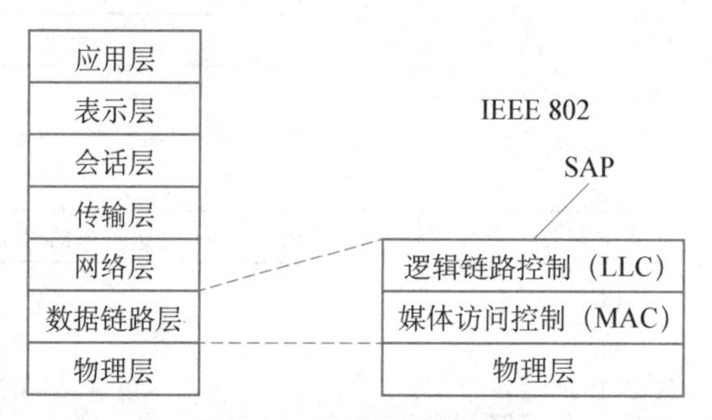

图 4-4　局域网参考模型

IEEE 802 参考模型的最低层对应于 OSI 模型中的物理层,主要功能有信号的编码/解码、前导的生成/去除(该前导用于同步)、比特的传输/接收、对于传输媒体和拓扑结构的说明。

IEEE 802 定义了多种物理层,以适应不同的网络介质和不同的介质访问控制方法,如图 4-5 所示。

局域网的数据链路层按功能分解为 LLC 和 MAC 两个子层。功能分解的主要原因有两个,一是将功能中与硬件相关的部分和与硬件无关的部分分开,以适应不同的传输介质;二是解决共享信道的介质访问控制问题,使帧的传输独立于传输介质和介质访问控制方法。

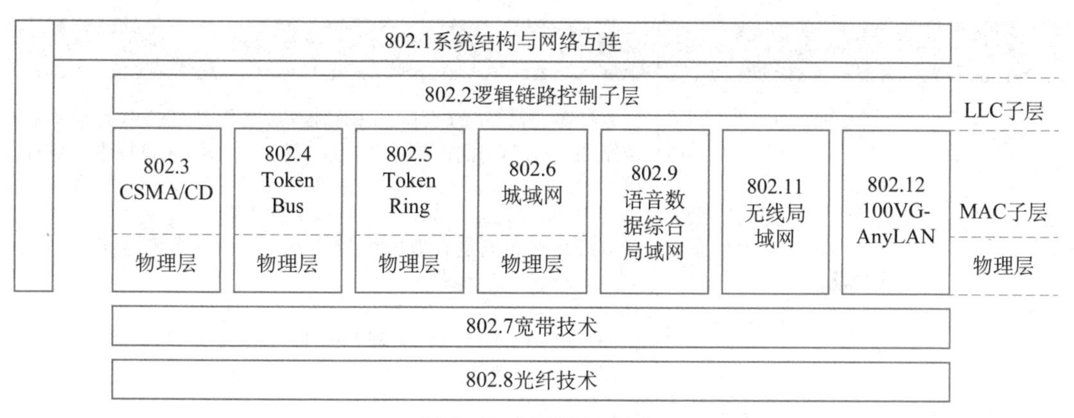

图 4－5　IEEE 802 标准

LLC 子层与传输介质和拓扑结构无关，而 MAC 子层与传输介质和拓扑结构有关。MAC 子层与物理层相关联，而 LLC 子层则完全独立出来，为高层提供服务，这样就实现了物理层和数据链路层的完全独立。

局域网的数据链路层支持多路访问，支持成组地址和广播；支持介质访问控制功能；提供某些网络层的功能，如网络服务访问点（SAP）、多路复用、流量控制、差错控制等。其中，MAC 子层的主要功能有成帧/拆帧，实现、维护 MAC 协议，差错检测，寻址；LLC 子层的主要功能有向高层提供统一的链路访问形式，组帧/拆帧、建立/释放逻辑连接，差错控制，帧序号处理，提供某些网络层功能。不同的 LAN 标准，LLC 子层都是一样的，区别仅在 MAC 子层和物理层。

IEEE 802 常见标准见表 4－1 所示。

表 4－1　IEEE 802 常见标准

标准	主要功能	主 要 任 务
IEEE 802.1	局域网体系结构、寻址、网络互联和网络	主要任务：高层及其交互工作，提供高层标准的框架，包括端到端协议、网络互连、网络管理、路由选择、桥接和性能测量。比如 LAN/WAN 桥接、LAN 体系结构、LAN 管理和位于 MAC 以及 LLC 层之上的协议层的基本标准。 其中： 802.1a 为概述和系统结构； 802.1b 为网络管理和网络互连； 802.1q 为 VLAN 标准； 802.1v 为 VLAN 分类； 802.1d 为生成树协议； 802.1s 为多生成树协议
IEEE 802.2	逻辑链路控制子层（LLC）的定义	主要任务：连接链路控制 LLC，提供 OSI 数据链路层的高子层功能，提供 LAN、MAC 子层与高层协议间的一致接口

续 表

标准	主要功能	主 要 任 务
IEEE 802.3	以太网介质访问控制协议(CSMA/CD)及物理层技术规范	主要任务:规定了以太网的电气指标,从物理层的电路结构到链路层的 MAC 操作,以太网规范,定义 CSMA/CD 标准的媒体访问控制(MAC)子层和物理层规范,定义了 10 Mbps、100 Mbps、1 Gbps、10 Gbps 的以太网雏形,还定义了第五类屏蔽双绞线和光缆是有效的缆线类型。该工作组确定了众多厂商的设备互操作方式。 其中: IEEE 802.3u 为快速以太网 Fast Ethernet; IEEE 802.3z 为千兆以太多 Gigabit Ethernet
IEEE 802.4	令牌总线网(Token-Bus)的介质访问控制协议及物理层技术规范	令牌总线网,定义令牌传递总线的媒体访问控制 MAC 子层和物理层规范
IEEE 802.5	令牌环网(Token-Ring)的介质访问控制协议及物理层技术规范	令牌环线多,定义令牌传递环的媒体访问控制 MAC 子层和物理层规范
IEEE 802.6	城域网介质访问控制协议 DQDB(Distributed Queue Dual Bus,分布式队列双总线)及物理层技术规范	城域网 MAN,定义城域网 MAN 的媒体访问控制 MAC 子层和物理层规范
IEEE 802.11	无线局域网(WLAN)的介质访问控制协议及物理层技术规范	无线局域网,定义自由空间媒体的媒体访问控制 MAC 子层和物理层规范

4.2.2 逻辑链路控制子层

逻辑链路控制(Logical Link Control, LLC)子层负责识别网络层协议并将其封装。LLC 报头告诉数据链路层一旦帧被接收到,应当对数据包做相应的处理:主机接收到帧并查看其 LLC 报头,以找到数据包的目的地,如在网际层的 IP 协议。LLC 子层也可以提供流量控制并控制比特流的排序。

LLC 子层涉及两个站点间的链路层协议数据单元 PDU 的传输,在传输时不必有中继交换节点的参与。

由于局域网的链路是共享媒体,而且链路不是点到点的,所以 LLC 子层必须支持多点访问,还包括一些有关链路访问的内容,和 MAC 层一起来规范对链路的访问。

LLC 子层为上层用户提供的服务类型主要有 3 种:

(1) 无确认无连接服务　实现简单,数据传输得不到保证,不包含任何流量控制和差错控制,通常是最好的选择,依赖于高层协议软件提供可靠和流量控制机制,适用于广播、组播通信、周期性数据采集。

(2) 有连接服务　两个用户交换数据前必须建立一条逻辑连接，并且要提供相应的流量控制、排序和差错控制机制，同时提供连接释放功能。只支持单点传送，没有组播和广播方式，适用于长文件传输。

(3) 有确认无连接服务　提供对数据报的确认机制。在数据传输前无需建立逻辑连接，在信号紧急、数据非常重要的时候，会采用这种方式。它适用于传送可靠性和实时性都要求高的令牌，如警告信息。

4.2.3 媒体访问控制子层

媒体访问控制(Medium Access Control, MAC)子层负责把物理层的0、1比特流组建成帧，并通过帧尾部的错误校验信息校验错误；提供对共享介质的访问方法，包括以太网的带冲突检测的载波侦听多路访问(CSMA/CD)、令牌环(Token Ring)、光纤分布式数据接口(FDDI)等。

MAC子层分配单独的局域网地址，就是通常所说的MAC地址(物理地址)。MAC子层将目标计算机的物理地址添加到数据帧上，当此数据帧传递到对端的MAC子层后，它检查该地址是否与自己的地址相匹配。如果帧中的地址与自己的地址不匹配，就将这一帧抛弃；如果相匹配，就将它发送到上一层中。MAC帧的格式如图4-6所示。

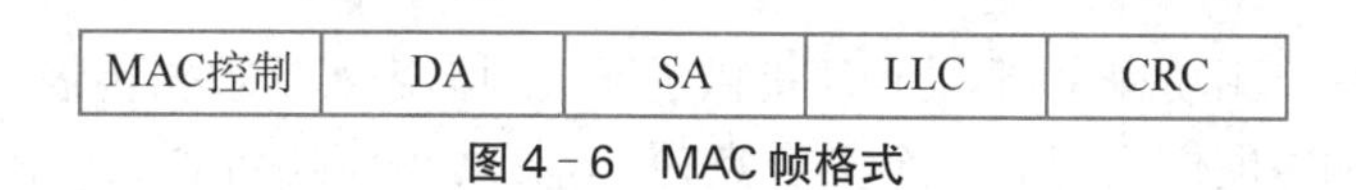

图4-6　MAC帧格式

由于采用不同的MAC协议，各MAC帧的确切定义不尽相同，但是所有的MAC帧的格式大致类似，MAC帧各字段的含义如下：

(1) MAC控制字段　包括所有实现媒体访问控制所必须的协议控制信息。

(2) DA和SA　目的地址和源地址，用于指示接收端和发送端的MAC地址。

(3) LLC　来自于LLC层的数据信息。

(4) CRC　循环检验字段，用于差错控制。

4.2.4 网卡与MAC地址

1. 网卡简介

计算机与局域网的连接是通过网络适配器来实现的，网络适配器也称为网络接口卡(Network Interface Card, NIC)，简称网卡。

网卡是工作在链路层的网络组件，是局域网中连接计算机和传输介质的接口，不仅能实现与局域网传输介质之间的物理连接和电信号匹配，还涉及帧的发送与接收、帧的封装与拆封、介质访问控制、数据的编码与解码以及数据缓存的功能等，具体表现如下：

(1) 数据的封装与解封　发送时将上一层交下来的数据加上首部和尾部，形成以太网的帧。接收时将以太网的帧剥去首部和尾部，然后送交上一层。

(2) 链路管理　主要是CSMA/CD(Carrier Sense Multiple Access with Collision Detection，带冲突检测的载波监听多路访问)协议的实现。

(3) 编码与译码　主要采用曼彻斯特编码与译码。

网卡的两个主要部件是总线接口和链路接口(如图 4-7 所示),除此之外还包括缓冲区(RAM)和实现数据链路层协议逻辑的芯片或可编程硬件。网卡主要部件及功能描述如下:

① 发送/接收部件:负责信号的发送、接收。

② 载波检测部件:检测介质上是否有信号。

③ 发送/接收控制部件及数据缓冲区。

④ 曼彻斯特编码/解码器:将发送的数据编码,变换成适合于在 LAN 上传输的信号或把接收的信号解码为二进制数据。

⑤ LAN 管理部件。

⑥ 主机总线接口部件。

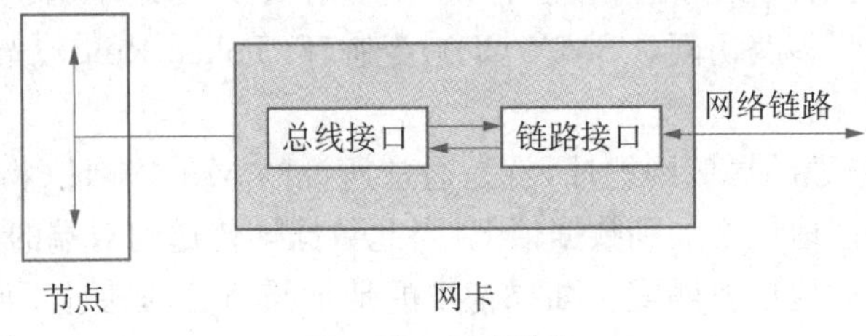

图 4-7　网卡结构

还需要安装网卡驱动程序,驱动程序提供了通过网卡来实现数据传输的手段,使得主机的网络协议栈和网络硬件之间有一个契合点;网卡驱动程序还包含一些函数,如初始化网卡、发送帧、中断处理程序等。

2. MAC 地址

网卡地址是指网卡的物理地址(MAC 地址),它固化在网卡硬件中,是网络站点的全球唯一的标识符,与其物理位置无关。

IEEE 802.3 标准规定:MAC 地址的长度为 6 个字节,共 48 位,结构如图 4-8 所示。其中,高 24 位称为机构唯一标识符 OUI,由 IEEE 统一分配给设备生产商,如思科公司的 OUI 为 94-C6-91,低 24 位称为扩展标识符 EI,由厂商自行分配给每一块网卡或设备的网络硬件接口。

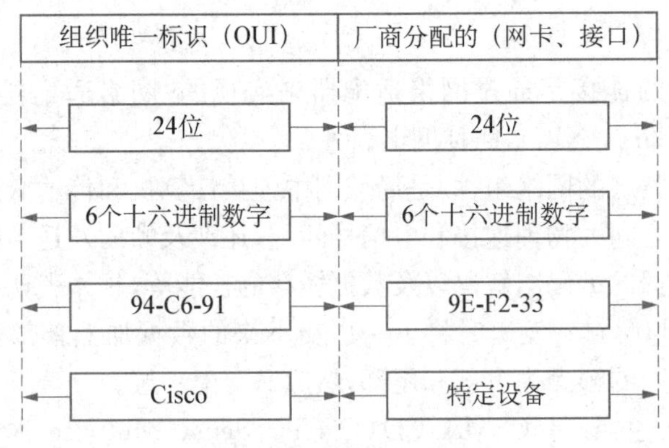

图 4-8　MAC 地址组成

为了便于阅读，以太网地址通常用十六进制的十二位地址来表示，如 00:53:45:0B:3E:48。

MAC 地址的 3 种类型：

(1) 单播地址　第一字节的最低位为 0。拥有单播地址的帧将发送给网络中唯一一个由单播地址指定的站点，适于点对点传输。

(2) 多播地址　第一字节的最低位为 1。拥有多播地址的帧将发送给网络中由组播地址指定的一组站点，适于点对多点传输。

(3) 广播地址　48 位二进制全 1 的地址，拥有广播地址的帧将发送给网络中所有的站点，适于广播传输。

MAC 地址的分类仅适用于目的地址。

当节点收到一个单播帧之后，它会判断帧的目的地址和节点的 LAN 地址是否匹配。若匹配，则从帧中截取数据，然后传递给高层；如果不匹配，则选择该帧。

有了 MAC 地址，数据帧的传递就是有目的地传送。数据帧头中将包含源主机和目的主机的 MAC 地址。主机网卡一旦探测到有数据帧到来，将检查此帧中的目的 MAC 地址是否是本机的 MAC 地址，若是则继续收取完整的数据帧，否则放弃。

任何一个数据帧中的源 MAC 地址和目的 MAC 地址相关的主机必然是相邻的。对于源主机和目的主机在同一个局域网也是显然的，如图 4－9 所示。

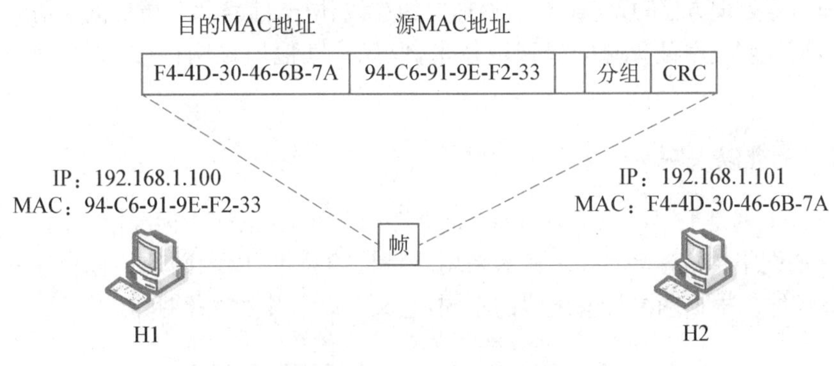

图 4－9　MAC 地址的作用

3. 帧

帧是对数据的一种包装或封装，之后这些数据被分割成一个一个的比特后在物理层上传输。由于以太网技术是局域网的主流技术，这里只讨论以太网帧。如图 4－10 所示，是一个典型的以太网帧的帧结构。

 4.3 以太网

以太网(Ethernet)是 Xerox、Digital Equipment 和 Intel 三家公司开发的局域网组网规范，于 20 世纪 80 年代初首次出版，称为 DIX 1.0。1982 年修改后的版本为 DIX 2.0。这 3 家公司将此规范提交给 IEEE(电子电气工程师协会)802 委员会，经 IEEE 成员修改并通过，

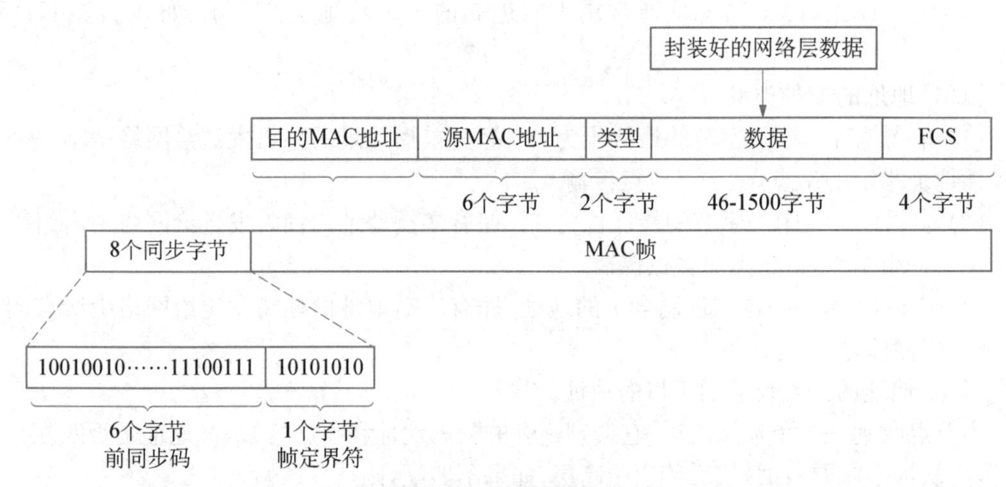

图 4-10 以太网帧结构

变成了 IEEE 的正式标准，并编号为 IEEE 802.3。以太网和 IEEE 802.3 虽然有很多规定不同，但通常认为 Ethernet 术语与 802.3 是兼容的。IEEE 将 802.3 标准提交国际标准化组织(ISO)第一联合技术委员会(JTC1)，再次经过修订变成了国际标准 ISO 802.3。

以太网是现有局域网采用的最通用的通信协议标准。该标准定义了在局域网中采用的电缆类型和信号处理方法，规定了包括物理层的连线、电子信号和介质访问层协议的内容。

以太网是目前应用最普遍的局域网技术，取代了其他局域网标准，如令牌环、FDDI 和 ARCNET。

4.3.1 标准以太网

10Base 以太网是最早的以太网标准，如图 4-11 所示，也称为标准以太网。其中，10 表示 10 Mbps 的网络传输速率，Base 表示采用基带传输技术，以太网的传输介质一般使用同轴电缆或双绞线。根据网络传输线缆的不同，它又有以下几种网络标准。

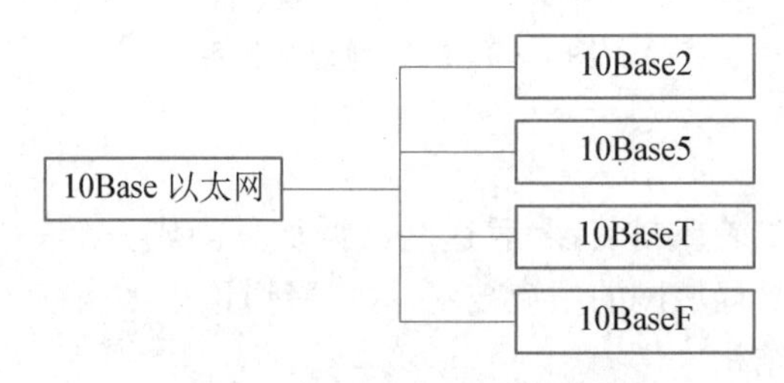

图 4-11 10Base 以太网标准

1. 10Base2 网络

10Base2 网络是指采用 500 细同轴电缆并使用网卡内部收发器的以太网，网络拓扑结构为总线形，如图 4-12 所示，采用曼彻斯特编码方式。由于细同轴电缆衰减大，抗干扰能力较差，适用于距离短、较少分接头的场合。传输速率为 10 Mb/s，采用基带传输技术，每个网段的距离限制为 185 m，又称为细缆网，在单个网段上最多可支持 30 个工作站。10Base2 以太网的相关规则说明如下：

① 采用总线型拓扑结构，使用同轴电缆连接。

② 遵循 5－4－3 规则。

③ 两端有端接器(终结器)接地。

④ 传输距离为 185 m。

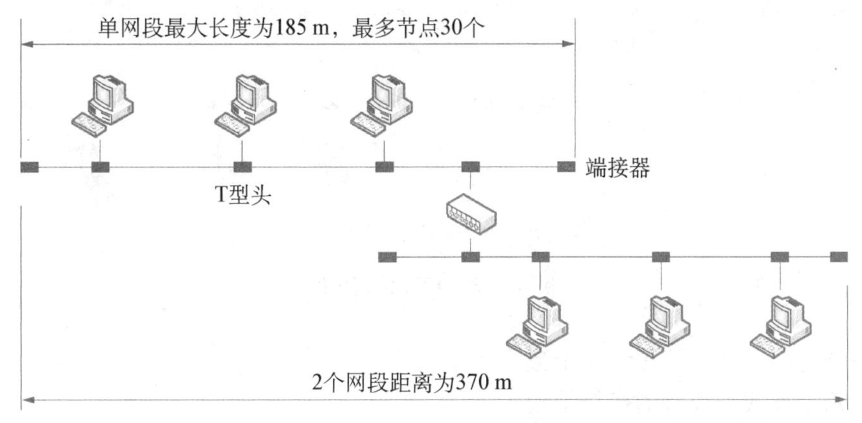

图 4－12 10Base2 网络

其中，5－4－3 规则的含义是：5 代表 5 个网段；4 代表连接 5 个网段之间的中继器(信号放大)个数，5 个网段中只允许 3 个网段允许连接终端设备，所有终端处于一个广播域(冲突域)中。每个网段的最大长度为 185 m，每个网段的站点数最多 30，两个站点之间的最短距离为 0.5 m。

2. 10Base5 网络

10Base5 以太网标准使用粗同轴电缆、速度为 10 Mbps 的基带局域网络。在总线型网络中，最远传输距离为 500 m，最多可以通过中继器/集线器连接 5 个网段。单个网段最大传输距离不会超过 500 m，最长距离可达 2 500 m，每个网段最多允许的终端设备数量为 100 台，每个工作站距离为 2.5 m 的整数倍。网络节点装有收发器，该收发器插在网卡上的 15 针连接单元接口中，并接到电缆上，如图 4－13 所示。

10Base5 以太网的相关说明如下：

① 分插头：插入电缆。

② 收发器：发送/接收，冲突检测，电气隔离，超长控制。

③ AUI：连接件单元接口。

④ 终接器。

⑤ 遵循 5－4－3 规则。

3. 10BaseT 网络

10BaseT 是双绞线以太网，1990 年由 IEEE 认可，编号为 IEEE 802.3i，T 表示采用双绞线。一般 10BaseT 采用的是无屏蔽双绞线(UTP)，如图 4－14 所示。10BaseT 以太网的相关规则说明如下：

① 数据传输速率 10 Mbps 基带传输。

② 每段双绞线最大有效长度 100 m，采用高质量的双绞线(5 类线)，最大长度可到 150 m(HUB 与工作站间及两个集线器之间)。

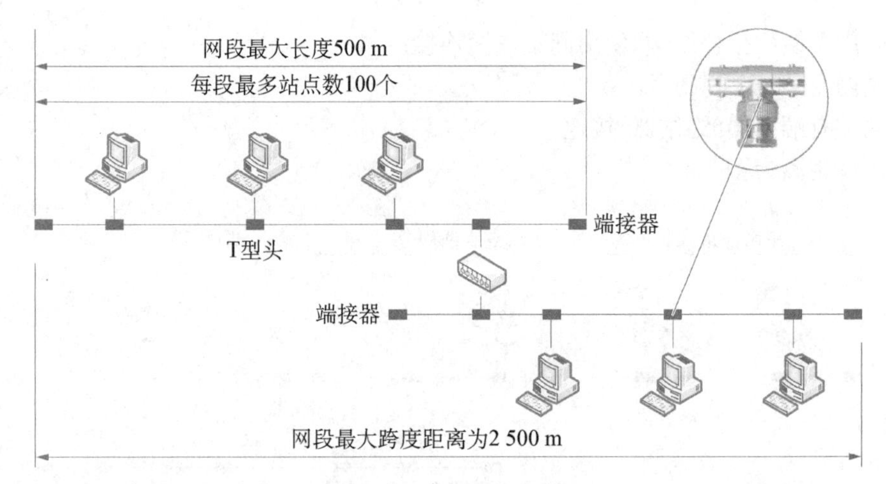

图 4-13 10Base5 网络

③ 一条通路允许连接集线器个数为 4 个。

④ 采用星型或总线型的拓扑结构。

⑤ 介质访问控制方式采用 CSMA/CD。

⑥ 数据帧长度是可变的,最大可达 1 518 个字节。

⑦ 最大传输距离为 500 m。

⑧ 每个集线器可连接的终端设备为 96 个。

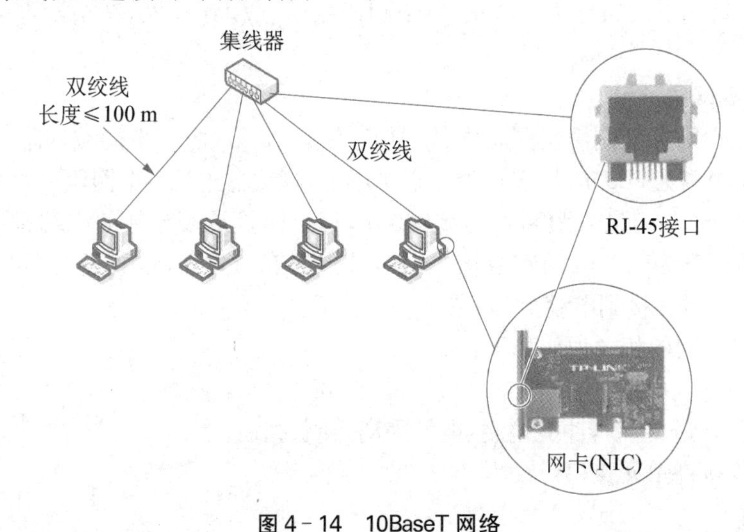

图 4-14 10BaseT 网络

其中,10BaseT 中的集线器的作用相当于一个多端口的中继器(转发器),数据从集线器的一个端口进入后,集线器会将这些数据从其他所有端口广播出去,扩充信号传输距离,将信号放大并整形后再转发,消除信号传输的失真和衰减。

10BaseT 的连接主要以集线器 Hub 作为枢纽,工作站通过网卡的 RJ45 插座与 RJ45 接头相连,另一端 Hub 的端口都可供 RJ45 的接头插入,装拆非常方便。由于安装方便、价格便宜、管理方便、连接方便、性能优良,它一经问世就受到广泛的注意和大量的应用。归结起来,它有如下特点:

① 网络建立和扩展，十分灵活方便，根据每个 Hub 的端口数量(有 8、12、16、32 口)和网络大小，选用不同端口的 Hub，构成所需网络，增减工作站可不中断整个网络工作。

② 可以预先与电话线统一布线，并在房间内预先安装好 RJ45 插座，所以改变网络布局十分容易。

③ Hub 具有自动隔离故障作用，当某工作站发生故障时，不会影响网络正常工作。

④ Hub 可将一个网络分成若干互连的段。当发生故障时，管理人员可在较短时间内迅速查出故障点，提高故障排除的速度。

⑤ 10BaseT 网与 10Base2、10Base5 能很好兼容，所有标准以太网运行软件可不作修改能兼容运行。

⑥ 在 Hub 上都设有粗缆的 AUI 接口和细缆的 BNC 接口，所以粗缆或细缆与双绞线 10BaseT 网混合布线连接方便，使用场合较多。

4. 10BaseF 网络

10BaseF 以太网是基于曼彻斯特编码传输 10 Mbps 以太网系统，通过编码传输的光缆。10BaseF 包括 10BaseFL、10BaseFB 和 10BaseFP，定义在 IEEE 802.3j 标准中。

4.3.2 快速以太网

由于传统以太网使用共享介质，虽然总线带宽为 10 Mbps，但网络节点增多时，网络的负荷加重，冲突和重发增加，网络效率下降，传输延时增加，因此，出现了快速以太网。

快速以太网(Fast Ethernet)是一类新型的局域网，其名称中的“快速”是指数据速率可以达到 100 Mbps，是标准以太网的数据速率的 10 倍。

快速以太网的相关规则说明如下：

① 采用星型拓扑结构。

② 每个网段的长度为 100 m。

③ 可采用多种标准的线缆进行连接，如 100BaseTx、100BaseT4、100BaseFx。

100BaseT 快速以太网是标准以太网的 100 Mbps 版本，100BaseT 的标准为 802.3u，作为 802.3 的补充；100BaseT 的 MAC 速度相当于 10 倍的 Base-T 的 MAC；与 10BaseT 相同，100BaseT 要求有中央集线器的星型布线结构。Fast Ethernet 的协议结构如图 4-15 所示。

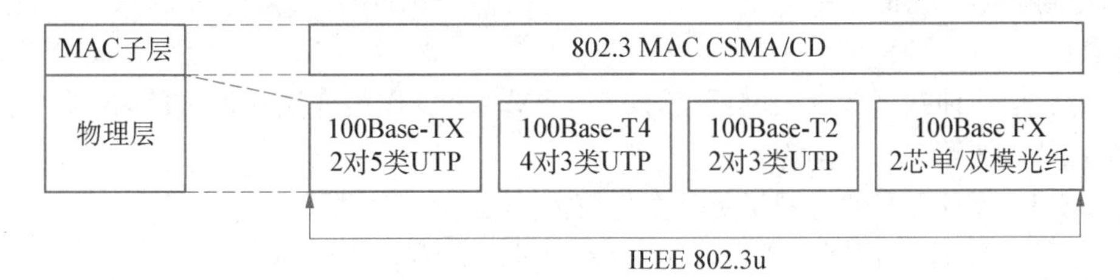

图 4-15 IEEE 802.3u

1. 100Base-TX

100Base-TX 表示传输介质为 2 对 5 类双绞线，支持全双工模式。当 100 Mbps 端口工作在全双工模式下时，可以同时存在流进端口和流出端口的数据，而且双向的数据流都可以享受 100 Mbps 的带宽。

100Base－TX使用的是两对阻抗为100 Ω的5类非屏蔽双绞线，最大传输距离是100 m，其中一对用于发送数据，另一对用于接收数据；采用4B/5B编码方式，即把每4位数据用5位的编码组来表示，该编码方式的码元利用率达到80%，然后将4B/5B编码成NRZI进行传输。

100Base－TX采用的物理拓扑结构为星型结构，在目前的组网方法中，使用最多的是100Base－TX标准的网卡，只支持RJ－45标准，多用于主干网。100Base－TX标准的出现对促进网络结构化布线技术的发展起到了关键的作用。

2. 100Base－T4

100Base－T4采用的是4对3类非屏蔽(UTP)双绞线，最大传送距离是100 m。它使用了码元传输速率为25MBaud的信道，比标准以太网的20MBaud仅仅快了25%。为了达到所要求的比特率，100Base－T4使用的是4对双绞线，其中的1对用于冲突检测，3对用于数据传输。

3. 100Base－T2

100Base－T2采用2对3类、4类、5类UTP作为传输介质，它使用RJ－45中的2对线来实现数据的传输与接收。

4. 100Base－FX

100Base－FX是在光纤上实现的100 Mbps以太网标准，其中F表示光纤，IEEE标准为802.3u。100Base－FX运行于光缆上，使得它非常适合于骨干和长距离传输。100Base－TX、100Base－T4以及10Base－T集线器均可以使用适当的硬件设备(例如桥接器、路由器)连接到光纤骨干网。100Base－FX还支持全双工操作。为了实现时钟/数据恢复(CDR)功能，100Base－FX使用4B/5B编码机制。

100Base－FX支持全双工模式。100Base－FX使用的是两股光纤，其中一股用于发送数据，另一股用于接收数据。可用单模光纤或者多模光纤，在全双工情况下，单模光纤的最大传输距离是40 km，多模光纤的最大传输距离是2 km。100Base－FX信号的编码方式与100Base－TX是一致的，都采用4B/5B－NRZI方案。

100Base－T快速以太网的优点：

① 具有较高的性能，适合网络结构多或者对网络带宽要求较高的应用环境。

② 基于以太网的技术，与现有10BaseT的兼容可以容易的移植到高速网络上。

③ 最大地利用了已有的设备、电缆布线和网络管理技术。

④ 得到众多厂商的支持。

缺点：

① 仍然是一种共享式以太网网络，采用CSMA/CD作为介质存取方式，网络节点增加时，网络性能会下降。

② CSMA/CD方式使得网络延时变化较大，不适合实时性应用。

③ 速率较高，中继器间距较小，100Base－TX不适合做主干网。

4.3.3 交换式以太网

1. 广播域与冲突域

广播域是一个逻辑上的计算机组，接收同样广播消息的节点集合。在该集合中的任何一个节点传输一个广播帧，则所有其他能收到这个帧的节点都被认为是该广播域的一部分。许多设备都极易产生广播域，消耗大量的宽带，降低网络的效率，比如集线器、交换机等，第

一、第二层连接的节点都被认为是同一个广播域。路由器、第三层交换机则可以划分广播域，即可以连接不同的广播域。

连接在同一物理介质上的所有站点的集合。这些站点之间存在介质争用现象，它们在数据通信时需要共享某部分公用介质。冲突域指的是不会产生冲突的最小范围。在同一冲突域中的计算机等设备互联时，会通过同一个物理通道，同一时刻只允许一个设备发送的数据在这条通道中通过，其他设备发送的数据则要等到这个通道处于闲时才可以通过，否则会出现冲突，这时就可能出现大量的数据包因为延时而被丢弃或者丢失。

冲突域的大小可以衡量设备的性能，集线器、中继器都是典型的共享介质的集中连接设备，连接在这些设备上的其他设备都处于同一个冲突域中，不能划分冲突域，即所有的端口上的数据报文都要排队等待通过，如图 4-16 所示。

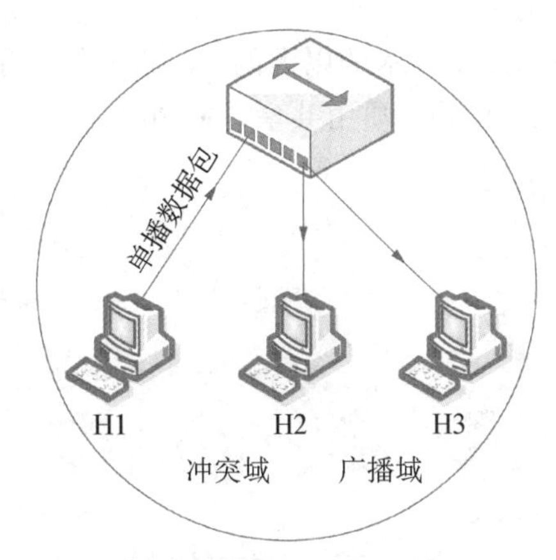

图 4-16 集线器上的广播域与冲突域

网桥和交换机也有冲突域的概念，但是它们都是可以划分冲突域的，也可以连接不同的冲突域。如果把集线器、中继器上的传输通道看成一根电缆的话，则可将网桥、交换机的交换通道看成一束电缆，有多条独立的通道，这样就可以允许同一时刻进行多方通信了，如图 4-17 所示。

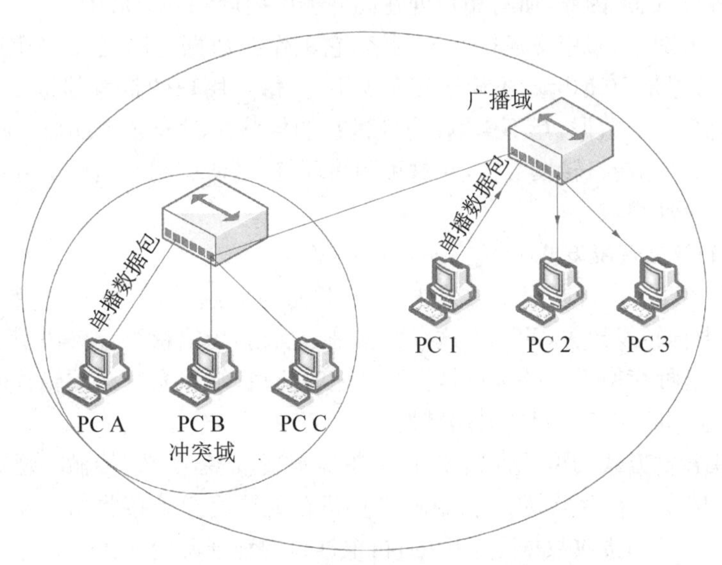

图 4-17 交换机上的冲突域与广播域

冲突域和广播域之间最大的区别在于:任何设备发出的MAC帧均覆盖整个冲突域,而只有以广播形式传输的MAC帧才能覆盖整个广播域。集线器、交换机、路由器分割冲突域与广播域比较情况见表4-2。

表4-2 集线器、交换机、路由器分割冲突域与广播域比较

设备	冲突域	广播域
集线器	所有端口处于同一冲突域	所有端口处于同一冲突域
交换机	每个端口处于同一冲突域	可配置的(划分VLAN)广播域
路由器	每个端口处于同一冲突域	每个端口处于同一广播域

2. 交换式以太网的工作原理

交换式以太网是一种使用交换技术的以太网,其实质是采用交换机来实现多个端口之间的信息帧转发和交换,实现了传输介质由共享方式到独占方式的转变,如图4-18所示。

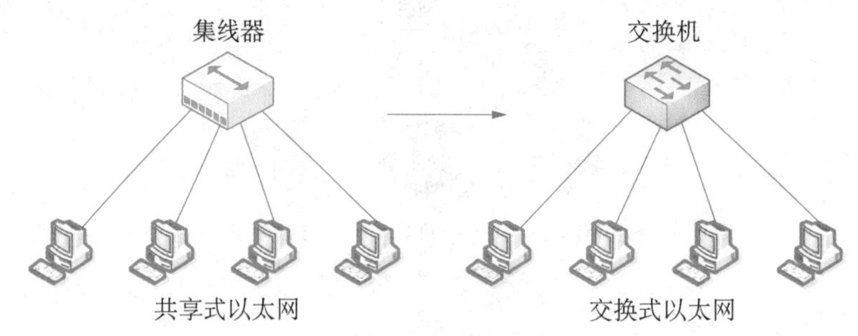

图4-18 交换式以太网

在共享式以太网中,集线器作为常用的一种互连设备,它工作在物理层,所有用户共享一条带宽,如集线器的带宽是10 Mbps,连接了10个设备,则平均每个设备只能分享到1 Mbps的带宽。某一时刻,只能有一个用户发送数据,且数据向各个用户广播,其他用户通常处于监测与等待状态,因此,所有用户处在同一个广播域和冲突域中。

在交换式以太网中,采用交换机互连网络,它工作在数据链路层,每个用户独占一条带宽,如交换机的带宽是10 Mbps,不论连接多少用户,每个用户的带宽都是10 Mbps;多个用户可以在同一时刻发送数据,互不影响,交换机在初始状态时向各个端口广播数据,在正常工作状态时,只向目标端口转发数据,在这种网络环境下,所有用户虽然同处一个广播域,但每个用户独处一个冲突域。

3. 交换机的数据转发方式

(1) 直通式转发　在直通交换方式中,交换机边接收边检测。一旦检测到目的地址字段,就立即将该数据转发出去,而不管这一数据是否出错,出错检测任务由节点主机完成,如图4-21所示。这种交换方式的优点是交换延迟时间短,缺点是缺乏差错检测能力,不支持不同输入/输出速率的端口之间的数据转发。

这种直通式转发方式的可靠性较差,网络带宽浪费较多,当然,传输时延小。

(2) 存储式转发　在存储转发方式中,交换机首先要完整地接收站点发送的数据,并对数据进行差错检测。如接收数据是正确的,再根据目的地址确定输出端口号,将数据转发出

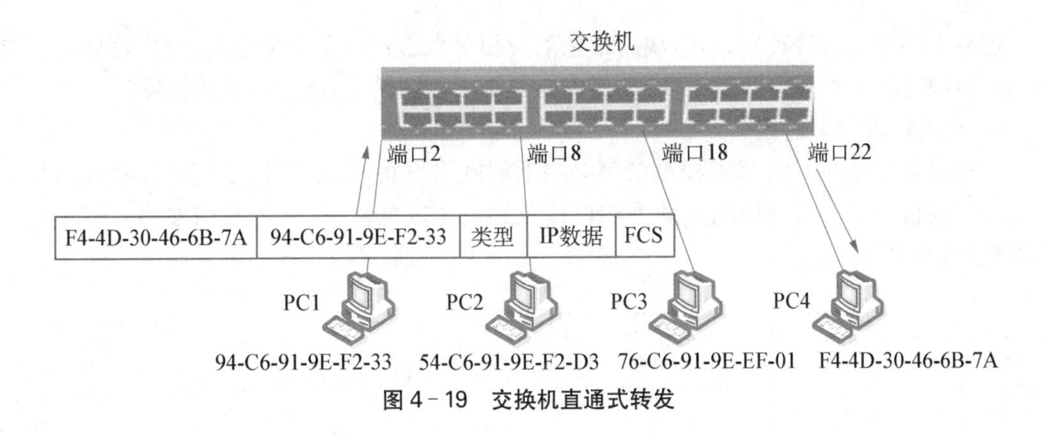

图4-19 交换机直通式转发

去,如图4-22所示。这种交换方式的优点是具有差错检测能力,并能支持不同输入/输出速率端口之间的数据转发,缺点是交换延迟时间相对较长。

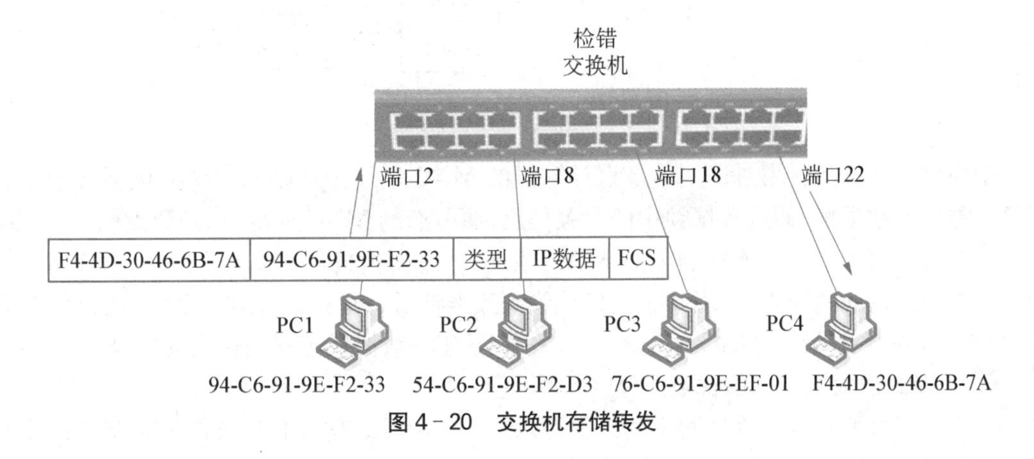

图4-20 交换机存储转发

(3) 免碎片交换 改进的免碎片交换将直通交换与存储转发交换结合起来,过滤掉无效的碎片帧来降低交换机直接交换错误帧的概率。在以太网的运行过程中,一旦发生冲突,就要停止帧的继续发送并加入帧冲突的加强信号,形成冲突帧或碎片帧。碎片帧的长度必然小于64 B,在改进的直通交换模式中,只转发那些帧长度大于64 B的帧,任何长度小于64 B的帧都会被立即丢弃,如图4-21所示。

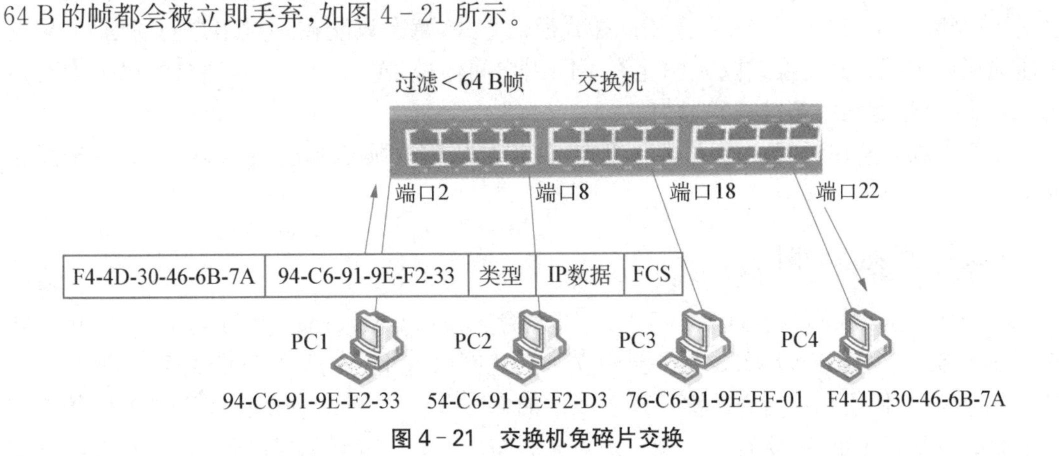

图4-21 交换机免碎片交换

这种无碎片直通式转发方式,线路带宽浪费相对直通式转发要少很多,但比存储转发要多,无法校验差错,可能会转发错误帧,传输时延小于存储转发,接近直通式转发。

4. 交换机的学习过程

交换机是工作在OSI参考模型的第二层上的网络设备,其主要任务是将接收到的数据快速转发到目的地。当交换机从某个端口接收到一个数据帧时,它将按照如图4-24所示的流程“自学习”。

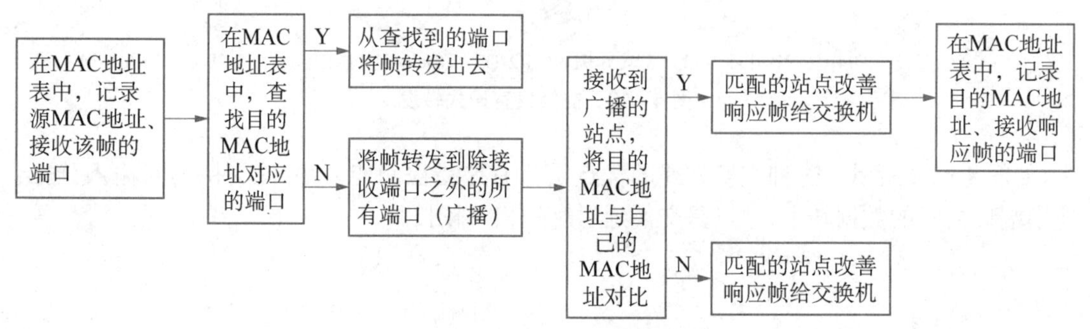

图4-22 交换机的学习过程

交换机对数据的转发是以网络节点计算机的MAC地址为基础的。交换机会检测发送到每个端口的数据帧,通过数据帧中的有关信息(源节点的MAC地址、目的节点的MAC地址),就会得到每个端口所连接的节点MAC地址,并在交换机的内部建立一个端口-MAC地址映射表。建立映射表后,当某个端口接收到数据帧后,交换机会读取该帧中的目的节点MAC地址,并通过端口-MAC地址的对照关系,迅速将数据帧转发到相应的端口。

5. 交换式以太网技术的优点

交换式以太网不需要改变网络其他硬件,包括电缆和用户的网卡,仅需要用交换机改变共享式集线器,节省用户网络升级的费用。

交换式以太网可在高速与低速网络间转换,实现不同网络的协同。目前大多数交换式以太网都具有100 Mbps的端口,通过与之相对应的100 Mbps的网卡接入服务器,暂时解决了10 Mbps的瓶颈,成为网络局域网升级时首选的方案。

交换式以太网同时提供多个通道,比传统的共享式集线器提供更多的带宽。传统的共享式10 Mbps/100 Mbps以太网采用广播式通信方式,每次只能在一对用户间通信,如果发生碰撞还得重试。而交换式以太网允许不同用户间传送,比如,一个16端口的以太网交换机允许16个站点在8条链路间通信。

交换式以太网在时间响应方面的优点,使得局域网交换机备受青睐,广泛应用于局域网中。

4.3.4 千兆以太网

(1) 千兆位以太网产生背景　千兆位以太网(Gigabit Ethernet)标准是从1995年开始的。1995年11月IEEE 802.3委员会成立了高速网研究组;1996年8月成立了802.3z工作组,主要研究使用光纤与短距离屏蔽双绞线的Gigabit Ethernet物理层标准;1997年初成立了802.3ab工作组,主要研究使用长距离光纤与非屏蔽双绞线的Gigabit Ethernet物理层标准。

千兆位以太网是一种新型高速局域网，可以提供 1 Gbps 的通信带宽，采用和传统 10/100 Mbps 以太网同样的 CSMA/CD 协议、帧格式和帧长，因此可以实现在原有低速以太网基础上平滑、连续性的网络升级，能最大限度地保护用户以前的投资，在园区网主干网中，逐步占据了主要地位。

目前，1000Base 有 4 种相关传输介质的标准：1000Base－LX、1000Base－SX、1000Base－CX 和 1000Base－T，如图 4－23 所示。

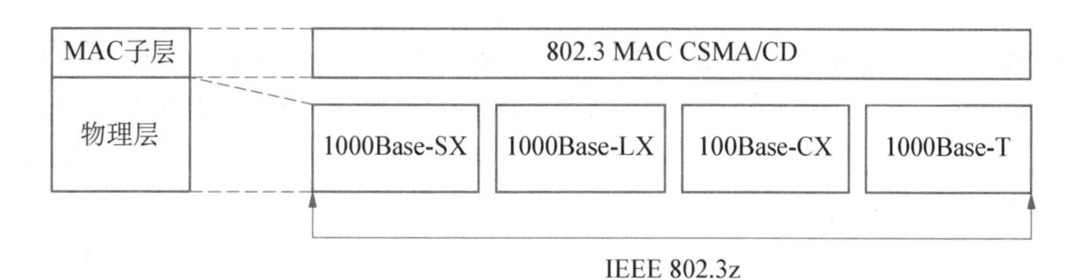

图 4－23　Gigabit Ethernet 标准

(2) 1000Base－SX　单光纤 1 000 Mbps 基带传输系统，对应于 IEEE 802.3z 标准，只能使用多模光纤。

使用的光纤波长为 850 nm，分为 62.5/125 μm 多模光纤、50/125 μm 多模光纤。其中使用 62.5/125 μm 多模光纤的最大传输距离为 220 m，使用 50/125 μm 多模光纤的最大传输距离为 500 m。1000Base－SX 采用 8B/10B 编码方式。

(3) 1000Base－LX　定义在 IEEE 802.3z 中的针对光纤布线吉比特以太网的一个物理层规范，既可以使用单模光纤也可以使用多模光纤。1000Base－LX 中的 LX 代表长波长。使用的光纤主要有 62.5 μm 多模光纤、50 μm 多模光纤和 9 μm 单模光纤。其中，使用多模光纤的最大传输距离为 550 m，使用单模光纤的最大传输距离为 3 km。

1000Base－LX 采用 8B/10B 编码方式。

(4) 1000Base－CX　1000Base－CX 对应于 802.3z 标准，采用的是 150 Ω 平衡屏蔽双绞线(STP)。最大传输距离 25 m，使用 9 芯 D 型连接器连接电缆。适用于交换机之间的连接，尤其适用于主干交换机和主服务器之间的短距离连接。

1000BASE－CX 采用 8B/10B 编码方式。

(5) 1000Base－T　1000Base－T 是在 1999 年 6 月 IEEE 标准化委员会批准的最新的以太网技术，它是为了在现有的网络上满足对带宽急剧膨胀的需求而提出的，这种需求是实现新的网络应用和在网络边缘增加交换机的结果。

1000Base－T 是一种使用 5 类 UTP 作为网络传输介质的千兆以太网技术，最长有效距离与 1000Base－TX 一样可以达到 100 m。1000Base－T 不支持 8B/10B 编码方式，而是采用更加复杂的编码方式。优点是用户可以在原来 100Base－T 的基础上平滑升级到 1000Base－T。

1000Base－T 技术已经成为网络管理人员的最佳选择之一。首先，它主要满足现有网络中出现的对带宽飞速增长的需求。其次，在这些网络中，新兴的应用不断出现，而在网络边缘交换机也不断增加。千兆以太网可以保护公司在以太网和快速以太网的设施上已有的投资。第三，它能够提供一种简单、有效而又廉价的性能提升办法，同时又能继续使用大量现有的水平线缆传输介质。

因此，千兆以太网可以利用现有的线缆设施，获得了良好的性能价格比，它可以在楼层内、楼内和园区内的网络上采用，因为它支持多种连接媒体和大范围的连接距离。

4.4 令牌网

一般令牌网是指令牌环网(Token Ring)和令牌总线网(Token Bus)，基于 IEEE 802.4 标准的 Token Bus，是一种物理上的总线结构。而其站点组成一个逻辑的环形结构，令牌在逻辑环上运行。其运行原理与 Token Ring 基本一样。Token Bus 非常少用。Token Ring 是基于 IEEE 802.5 标准的网络结构。

4.4.1 Token Ring

令牌环网(Token-ring network)是 IBM 公司于 20 世纪 70 年代发展的，在老式的令牌环网中，数据传输速度为 4 Mbps 或 16 Mbps，新型的快速令牌环网速度可达 100 Mbps。在这种网络中，有一种专门的帧称为令牌(Token)，在环路上持续地传输来确定一个节点何时可以发送包。

令牌环网的传输方法在物理连接上采用了星形拓扑结构，但逻辑上仍是环形拓扑结构，如图 4-24 所示。其通信传输介质可以是无屏蔽双绞线、屏蔽双绞线和光纤等。节点间采用多站访问部件(Multistation Access Unit, MAU)连接在一起。MAU 是一种专业化集线器，用来围绕工作站计算机的环路传输。由于数据包看起来像在环中传输，所以在工作站和 MAU 中没有终结器。

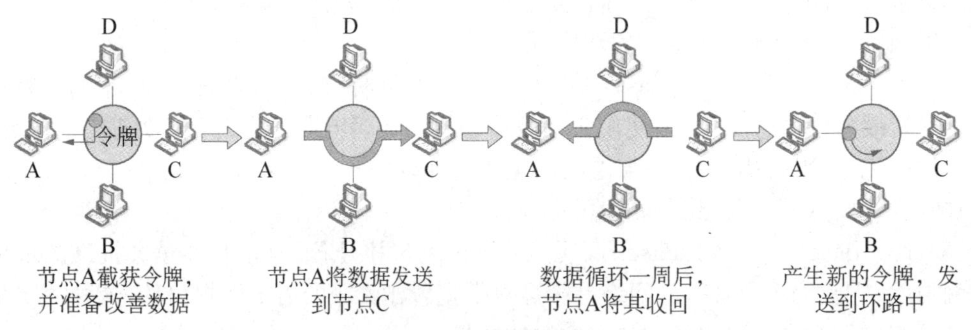

图 4-24 令牌环网

在令牌环网中有一个令牌沿着环形总线在入网节点计算机间依次传递，令牌实际上是一个特殊格式的帧，本身并不包含信息，仅控制信道的使用，确保在同一时刻只有一个节点能够独占信道。当环上节点都空闲时，令牌绕环行进。节点计算机只有取得令牌后才能发送数据帧，因此不会发生碰撞。由于令牌在网环上是按顺序依次传递的，因此对所有入网计算机而言，访问权是公平的。

令牌在工作中有闲和忙两种状态。闲表示令牌没有被占用，即网中没有计算机在传送信息;忙表示令牌已被占用,即网中有信息正在传送。希望传送数据的计算机必须首先检测到闲令牌,将它置为忙的状态,然后在该令牌后面传送数据。当所传数据被目的节点计算机接收后,数据从网中除去,令牌被重新置为闲。

由于每个节点不是随机的争用信道,不会出现冲突,因此称它是一种确定型的介质访问控制方法,而且每个节点发送数据的延迟时间可以确定。在轻负载时,由于存在等待令牌的时间,效率较低,在重负载时,对各节点公平,且效率高。

采用令牌环的局域网还可以对各节点设置不同的优先级,具有高优先级的节点可以先发送数据,比如某个节点需要传输实时性的数据,就可以申请高优先级。

令牌环网络传输的主要特点是,可以保证每个节点设备在可以预定的时间间隔获得对网络的访问,适用于对实时性要求较高的应用。

令牌环网的缺点是需要维护令牌,一旦失去令牌就无法工作,需要选择专门的节点监视和管理令牌。由于这种网络设备的价格较高,不利于普及,另外缺乏对多种服务和 QoS 的支持,在国内应用较少。

4.4.2 Token Bus

Token Bus 即令牌总线,是一个使用令牌,接入到一个总线拓扑的局域网架构,属于传统的共享介质局域网的一种。其中,Token Bus 局域网中的令牌是一种特殊的控制帧,它用来控制节点对总线的访问权。

令牌总线访问控制是在物理总线建立一个逻辑环,从物理连接上看,它是总线结构的局域网,在逻辑上,它是环型拓扑结构。连接到总线上的所有节点组成了一个逻辑环,每个节点被赋予一个顺序的逻辑位置。和令牌环一样,节点只有取得令牌才能发送帧,令牌在逻辑环上依次传递,在正常运行时,当某个节点发送完数据后,就要将令牌传递给下一个节点,如图 4-25 所示。

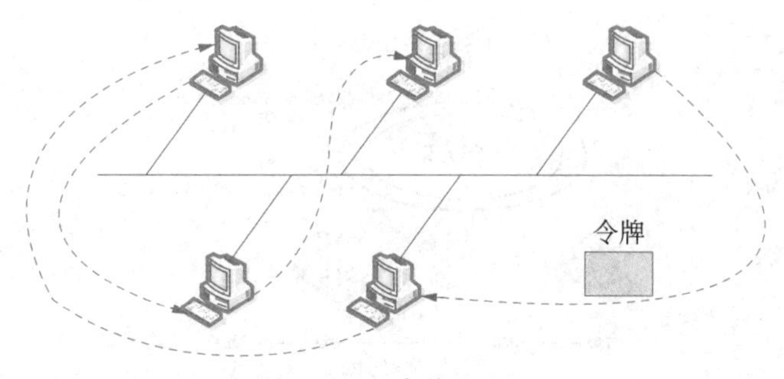

图 4-25 令牌总线网

在该局域网中,任何一个节点只有在取得令牌后才能使用公共通信总线去发送数据。令牌是一种特殊的控制帧,用来管理节点对总线的访问权。在正常的稳态操作下,每个节点都有本站地址,并知道上一站地址与下一站地址。令牌由地址高站向地址低站传递,最后由低站最低站传递给低站最高站,从而在物理总线上形成一个逻辑环。

环中令牌传递顺序与节点在总线上的物理位置无关,因此,令牌总线网在物理上是总线网,在逻辑上是环网。

 FDDI

FDDI是在IEEE 802.5令牌环网的基础上发展起来的高速局域网标准，它使用光纤作为传输媒体，采用独特的反向双环访问技术，使FDDI具有很高的可靠性和容错能力。

1. FDDI的拓扑结构

光纤分布式数据接口(Fiber Distributed Data Interface, FDDI)是于20世纪80年代中期发展起来的一项局域网技术，它是一种将计算机网络和光电技术结合而发展起来的网络接口技术，它提供的高速数据通信能力要高于当时的以太网(10 Mbps)和令牌网(4或16 Mbps)的能力。FDDI标准由ANSI X3T9.5标准委员会制订，为繁忙网络上的高容量输入输出提供了一种访问方法。FDDI技术同IBM的Token Ring技术相似，并具有LAN和TokenRing所缺乏的管理、控制和可靠性措施，FDDI支持长达2 km的多模光纤。

FDDI的拓扑结构采用环形结构，利用光纤将多个节点环接起来，环上节点依次获得对环路的访问权利。由光纤构成的FDDI基本结构为逆向双环，一个环为主环，另一个环为备用环，如图4-26所示。一个顺时针传送信息，另一个逆时针传送令牌。当主环上的设备失效或光缆发生故障时，从主环向备用环的切换可继续维持FDDI的正常工作。这种故障容错能力是其他网络所没有的。

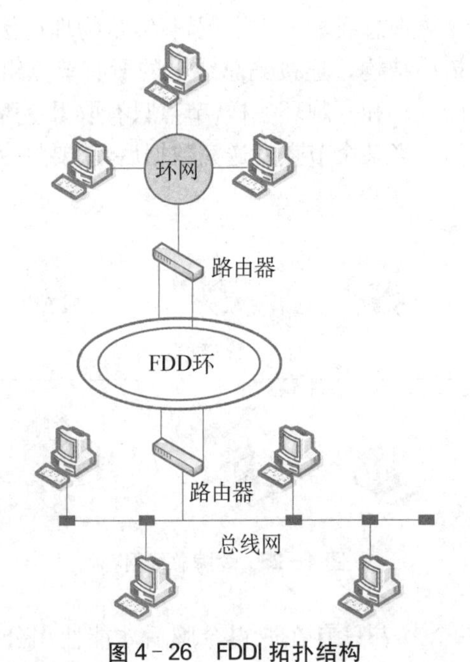

图4-26 FDDI拓扑结构

2. FDDI的工作原理

FDDI的操作是建立在小令牌帧的基础上，当所有站都空闲时，小令牌帧沿环运行。当某一站有数据在发送时，必须等待有令牌通过时才可能。一旦识别出有用的令牌，该站便将其吸收，随后便可发送一帧或多帧。这时环上没有令牌环，便在环上插入一新的令牌，不必像 802.5 令牌环那样,只有收到自己发送的帧后才能释放令牌,因此,任一时刻,环上可能会有来自多个站的帧运行。FDDI 的数据传输过程如图 4-27 所示。

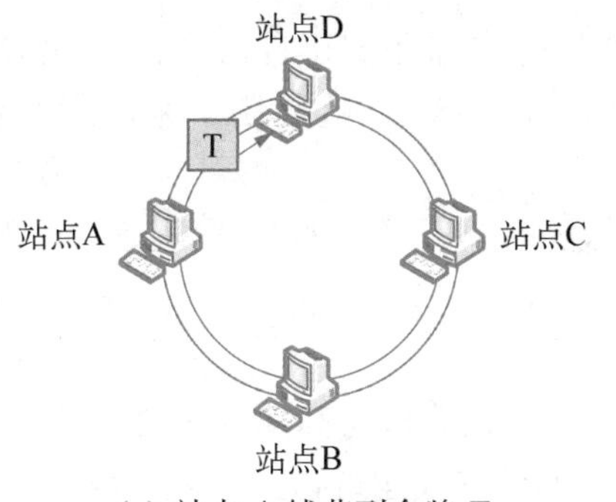

(a) 站点 A 捕获到令牌 T

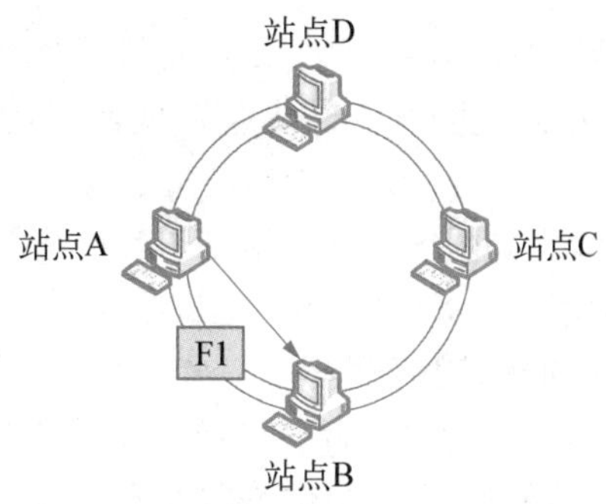

(b) 站点 A 向站点 C 发送一个数据帧

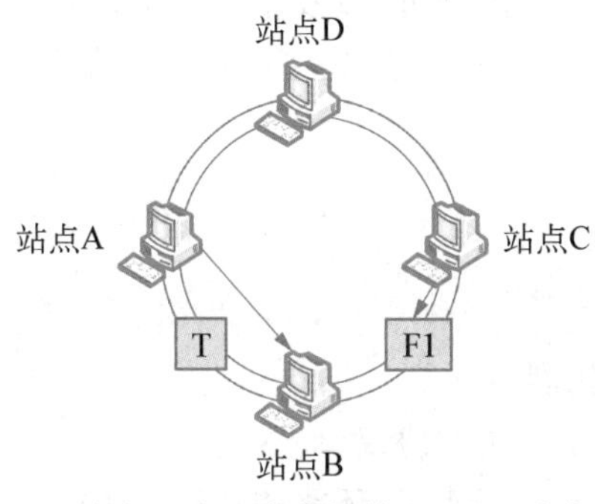

(c) 站点 A 发送完数据帧 F1 后释放令牌 T

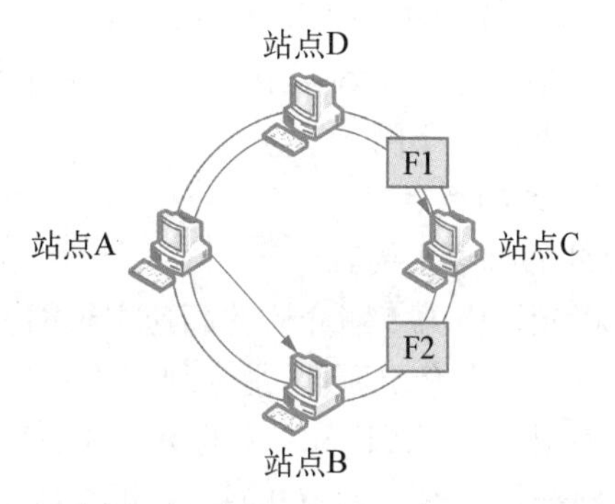

(d) 站点 B 捕获到令牌 T,向站点 D 发送一个数据帧 F2,站点 C 接收到帧 F1

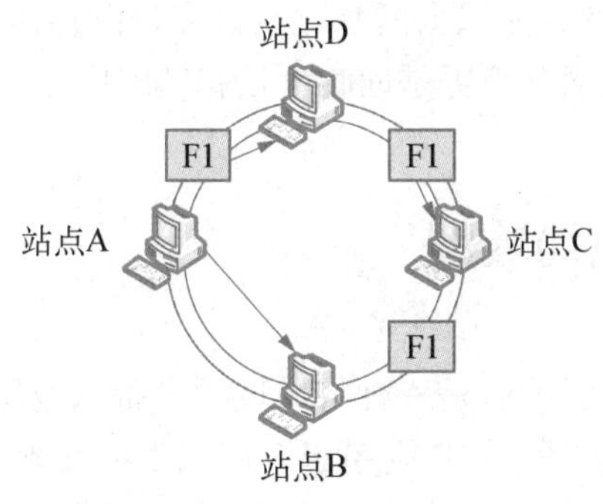

(e) 站点 B 释放令牌 T,站点 D 接收到数据帧 F2,站点 A 接收到 F1 并把它删除掉

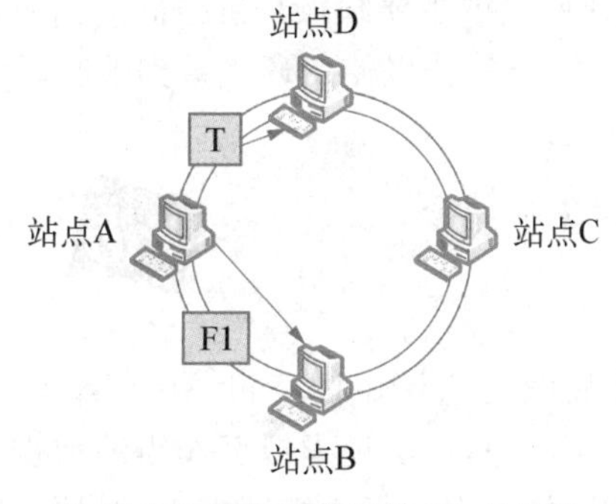

(f) 站点 B 接收到数据帧 F2,并删除

图 4-27 FDDI 的数据传输过程

(1) 传递令牌　在没有数据传递时,令牌一直在环路中绕行,每个站点如果没有数据要发送,就转发令牌。

(2) 发送数据　如果某个站点要发送数据，当令牌传到该站点时，不再转发令牌，而是发送数据，可以一次发送多个数据，当数据发送完毕或时间到，则停止发送，并立即释放令牌。

(3) 转发数据帧　每个站点监听到经过的数据帧，如果不属于自己，就转发出去。

(4) 接收数据帧　当站点发现经过的数据帧属于自己，就复制下来，然后转发该数据帧。

(5) 清除数据帧　发送站点与其他站点一样，随时监听经过的帧，发现是自己发出的帧就停止转发。

3. FDDI 的应用环境

计算机机房网(后端网络)用于计算机机房中大型计算机与高速外设之间的连接，以及对可靠性、传输速度与系统容错要求较高的环境。办公室或建筑物群的主干网(前端网络)，用于连接大量的小型机、工作站、个人计算机与各种外设；校园网的主干网，用于连接分布在校园中各个建筑物中的小型机、服务器、工作站和个人计算机，以及多个局域网；多校园的主干网，用于连接地理位置相距几公里的多个校园网、企业网，成为一个区域性的互连多个校园网、企业网的主干网。

4. FDDI 的特点

FDDI 的特点主要有：

① 以光纤作为传输介质的高速主干网。

② 基于共享介质原理，是令牌环体系结构的拓展。

③ 使用基于 IEEE 802.5 的单令牌的环型网介质访问协议。

④ 数据传输速率为 100 Mbps，可支持 1 000 个物理连接，环路的长度为 100 km。

⑤ 采用双环拓扑结构，可增加网络容错能力，提高了可靠性。

⑥ 可以使用多模或单模光纤，当采用单模光纤时，两节点之间距离可超过 20 km，全网光纤总长可以达到数千千米。

FDDI 网络的主要缺点是价格同前面所介绍的快速以太网相比贵许多，且因为它只支持光缆和 5 类电缆，所以使用环境受到限制，从以太网升级更是面临大量移植问题。

4.6 虚拟局域网

虚拟局域网(Virtual Local Area Network, VLAN)是一种将局域网设备从逻辑上划分成一个个网段，从而实现虚拟工作组的数据交换技术，主要应用于 3 层以上的交换机之中。虚拟局域网技术实现了一组逻辑上的设备和用户的互连，这些设备和用户并不受物理位置的限制，可以根据功能、部门及应用等因素将它们组织起来，相互之间的通信就好像在同一个网段中一样。

4.6.1 VLAN 的作用

如果整个网络只有一个广播域，那么一旦发出广播信息，就会传遍整个网络，对网络中的主机带来额外的负担。因此，在设计局域网时，需要注意分割广播域。

一般以路由器上的网络接口为单位分割广播域。但路由器上的网络接口一般只有1～4个,随着宽带路由器的广泛应用,它自带的网络接口实际上是路由器内置的交换机,并不能分割广播域。使用路由器分割广播域的个数完全取决于路由器的网络接口个数,用户无法自由地根据实际需要分割广播域。与路由器相比,二层交换机一般带有多个网络接口,使用它分割广播域的灵活性会大大提高。用于在二层交换机上分割广播域的技术,就是VLAN。利用VLAN,可以自由设计广播域的构成,提高网络设计的自由度。

VLAN的优点主要有:

(1) 控制广播流量　采用VLAN技术,可将某个(或某些)交换机端口划到某一个VLAN内,在同一个VLAN内的端口处于相同的广播域。

(2) 简化网络管理　当用户物理位置变动时,不需重新布线、配置和调试,保证在同一个VLAN内即可,可以减轻网络管理员在移动、添加和修改用户时的开销。

(3) 提高安全性　不同VLAN的用户未经许可是不能相互访问的。在安全的VLAN内,在3层交换机设置安全访问策略允许合法用户访问,限制非法用户访问。

(4) 提高利用率　每个VLAN形成一个逻辑网段。通过交换机合理划分不同的VLAN将不同应用放在不同的VLAN内,在一个物理平台上运行且不会相互影响。

4.6.2　VLAN的机制

首先,在一台未设置任何VLAN的二层交换机上,任何广播帧都会被转发给除接收端口外的所有其他端口(这种现象称为Flooding)。例如,图4-28中,计算机A发送广播信息后,会被转发给端口2、3、4。

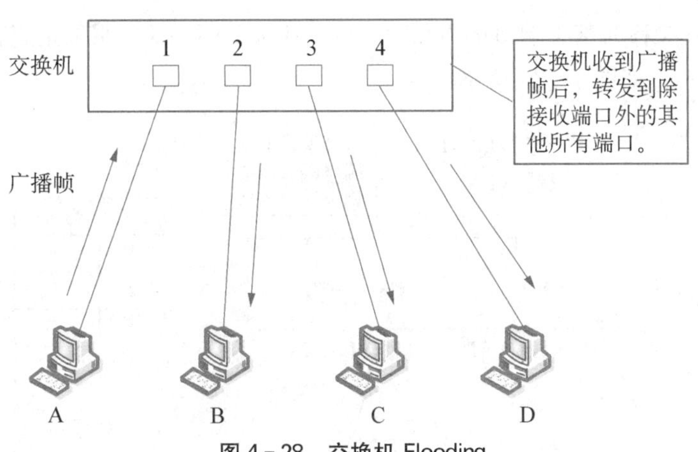

图4-28　交换机Flooding

这时,如果在交换机上生成两个VLAN,同时设置端口1、2属于VLAN1,端口3、4属于蓝色VLAN2,如图4-29所示。再从A发出广播帧的话,交换机就只会把它转发给同属于一个VLAN的其他端口,也就是同属于VLAN1的端口2,不会再转发给属于VLAN2的端口。同理,C发送广播信息时,只会被转发给其他属于VLAN2的端口,不会被转发给属于VLAN1的端口。

VLAN通过限制广播帧转发的范围分割了广播域。如果要更为直观地描述VLAN,可

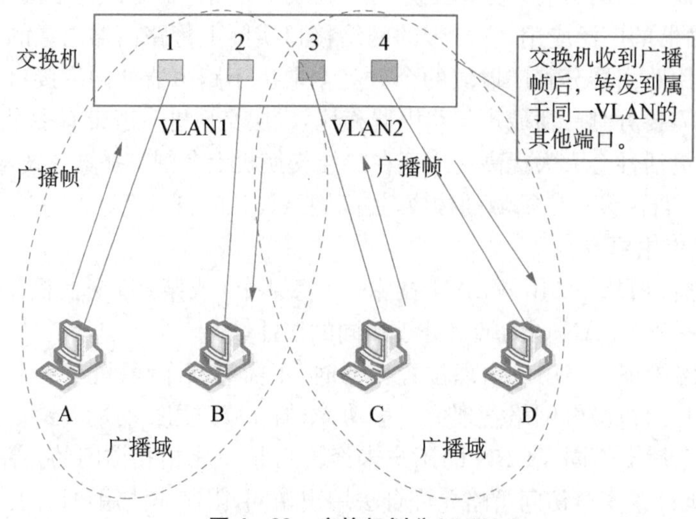

图 4-29 交换机划分 VLAN

以把它理解为将一台交换机在逻辑上分割成了数台交换机。VLAN 生成的逻辑上的交换机是互不相通的。因此,在交换机上设置 VLAN 后,如果未做其他处理,VLAN 间是无法通信的。VLAN 间的通信也需要路由器提供中继服务,这称作 VLAN 间路由。

4.6.3 VLAN 的划分

1. 静态 VLAN

静态 VLAN 又称为基于端口的 VLAN(Port Based VLAN),明确指定各端口属于哪个 VLAN 的设定方法,如图 4-30 所示。

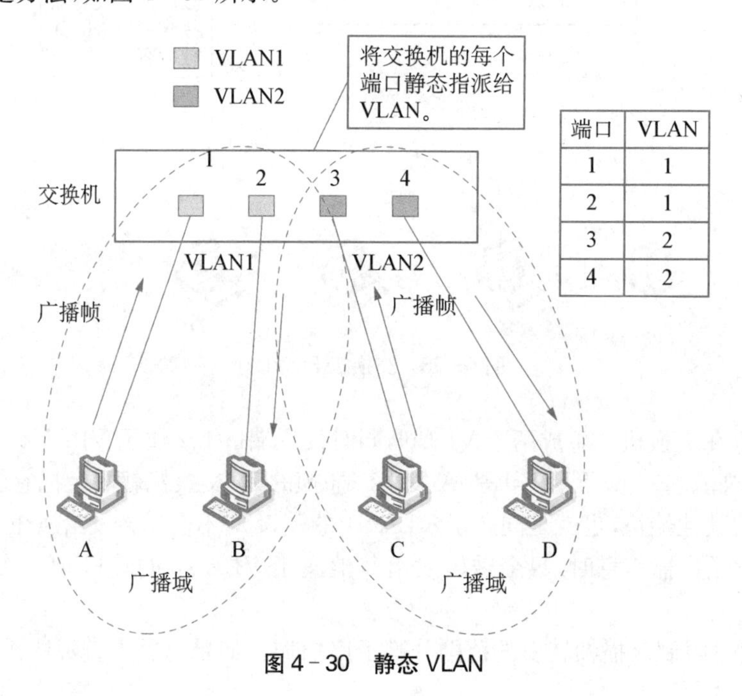

端口	VLAN
1	1
2	1
3	2
4	2

图 4-30 静态 VLAN

由于需要一个个端口指定，因此当网络中的计算机数量较多后，设定操作就会变得烦杂无比。并且，客户机每次变更所连端口，都必须同时更改该端口所属 VLAN 的设定，因此，静态 VLAN 不适合那些需要频繁改变拓扑结构的网络。

2. 动态 VLAN

动态 VLAN 则是根据每个端口所连的计算机，随时改变端口所属的 VLAN。这就可以避免静态 VLAN 的更改设定之类的操作。动态 VLAN 可以大致分为 3 类：

(1) 基于 MAC 地址的 VLAN　通过查询并记录端口所连计算机上网卡的 MAC 地址来决定端口所属。假定有一个 MAC 地址 A 被交换机设定为属于 VLAN10，那么不论 MAC 地址为 A 的这台计算机连在交换机哪个端口，该端口都会被划分到 VLAN10 中去。计算机连在端口 1 时，端口 1 属于 VLAN10；而计算机连在端口 2 时，则是端口 2 属于 VLAN10。

(2) 基于子网的 VLAN　通过所连计算机的 IP 地址，来决定端口所属的 VLAN。即使计算机交换了网卡或是其他原因导致 MAC 地址改变，只要它的 IP 地址不变，就仍可以加入原先设定的 VLAN。因此，与基于 MAC 地址的 VLAN 相比，基于子网的 VLAN 能够更为简便地改变网络结构。

(3) 基于用户的 VLAN　根据交换机各端口所连的计算机上当前登录的用户，来决定该端口属于哪个 VLAN。这里的用户识别信息，一般是计算机操作系统登录的用户，比如，可以是 Windows 域中使用的用户名。这些用户名信息，属于 OSI 第四层以上的信息。

由此可见，决定端口所属 VLAN 时利用的信息在 OSI 中的层面越高，就越适于构建灵活多变的网络。

VLAN 划分方法一见表 4-3。

表 4-3　VLAN 划分方法

<table>
<tr><th colspan="2">种　类</th><th>说　明</th></tr>
<tr><td colspan="2">静态 VLAN(基于端口的 VLAN)</td><td>将交换机的各端口固定指派给 VLAN</td></tr>
<tr><td rowspan="3">动态 VLAN</td><td>基于 MAC 地址的 VLAN</td><td>根据各端口所连计算机的 MAC 地址设定</td></tr>
<tr><td>基于子网的 VLAN</td><td>根据各端口所连计算机的 IP 地址设定</td></tr>
<tr><td>基于用户的 VLAN</td><td>根据端口所连计算机上登录用户设定</td></tr>
</table>

4.6.4　VLAN 间的通信

如图 4-31 所示，VLAN 间的通信过程如下：

(1) 计算机 A 从通信目标的 IP 地址(192.168.20.10)得出 C 与本机不属于同一个网段。因此会向设定的默认网关转发数据帧。在发送数据帧之前，先用 ARP 获取路由器的 MAC 地址。

(2) 得到路由器的 MAC 地址 R 后，按图中所示的步骤发送往 C 去的数据帧。图 4-31 中的数据帧①，目标 MAC 地址是路由器的地址 R，内含的目标 IP 地址仍是最终要通信的对象 C 的地址。

(3) 交换机在端口 1 上收到数据帧①后，检索 MAC 地址列表中与端口 1 同属一个 VLAN 的表项。由于汇聚链路会被看作属于所有的 VLAN，因此这时交换机的端口 6 也属

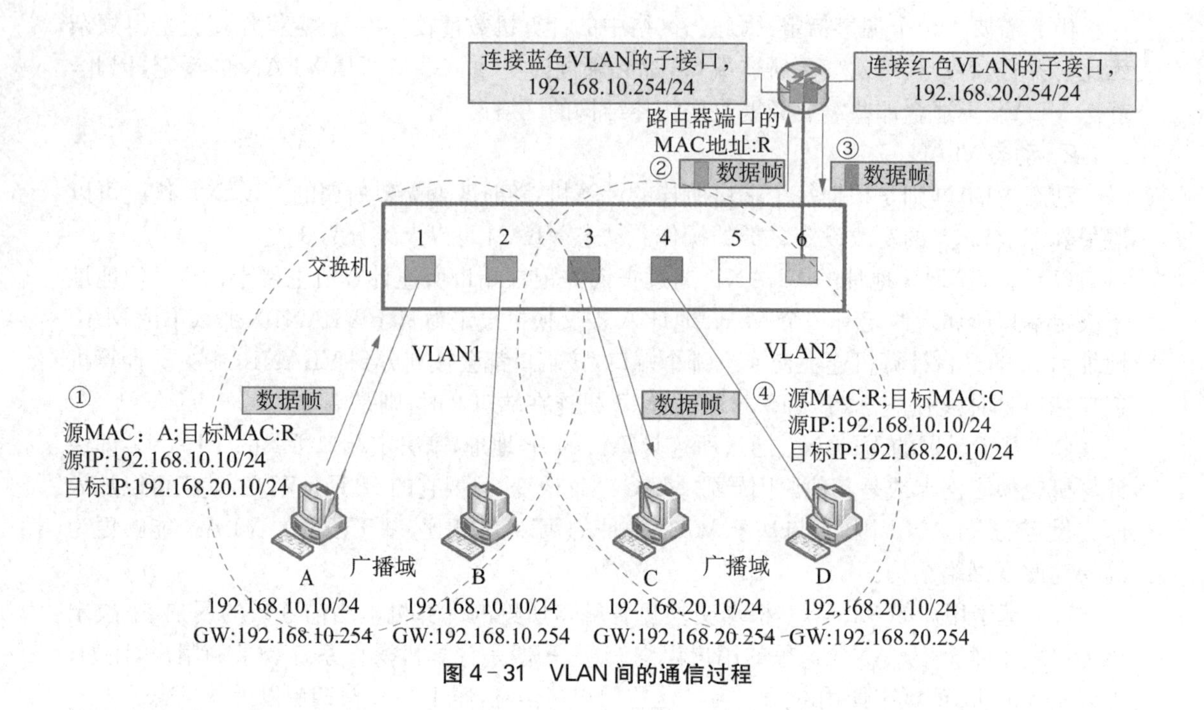

图 4-31 VLAN 间的通信过程

于被参照对象。这样交换机就知道往 MAC 地址 R 发送数据帧，需要经过端口 6 转发。

从端口 6 发送数据帧时，由于它是汇聚链接，因此会被附加上 VLAN 识别信息。由于原先是来自 VLAN2 的数据帧，因此如图中②所示，会被加上 VLAN2 的识别信息后进入汇聚链路。

(4) 路由器收到数据帧②后，确认其 VLAN 识别信息，由于它属于 VLAN2 的数据帧，因此交由负责 VLAN2 的子接口接收。然后，根据路由器内部的路由表，判断该向哪里中继。由于目标网络 192.168.20.0/24 是 VLAN1，且该网络通过子接口与路由器直连，因此只要从负责蓝色 VLAN 的子接口转发就可以了。这时，数据帧的目标 MAC 地址被改写成计算机 C 的目标地址，并且由于需要经过汇聚链路转发，因此被附加了属于 VLAN1 的识别信息，这就是图中的数据帧③。

(5) 交换机收到数据帧③后，根据 VLAN 标识信息从 MAC 地址列表中检索属于 VLAN1 的表项。由于通信目标计算机 C 连接在端口 3 上，且端口 3 为普通的访问链接，因此交换机会将数据帧除去 VLAN 识别信息后(数据帧④)转发给端口 3，最终计算机 C 才能成功地收到这个数据帧。

由此可见，进行 VLAN 间通信时，即使通信双方都连接在同一台交换机上，也必须经过：发送方—交换机—路由器—交换机—接收方这样一个流程。

4.6.5 三层交换机实现 VLAN 间的路由

三层交换机的本质就是带有路由功能的(二层)交换机。路由属于 OSI 参照模型中第三层网络层的功能，因此带有第三层路由功能的交换机才称为三层交换机。关于三层交换机的内部结构如图 4-32 所示。

在一台三层交换机内，分别设置了交换机项目和路由器项目，而内置的路由项目与交换

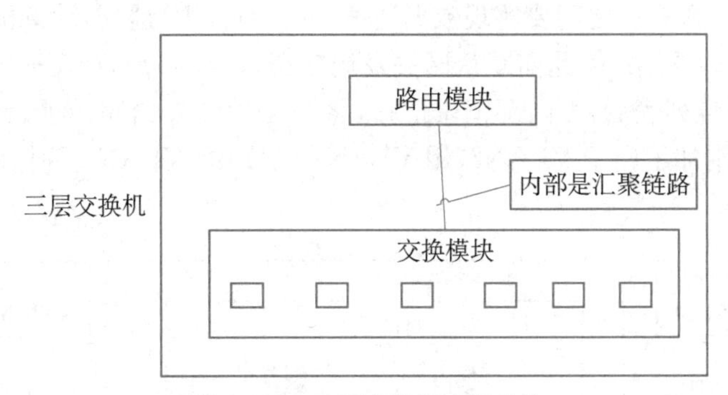

图4-32 三层交换机内部结构

项目相同，使用硬件处理路由。因此，与传统的路由器相比，三层交换机可以实现高速路由。路由与交换项目是汇聚连接的，由于是内部连接，可以确保相当大的带宽。

假设有4台计算机与三层交换机互联，如图4-33所示，若使用路由器连接，一般需要在路由器的LAN接口上设置对应各VLAN的子接口，而使用三层交换机连接时，则是利用三层交换机内部生成的VLAN接口，实现各VLAN间的数据通信。

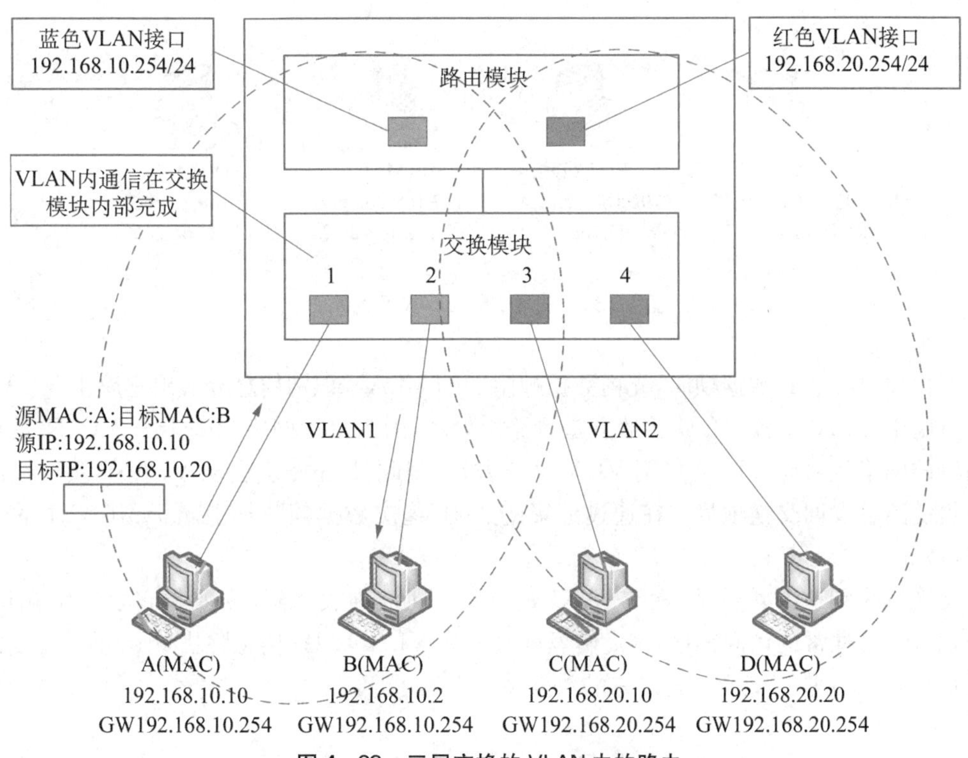

图4-33 三层交换的VLAN内的路由

计算机A与计算机B之间要实现数据通信，首先是目标地址为B的数据帧发送到交换机，交换机检索同一VLAN的MAC地址列表，发现计算机B连在交换机的端口2上，便将数据帧转发给端口2。

计算机 A 与计算机 C 之间要实现数据通信，针对目标 IP 地址，计算机 A 可以判断出通信对象不属于同一个网络，因此向默认网关发送数据(Frame 1)，如图 4－34 所示。交换机通过检索 MAC 地址列表后，由内部汇聚链接，将数据帧转发给路由项目，在通过内部汇聚链路时，数据帧被附加了属于 VLAN2(用 VLAN1 代替)的 VLAN 识别信息(Frame 2)。

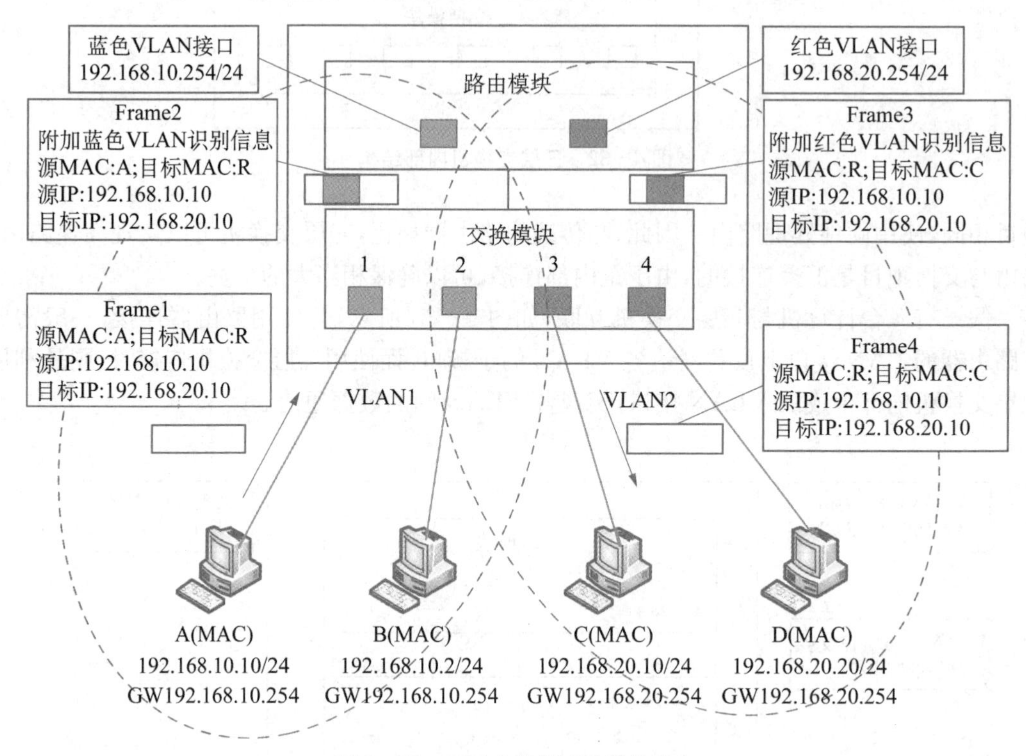

图 4－34　三层交换 VLAN 间的路由

路由项目在收到数据帧时，先由数据帧附加的 VLAN 识别信息分辨出它属于 VLAN2，据此判断由 VLAN2 接口负责接收并进行路由处理，因为目标网络 192.168.2.0/24 是直连路由器的网络且对应 VLAN1(用 VLAN2 代替)。因此，接下来就会从 VLAN1 接口经由内部汇聚链路转发回交换项目。在通过汇聚链路时，这次数据帧附加上属于 VLAN1 的识别信息(Frame 3)。

交换机收到这个帧后，检索 VLAN1 的 MAC 地址列表，确认需要将它转发给端口 3。由于端口 3 是通常的访问链接，因此转发前会先将 VLAN 识别信息除去(Frame 4)。最终，计算机 C 成功地收到交换机转发来的数据帧。

4.7 无线局域网

无线局域网(Wireless Local Area Networks，WLAN)是利用无线通信技术在一定的局部范围内建立的网络，是计算机网络与无线通信技术相结合的产物，它用射频(Radio

Frequency，RF)技术取代传统的有线传输媒介，提供传统有线局域网 LAN 的功能，并能使用户真正地随时、随地、随意地接入宽带网络。

WLAN 支持较高传输速率，主要利用射线无线电，借助直接序列扩频(DSSS)或跳频扩频(FHSS)、GMSK、OFDM 等技术，甚至将来的超宽带传输技术 UWBT，实现固定、半移动及移动的网络终端对因特网网络进行较远距离的高速连接访问。

4.7.1　IEEE 802.11 协议标准

IEEE 802.11 协议是关于无线局域网的标准，其他的 802.11 标准都是在此基础上修改的。IEEE 802.11 协议族中主要的相关协议见表 4-4。

表 4-4　IEEE 802.11

性能参数	802.11a	802.11b	802.11g	802.11n	802.11ac
工作频段	5 GHz	2.4 GHz	2.4 GHz	2.4 GHz、5 GHz	5 GHz
信道数	最多 23	3	3	最多 14	最多 23
调制技术	OFDM	DSSS	DSSS 和 OFDM	MIMO-OFDM	MIMO-OFDM
数据传输速率	<54 Mbps	<11 Mbps	<54 Mbps	<600 Mbps	<1 Gbps

4.7.2　WLAN 常见术语

WLAN 的常见术语如下：

(1) 无线接入点(Access Point，AP)　接入客户端的设备。

(2) 无线控制器(Access Controller，AC)　集中管理无线 AP 的设备。

(3) 虚拟接入点(Virtual Access Point，VAP)　AP 设备上虚拟出来的业务功能实体。用户可以在一个 AP 上创建不同的 VAP，为不同的用户群体提供无线接入服务。

(4) 基本服务集(Basic Service Set，BSS)　无线网络的基本服务单元，通常由一个 AP 和若干无线终端组成。

(5) 扩展服务集(Extend Service Set，ESS)　由多个使用相同 SSID 的 BSS 组成，解决 BSS 覆盖范围有限的问题。

(6) 服务集标识(Service Set Identifier，SSID)　用来在逻辑上区分两个不同的无线网络。客户端和 AP 上的 SSID 值必须匹配。

(7) 基本服务集标识符(Basic Service Set Identifier，BSSID)　在链路层上用来区分同一个 AP 上的不同 VAP，也可以用来区分同一个 ESS 中的 BSS。

(8) 无线接入点控制和配置协议(Control and Provisioning of Wireless Access Points Protocol Specification，CAPWAP)　由 IETF(互联网工程任务组)标准化组织于 2009 年 3 月定义，包含 CAPWAP 协议和无线 BINDING 协议。CAPWAP 协议是一个通用的隧道协议，完成 AP 发现 AC 等基本协议功能，与具体的无线接入技术无关。BINDING 提供具体和某个无线接入技术相关的配置管理功能。CAPWAP 用于无线终端接入点(AP)和无线网络控制器(AC)之间的通信交互，实现 AC 对其所关联的 AP 集中管理和控制。

4.7.3 WLAN组网模式

1. 家庭组网与企业组网

在家庭或者SOHO中，由于所需要的无线覆盖范围小，一般采用胖AP组网，如图4-35所示。胖AP不仅可以满足无线覆盖的要求，还可以作为路由器，实现对有线网络的路由转发。

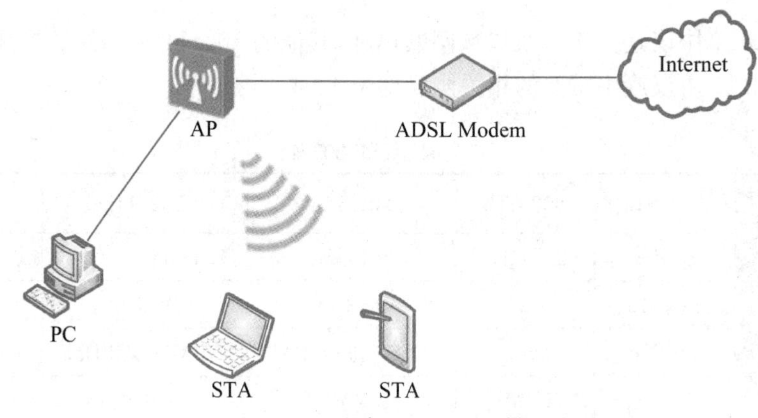

图4-35 家庭WLAN组网模式

在企业网络或者其他大型场所中，所需要的无线覆盖范围比较大，若采用胖AP组网，则可以将AP接入到接入交换机端。数据通过交换机转发，到达企业核心网。在企业核心网也可以架设起网管系统，便于对AP的统一管理，如图4-36所示。

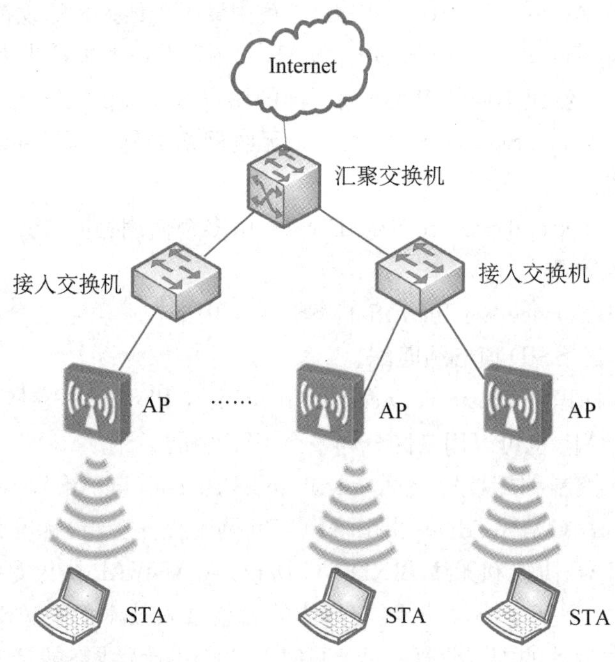

图4-36 企业WLAN组网模式

2. 二层组网与三层组网

当AP与AC之间的网络为直连或者二层网络时，此组网方式为二层组网。由于二层组网比较简单，适用于简单临时的组网，能够比较快速地组网配置，但不适用于大型组网架构。

当AP与AC之间的网络为三层网络时，WLAN组网为三层组网。在实际组网中，一台AC可以连接几十甚至几百台AP，组网一般比较复杂。比如在企业网络中，AP可以布放在办公室、会议室、会客间等场所，而AC可以安放在公司机房，这样，AP和AC之间的网络就是比较复杂的三层网络。因此，在大型组网中一般采用三层组网。

3. 直连式组网与旁挂式组网

直连式组网是指AC下直接接入AP或接入交换机，同时扮演AC和汇聚交换机功能，AP的数据业务和管理业务都由AC集中转发和处理，如图4-37所示。

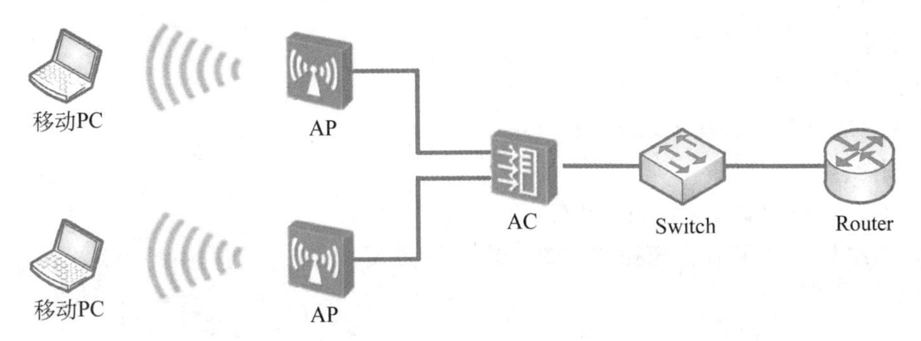

图4-37 WLAN直连式组网模式

AP和AC之间建立CAPWAP管理隧道，AC通过该CAPWAP管理隧道实现对AP的集中配置和管理。无线用户的业务数据可以通过CAPWAP数据隧道在AP与AC之间转发，也可以由AP直接转发。直连式组网中，由于AC自然串接在线路中，故多采用直接转发模式，用户业务数据在AP上实现转发。AC启动DHCP Server功能，给AP分配IP地址，AP通过DNS或DHCP的方式或二层发现协议发现AC，建立数据业务通道。

旁挂式组网是指AC旁挂在现有网络中(多在汇聚交换机旁边)，实现对AP的WLAN业务管理，如图4-38所示。AC只承载对AP的管理功能，管理流封装在CAPWAP隧道中传输。数据业务流可以通过CAPWAP数据隧道经AC转发，也可以不经过AC转发直接转发，后者无线用户业务流经汇聚交换机传输至上层网络。

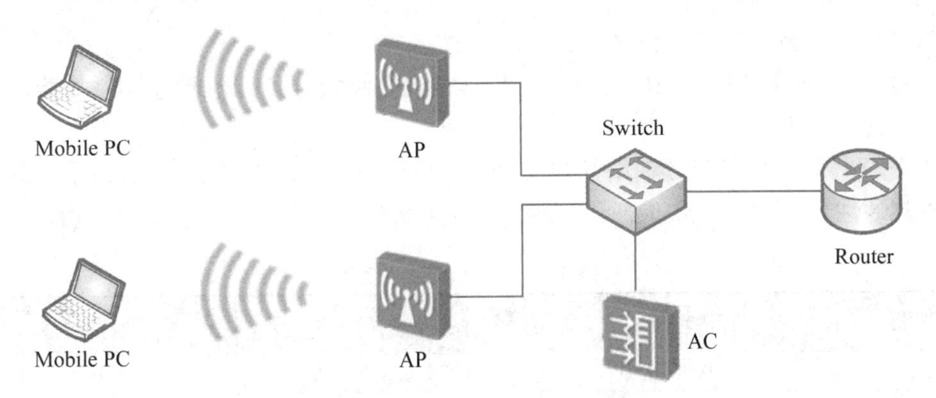

图4-38 WLAN旁挂式组网模式

实训 任务

任务1 交换机的基本配置

实训目的

掌握 Cisco Packet Tracer 软件的基本操作。

掌握交换机基本信息的配置与管理。

掌握交换机的配置模式及相关命令。

实训环境

实训室

硬件：PC。

软件：Cisco Packet Tracer 模拟软件。

实训内容

1. 安装 Cisco Packet Tracer 软件。

2. 新建 Packet Tracer 拓扑结构图，如图 4-39 所示。拓扑结构中的相关设备清单及连接情况如下：

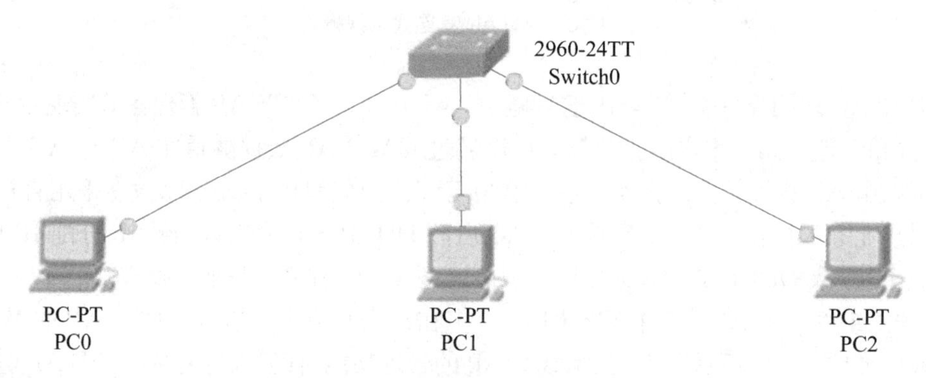

图 4-39 交换机连接拓扑结构图

Switch 2960-24T：1 台。

PC 机：3 台(PC0、PC1、PC2)。

连接：用直通线将 PC0、PC1、PC2 分别连接到交换机的 F0/1、F0/2、F0/3 接口上。

3. 配置 PC 机

根据表 4-5 中的信息分别设置 PC 机的 IP 地址。配置完成后，用 ping 命令测试 PC 机之间的连通性。

表 4-5 PC 机配置信息表

PC 机	IP 地址	子网掩码	网关
PC0	192.168.10.10	255.255.255.0	192.168.10.1

续　表

PC机	IP地址	子网掩码	网关
PC1	192.168.10.11	255.255.255.0	192.168.10.1
PC2	192.168.10.12	255.255.255.0	192.168.10.1

4. 配置交换机

(1) 交换机的配置模式及相关描述见表4-6。

表4-6　交换机配置模式

配置模式	命令行提示	描　述
用户模式	Switch>	简单查看交换机的软件、硬件版本信息，进行简单测试。
特权模式	Switch#	由用户模式进入特权模式，对交换机的配置文件进行管理，查看交换机的配置信息，进行网络测试和调试等。
全局配置模式	Switch(config)#	可配置交换机的全局性参数(如：主机名、登录信息)，可对交换机的具体功能进行配置。
端口模式	Switch(config-if)#	对交换机的接口参数进行配置。

(2) 按以下说明配置交换机：

进入特权模式(en)

进入全局配置模式(conf t)

进入交换机端口视图模式(int f0/1)

返回到上级模式(exit)

从全局以下模式返回到特权模式(end)

帮助信息(如?、co?、copy?)

命令自动补全(Tab)

快捷键([Ctrl]+[C]中断测试，[Ctrl]+[Z]退回到特权视图)

修改交换机名称(hostname X)

(3) 本任务中模式的参考命令：

```
Switch>en                                  //进入特权模式
Switch#conf t                              //进入全局配置模式
Switch(config)#hostname sw1                //修改交换机名称
sw1(config)#interface fa0/1                //进入交换机端口视图模式
sw1(config-if)#end                         //从全局以下模式返回到特权模式
sw1#
```

(4) 本任务中交换机端口配置参考命令：

```
sw1#conf t
sw1(config)#interface fa0/1
sw1(config-if)#speed 100      //配置交换机端口通信速度
```

```
sw1(config-if)#duplex full              //配置交换机端口单双工模式
sw1(config-if)#exit
sw1(config)#exit
sw1#                                    //
sw1#show version                        //查看交换机版本信息
```

(5) 测试

在 PC0、PC1、PC2 主机上,相互用 ping 命令,测试相互之间的连通性。

实训总结

任务 2 VLAN 的基本配置

实训目的

1. 理解交换机端口隔离的配置。
2. 理解 VLAN 的作用。
3. 掌握同一交换机端口 VLAN 的划分方法。
4. 掌握基于端口的 VLAN 划分法。

实训环境

实训室

硬件:PC。

软件:Cisco Packet Tracer 模拟软件。

实训内容

1. 新建 Packet Tracer 拓扑结构图

如图 4-40 所示,拓扑结构中的相关设备清单及连接情况如下:

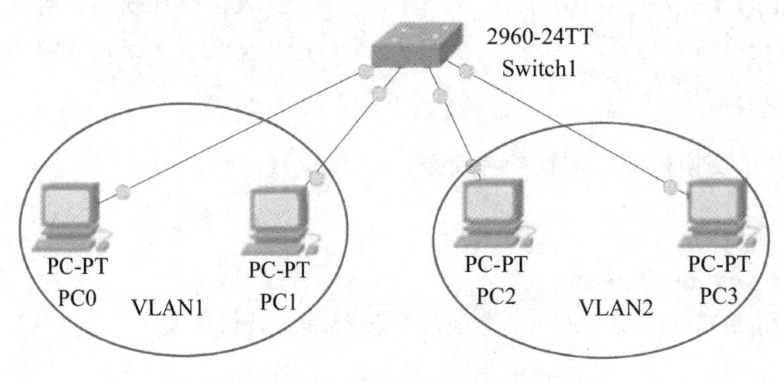

图 4-40 VLAN 划分拓扑结构图

Switch 2960－24T：1台。

PC机：4台(PC0、PC1、PC2、PC3)。

连接：用直通线将PC0、PC1、PC2、PC3分别连接到交换机的F0/1、F0/2、F0/3、F0/4接口上。

2. 配置PC机

根据表4－7分别设置PC机的IP地址。用ping命令验证PC机之间的连通性，要求PC0、PC1、PC2、PC3两两相互连通。

表4－7 PC配置信息表

PC机	IP地址	子网掩码	网关
PC0	192.168.10.10	255.255.255.0	192.168.10.1
PC1	192.168.10.11	255.255.255.0	192.168.10.1
PC2	192.168.10.12	255.255.255.0	192.168.10.1
PC3	192.168.10.13	255.255.255.0	192.168.10.1

3. 可参考以下命令配置交换机：

```
Switch>en                                      //
Switch#conf t                                  //
Switch(config)#vlan 1                          //划分VLAN
Switch(config-vlan)#exit                       //
Switch(config)#vlan 2                          //
Switch(config-vlan)#exit                       //
Switch(config)#int fa0/1                       //
Switch(config-if)#switch access vlan 1         //将端口fa0/1划分到VLAN 1
Switch(config-if)#exit                         //
Switch(config)#int fa0/2
Switch(config-if)#switch access vlan 1         //将端口fa0/2划分到VLAN 1
Switch(config-if)#exit
Switch(config)#int fa0/3
Switch(config-if)#switch access vlan 2         //将端口fa0/3划分到VLAN 2
Switch(config-if)#exit
Switch(config)#int fa0/4
Switch(config-if)#switch access vlan 2         //将端口fa0/4划分到VLAN 2
Switch(config-if)#exit
Switch(config)#end
Switch#
Switch#show vlan                               //显示交换机VLAN的划分情况
```

4. 测试 VLAN

① 在 PC0 中，能够 ping 通 PC1，不能 ping 通 PC2 与 PC3。

② 在 PC1 中，能够 ping 通 PC0，不能 ping 通 PC2 与 PC3。

③ 在 PC2 中，能够 ping 通 PC3，不能 ping 通 PC0 与 PC1。

④ 在 PC3 中，能够 ping 通 PC2，不能 ping 通 PC0 与 PC1。

实训总结

任务 3 跨交换机实现 VLAN

实训目的

1. 理解 VLAN 如何跨交换机实现。
2. 掌握不同交换机划分 VLAN 的方法。
3. 理解 Trunk 端口类型的作用与应用。

实训环境

实训室

硬件：PC。

软件：Cisco Packet Tracer 模拟软件。

实训内容

1. 新建 Packet Tracer 拓扑结构图

如图 4－41 所示，拓扑结构中的相关设备清单及连接情况如下：

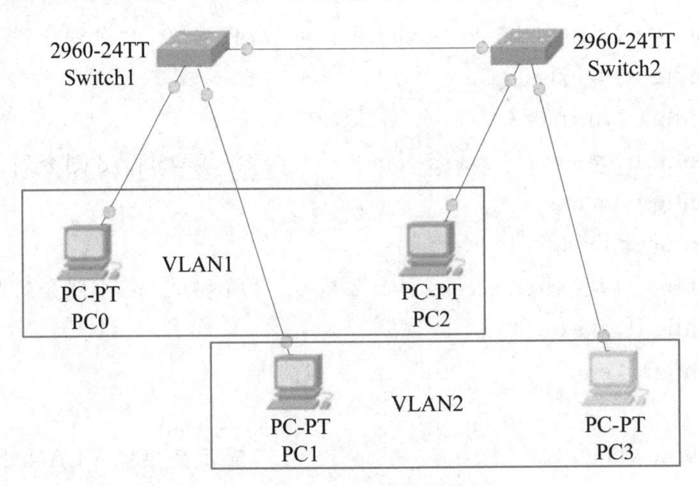

图 4－41 VLAN 拓扑结构图

Switch 2960－24T：2台。

PC机：4台(PC0、PC1、PC2、PC3)。

连接：用直通线将PC0、PC1、PC2、PC3分别连接到交换机的F0/1、F0/2、F0/3、F0/4接口上。

2. 配置PC机

根据表4－8中的信息分别设置PC机的IP地址。

表4－8　PC配置信息表

PC机	IP地址	子网掩码	网关
PC0	192.168.10.10	255.255.255.0	192.168.10.1
PC1	192.168.10.11	255.255.255.0	192.168.10.1
PC2	192.168.10.12	255.255.255.0	192.168.10.1
PC3	192.168.10.13	255.255.255.0	192.168.10.1

3. 配置交换机

交换机1与交换机2的配置可参考以下命令：

```
Switch>en
    Switch#conf t
    Switch(config)#vlan 1
    Switch(config-vlan)#exit
    Switch(config)#vlan 2
    Switch(config-vlan)#exit
    Switch(config)#int fa0/1
    Switch(config-if)#switch access vlan 1
    Switch(config-if)#exit
    Switch(config)#int fa0/2
    Switch(config-if)#switch access vlan 2
    Switch(config-if)#exit
    Switch(config)#int fa0/24
    Switch(config-if)#switch mode trunk //将交换机fa0/24端口设置为trunk模式。
    Switch(config-if)#end
    Switch#
    Switch#show vlan
```

说明：Trunk类型的端口可以属于多个VLAN，可以接收和发送多个VLAN的报文，一般用于交换机之间连接的端口。

4. 测试VLAN连通性

① 在PC0中，能够ping通PC2，不能ping通PC1与PC3。

② 在 PC1 中,能够 ping 通 PC3,不能 ping 通 PC0 与 PC2。

③ 在 PC2 中,能够 ping 通 PC0,不能 ping 通 PC1 与 PC3。

④ 在 PC3 中,能够 ping 通 PC1,不能 ping 通 PC0 与 PC2。

实训总结

任务 4　配置 WLAN

实训目的

1. 理解 WLAN 的组网原理。
2. 掌握 WLAN 的配置方法。

实训环境

实训室

硬件:PC。

软件:Cisco Packet Tracer 模拟软件。

实训内容

1. 新建 Packet Tracer 拓扑结构

如图 4 - 42 所示,拓扑结构中的相关设备清单及连接情况如下:

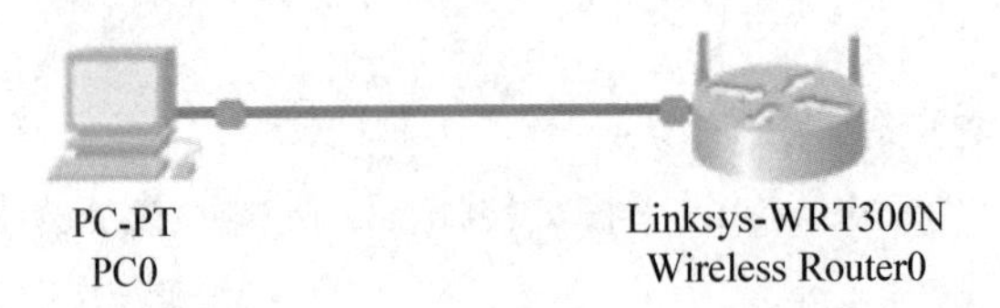

图 4 - 42　WLAN 拓扑结构图

(1) 无线设备　Linksys WRT300N 无线路由器，共有 4 个 RJ45 插口，一个 WAN 口，4 个 Ethernet 口。

(2) 计算机 PC1、PC2、PC3　配置有无线网卡项目。需要手动添加该无线网卡项目，计算机添加无线网卡后，会自动与 Linksys WRT300N 相连。

(3) 计算机 PC0　利用有线网卡与无线路由器的 Ethernet 端口相连，配置 Linksys WRT300N。

2. 设置 PC1、PC2、PC3 的无线网卡

(1) 断开电源　在 PC1 的配置界面中，选择“物理设备视图”，如图 4-43 所示，用鼠标点击此处，即可关闭计算机电源，如图 4-44 所示。

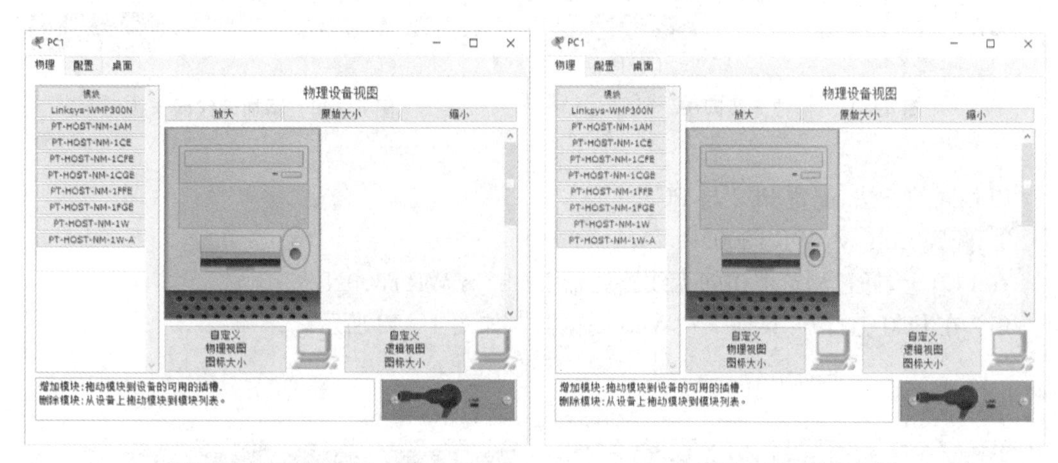

图 4-43　PC 电源　　　　图 4-44　关闭电源

(2) 移除有线网卡　选中有线网卡，如图 4-45 所示，按箭头方向拖拽，移除有线网卡，移除后如图 4-46 所示。

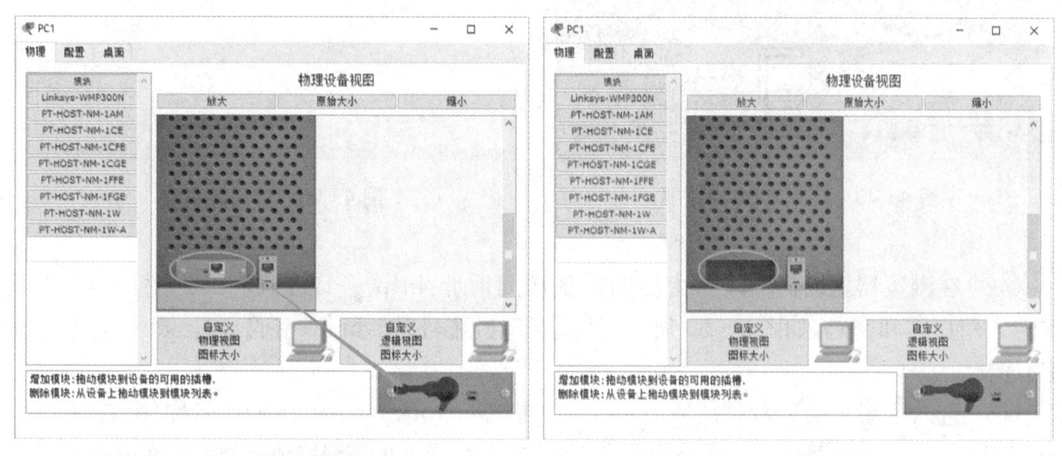

图 4-45　拖拽有线网卡　　　　图 4-46　移除有线网卡

(3) 添加无线网卡　选中左侧栏的无线网卡“Linksys-WMP300N”，拖拽到网卡插槽中，如图 4-47 所示，添加好无线网卡后如图 4-48 所示。

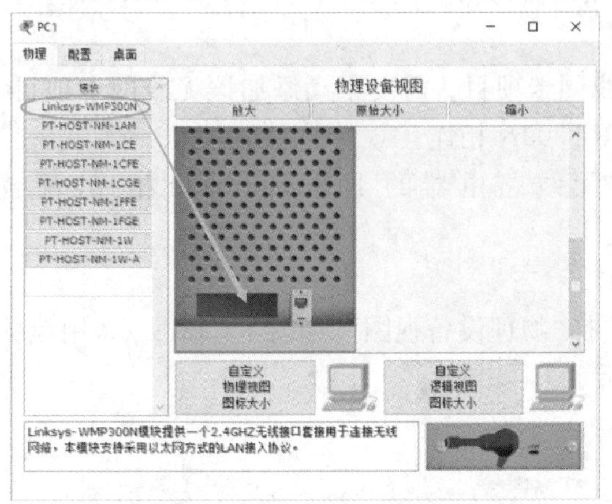

图 4 - 47 拖拽无线网卡

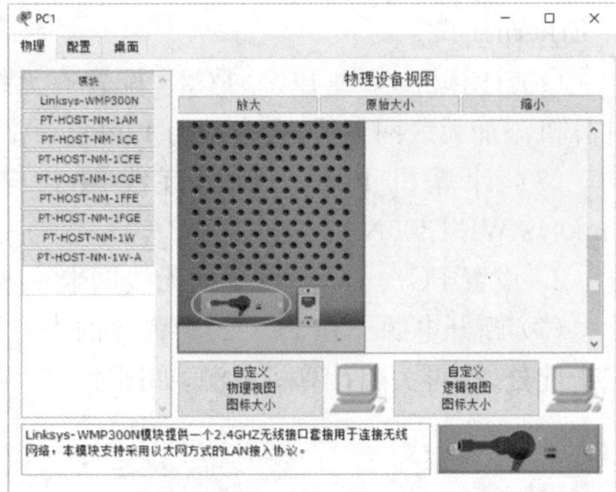

图 4 - 48 添加无线网卡

以相同的方法,配置 PC2 与 PC3。

3. 配置 Linksys WRT300N

在 PC0 上,通过浏览器访问无线路由器 Linksys WRT300N。

(1) 在 PC0 上打开"桌面"→"Web 浏览器",如图 4 - 49 所示。

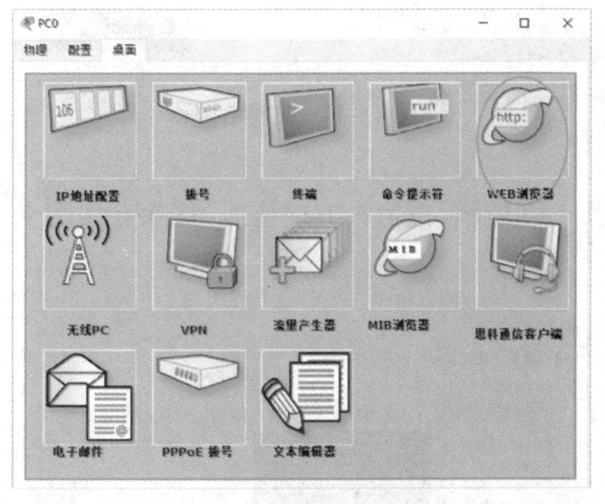

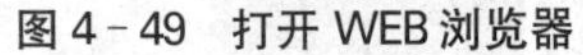
图 4 - 49 打开 WEB 浏览器

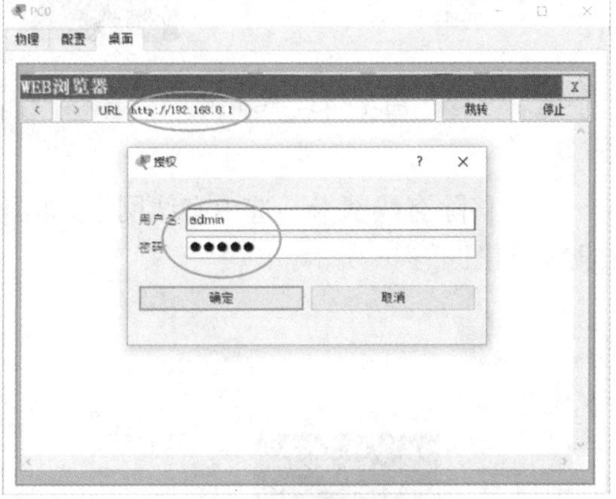

图 4 - 50 访问路由器

(2) 在浏览器地址栏输入路由器的默认访问地址:http://192.168.0.1。打开后,会要求输入用户名和密码,如图 4 - 50 所示,默认管理员账号是 admin,密码也是 admin,点击【确定】连接。

(3) 进入配置页面后,选择"Wireless",设置"Network Name(SSID)"名称(配置 WLAN 的 SSID,如图 4 - 51 所示,无线路由器与计算机无线网卡的 SSID 要相同,名称可以自己设置,在此设置名称为"qq"),点击【保存】。

(4) 选择"Wireless Security",配置安全模式为"WEP",设置 WEP 加密密钥(这里的密码设置为 8888888888),如图 4 - 52 所示,保存后退出。

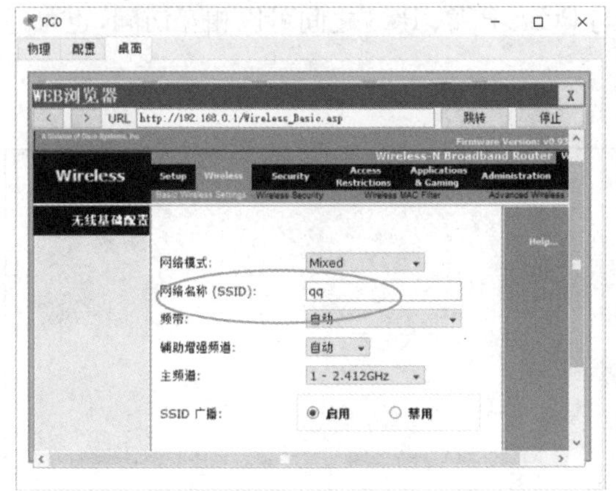

图4-51　设置SSID

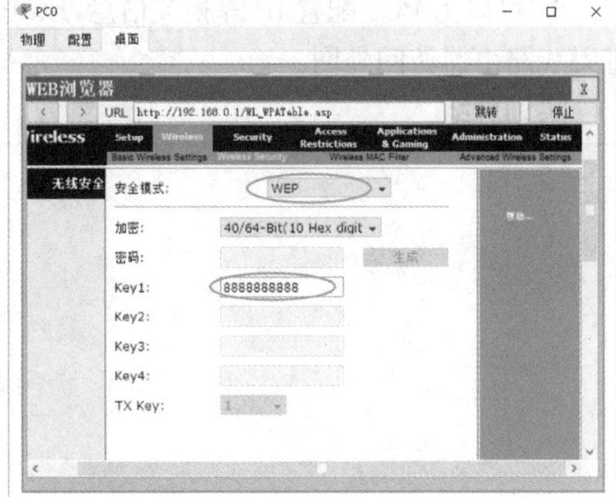

图4-52　设置安全模式与密钥

4. 在PC1、PC2、PC3上，连接电源，设置“Wireless”中的SSID号与无线路由上的相同，设置“认证”方式为“WEP”，如图4-53所示。设置密码与无线路由上的一致。

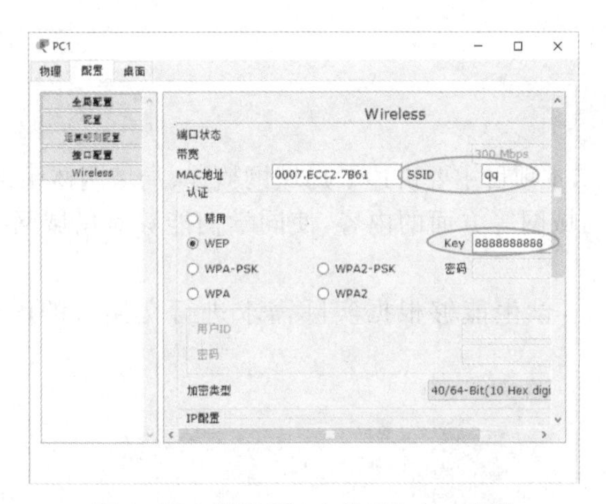

图4-53　设置PC1上的Wireless参数

5. 此时的拓扑结构如图4-54所示，PC1、PC2、PC3与无线路由已经建立连接。

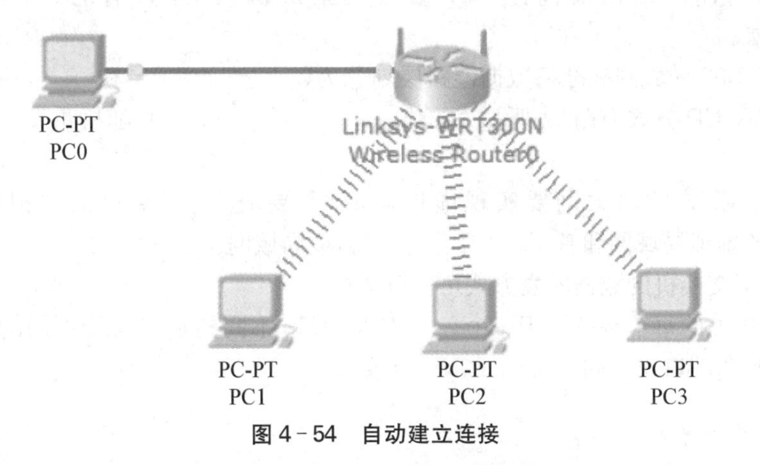

图4-54　自动建立连接

6. 可以为PC0配置IP等相关信息，PC0与PC1、PC2、PC3之间可以相互访问，也可通过无线路由器访问外网。

实训总结

学习小结

在理论知识体系上，本项目主要讲述了局域网概述、局域网体系结构、常见的局域网技术、虚拟局域网、无线局域网等方面的内容，使同学们能够对局域网技术有一定的了解与认识。

在实践技能应用上，学生能够根据实际需求进行交换机的配置、VLAN的划分与WLAN的配置。

巩固练习

一、填空题

1. 决定局域网特性的主要技术要素有(　　　　)、(　　　　)和传输介质3个方面。

2. 局域网体系结构仅包含OSI参考模型最低两层，分别是(　　　　)层和(　　　　)层。

3. IEEE 802局域网标准将数据链路层划分为(　　　　)子层和(　　　　)子层。

4. CSMA/CD方式遵循“先听后发，(　　　　)，(　　　　)，随机重发”的原理控制数据包的发送。

5. 基于交换式的以太网要实现虚拟局域网，要有：基于端口的虚拟局域网、基于(　　　　)的虚拟局域网和基于(　　　　)的虚拟局域网。

6. 以太网交换机的数据转发方式可以分为(　　　　)、(　　　　)和(　　　　)。

7. 交换机上的每个端口属于一个(　　　　)域，不同的端口属于不同的(　　　　)，交换机上所有的端口属于同一个(　　　　)域。

二、单选题

1. 从介质访问控制方法的角度，局域网可分为两类，即共享局域网与(　　)。

A. 交换局域网　B. 高速局域网　C. ATM 网　D. 虚拟局域网

2. 对于使用 CSMA/CD 介质访问控制方法叙述错误的是(　　)。

A. 信息帧在信道上以广播方式传播

B. 站点只有检测到信道上没有其他站点发送的载波信号时，才能发送自己的帧

C. 当两个站点同时检测到信道空闲后，同时发送自己的信息帧，则肯定发生冲突

D. 当两个站点先后检测到信道空闲后，先后发送自己的信息帧，则肯定不发生冲突

3. 具有冲突检测的载波侦听多路访问(CSMA/CD)技术，一般用于(　　)拓扑结构。

A. 网状结构　B. 总线型结构　C. 环型结构　D. 星型结构

4. IEEE 802.3 物理层标准中的 10Base-T 标准采用的传输介质为(　　)。

A. 双绞线　B. 粗同轴电缆　C. 细同轴电缆　D. 光纤

5. 采用集线器连接的以太网，其网络拓扑结构是(　　)。

A. 总线结构　B. 环型结构　C. 星型结构　D. 树型结构

6. 以下描述不属于网卡功能的是(　　)。

A. 实现介质访问控制　B. 实现数据链路层的功能

C. 实现物理层的功能　D. 实现调制和解调功能

7. 下列(　　)MAC 地址是正确的。

A. 00-16-5B-3A-24-1H　B. 00-06-5B-4F-45-BA

C. 65-10-96-58-18　D. 192.168.100.5

8. 以太网交换机中的端口/MAC 地址映射表是(　　)。

A. 是由交换机的生产厂商建立的

B. 是交换机在数据转发过程中通过学习动态建立的

C. 是由网络管理员建立的

D. 是由网络用户利用特殊的命令建立的

9. 在以太网中，MAC 帧中的源地址域的内容是(　　)。

A. 接收者的物理地址　B. 发送者的物理地址

C. 接收者的 IP 地址　D. 发送者的 IP 地址

10. 高速以太网的数据传输速率最低为(　　)。

A. 10 Mbps　B. 100 Mbps　C. 1 Gbps　D. 10 Gbps

三、简答题

1. 什么是 CSMA/CD？简述它的特点和基本工作原理。

2. 什么是 VLAN？实现 VLAN 的方法有哪些？

广域网与网络互联

学习导航

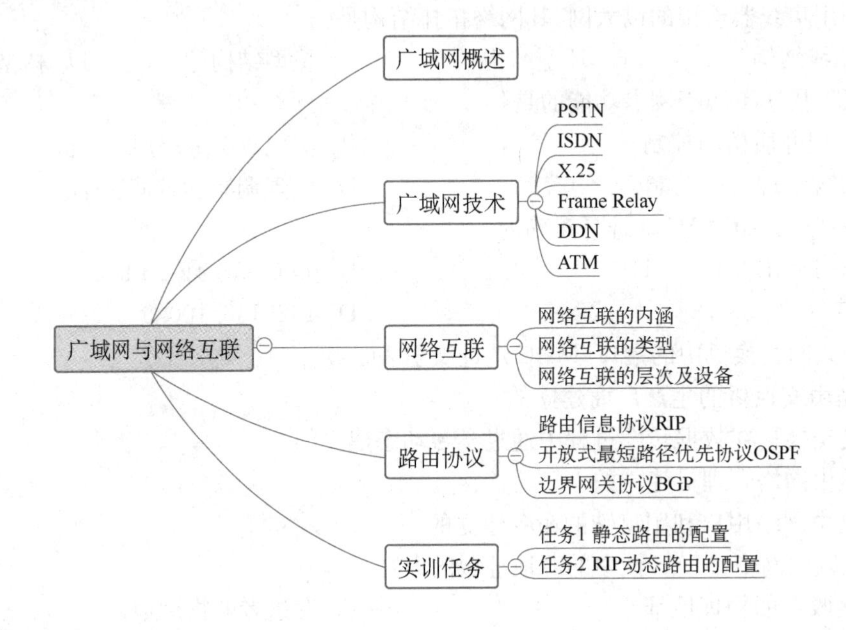

基础知识

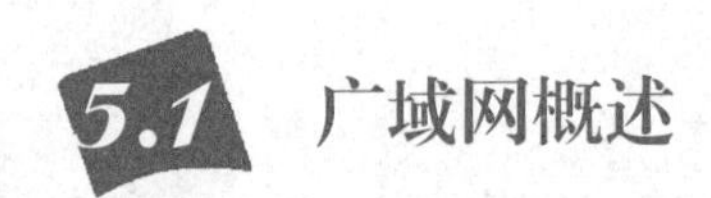

5.1 广域网概述

广域网(Wide Area Network，WAN)是指覆盖地理范围大(通常 10 km 以上)、使用网络提供商和电信公司所提供的传输设备来传输数据的网络，它将不同城市、省区甚至国家之间的局域网、城域网，利用远程数据通信网连接起来，扩大网络规模，以实现远距离计算机之间的数据通信及更大范围的资源共享。

广域网的特点如下：

(1) 覆盖范围广，可达数千千米甚至全球。

(2) 广域网没有固定的拓扑结构,但其通信子网多为网状形拓扑结构。

(3) 广域网通常使用高速光纤作为传输介质。

(4) 广域网主要提供面向通信的服务。

(5) 局域网可以作为广域网的终端用户与广域网连接。

(6) 广域网主干带宽大。

(7) 数据传输距离远,往往要经过多个广域网设备转发,延时较长。

(8) 广域网的组建、管理和维护一般由电信部门或公司负责,并向全社会提供面向通信的有偿服务、流量统计和计费问题。

广域网提供两种服务,即面向连接的服务和无连接的服务。

1. 面向连接的网络服务

连接是指两个对等实体之间为了进行数据通信而进行的一种结合,在数据交换前,必须先建立连接,数据交换结束后,终止连接。通常情况下,面向连接的网络服务是一种可靠的报文服务。建立连接后,用户可以发送可变长度的报文给接收端的用户,接收端接收到的报文也是有序的。

在网络层,面向连接的服务又称为虚电路服务,在源主机与目的主机间进行可靠的数据传输。这种方式需要在主机间建立一个虚电路。源主机的传输层向网络层发出连接请求,网络层通过虚电路访问协议向目的主机的传输层提出连接请求,目的主机的传输层接受请求后,通过目的主机的网络层发回响应信息,建立虚电路。主机的网络层对传输的数据分组,各分组按顺序通过虚电路到达目的主机。目的主机对传输的数据分组校验,校验成功再进行高层转换,若校验不成功则需重新发送。

虚电路服务是一种可靠的服务,能够保证服务质量,适用于一次性大量数据传输,但线路利用率相对较低。

2. 无连接的网络服务

在无连接的网络服务情况下,两个实体之间的通信不需要先建立连接,其下层的相关资源不需事先预定保留,资源是在数据传输时动态地分配。比如,数据报服务就是一种典型的无连接服务,网络层将主机上待传输的数据分组,形成若干长度相等的数据报。每个数据报都附加有传输地址和序号等信息,网络层为每个数据报独立地选择路由。网络只是尽力地将数据报交付到目的主机,但对源主机没有任何承诺,即网络不保证所传输的数据报不丢失、传输顺序、传输时限等。当各个数据报到达目的主机时需先存储,等待其他沿不同路径到达的数据报,然后将各数据报组合,这有可能不成功。

数据报提供的是一种不可靠的服务,不能保证服务质量,但具有高度灵活性、网络资源利用率较高、传输效率高等特点。

5.2 广域网技术

5.2.1 PSTN

公用电话交换网(Public Switched Telephone Network, PSTN)是以电路交换技术为基

础的用于传输模拟语音的通信网络。PSTN 提供的是一个模拟的专有通道,通道之间经由若干个电话交换机连接而成。当两个主机或路由器设备需要通过 PSTN 连接时,在两端的网络接入侧(即用户回路侧)必须使用调制解调器(Modem)实现信号的模/数与数/模转换,如图 5-1 所示。PSTN 的特点表现在通讯资费低、数据传输质量差、传输速率低、网络资源利用率低等。通过 PSTN 可以实现的访问主要有拨号连接 Internet/Intranet/LAN、两个或多个 LAN 之间的网络互连、与其他广域网的互连等。

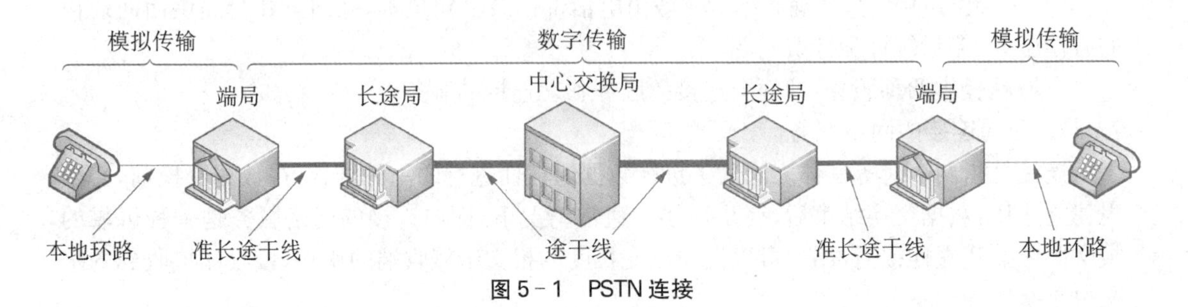

图 5-1 PSTN 连接

通过 PSTN 接入因特网时,在物理层主要使用 RS-232 接口连接到 Modem。Modem 连接到端局,到达程控系统中。这个连接过程涉及了数据链路层的点对点协议(Point to Point Protocol, PPP),在网络层上是基于 IP 协议来实现的,因此,PSTN 主要定位在物理层的接入,没有向用户提供流量控制、差错控制等服务。

由于 PSTN 是一种电路交换的方式,所以一条通路自建立直至释放,其全部带宽仅能被通路两端的设备使用,即使他们之间并没有任何数据需要传送。因此,这种电路交换的方式不能对网络带宽充分利用。

如果选择 PSTN,可以通过以下 3 种方式连接到因特网:

① 可以通过普通拨号电话线入网。

② 可以通过租用电话专线入网。

③ 可以经普通拨号或租用专用电话线方式由 PSTN 转接入公共数据交换网(X.25 或 Frame-Relay 等)的入网方式。

PSTN 的特点主要表现在:

① 没有差错控制机制,通信时独占一条通道。

② 采用 TDM(时分复用)技术,多路信号在汇接局复合成更高速率的信号 E1/T1。其中,E1 的传输速率可达 2.048 Mbps。T1 的传输速度可达 1.544 Mbps。

③ 计算机之间可以通过 Modem 连接到 PSTN 上通信。

④ 连接的通信费用低,数据传输质量与传输速度差,网络资源利用率低。

5.2.2 ISDN

综合业务数字网(Integrated Services Digital Network, ISDN)是一个数字电话网络国际标准,是一种典型的电路交换网络系统。它以公用电话交换网作为通信网络,提供端到端的数字连接,可以完成包括语音和非语音的多种电信业务。它将多种业务集成在一个网内,为用户提供经济有效的数字化综合服务,包括电话、传真、可视图文及数据通信等。ISDN 使

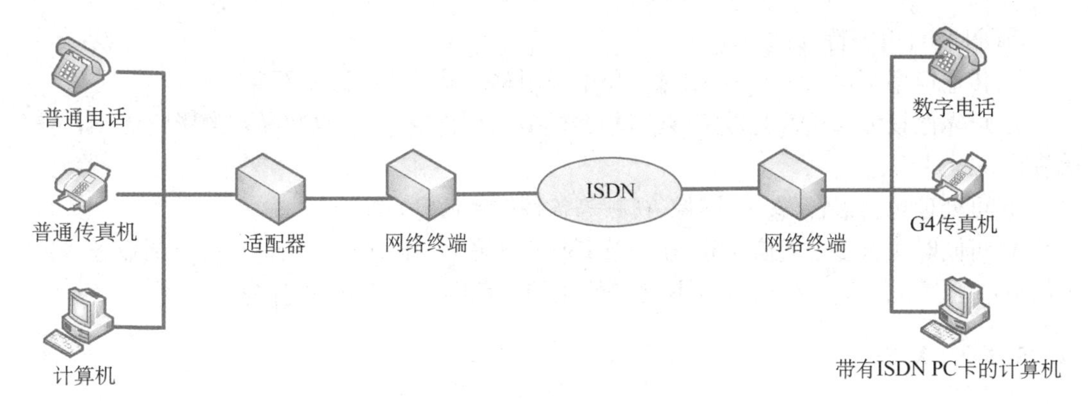

图 5－2　ISDN 连接

用单一入网接口，利用此接口可实现多个终端（ISDN 电话、终端等）同时进行数字通信连接，如图 5－2 所示。

ISDN 线路接口可分为两种类型：基本速率接口（Basic Rate Interface，BRI）与主要速率接口（Primary Rate Interface，PRI）。

（1）第一代的 ISDN——窄带 ISDN（N－ISDN）　由 ITU－T（国际电信联盟电信标准分局）于 1984 年发布。N－ISDN 利用 64 kbps 的信道作为基本信道，采用电路交换技术，基本访问速率为 2B＋D，也就是采用 2 个 64 kbps 的基本信道（B 信道）和 1 个 16 kbps 的 D 信道，组成 2B＋D，速率可达 144 kbps。全世界都采用相同的基本速率接口。其中，2 个 B 信道（128 Kbps）用来传递数据，一个 D 信道用来传输控制信息，而 ISDN 本身仅需 48 kbps 的带宽，因此 BRI 实际需要 192 kbps 的带宽。窄带 ISDN 是 ISDN 技术的雏形。

（2）第二代的 ISDN——宽带 ISDN（B－ISDN）　为了支持更高的数据传输速率，比如 155 Mbps、622 Mbps，第二代 B－ISDN 需要解决两大技术问题，即高速传输与高速交换问题。在 B－ISDN 中，高速传输技术可采用光纤通信技术（如波分复用技术）来实现，高速交换技术可采用异步传输模式（如信元交换技术）来实现。

（3）第二代 ISDN 的主速率接口 PRI 提供了两种速率，其中 PRI 中的 D 信道的速率是 64 kbit/s，这样 D 信道就可为更多的 B 信道提供控制服务。

第一种主速率接口 PRI 采用 23B＋D，即由 23 个 B 信道和一个 64 kbps 的 D 信道组成，它本身还需要 8 kbps 的带宽实现帧同步信息，所以 PRI 需要一个 1.544 Mbps 的数字管道。这种速率主要用在美国、日本等地区，称为 T1 线路标准。

第二种主速率接口 PRI 采用 30B＋D，即由 30 个 B 信道和一个 64 kbps 的 D 信道组成，它本身还需要 64 kbps 的带宽实现帧同步信息，所以 PRI 需要一个 2.048 Mbps 的数字管道。这种速率主要用在中国、欧洲等地区，称为 E1 线路标准。

N－ISDN 与 B－ISDN 在性能上的差异主要表现见表 5－1。

表 5－1　N－ISDN 与 B－ISDN 的对比

ISDN 类型	传输线路	通道速率	传输信息
N－ISDN	双绞线	速率固定	以数字化语音为主
B－ISDN	光缆	速率可变	各种数字化信息，如：语音、数据、图像、视频等

ISDN 具有以下特点：

① 传输速率可达 128 kbps，相对于利用调制解调器的速度提高不少。

② 可靠性较强，ISDN 是数字传输，相比模拟信号传输，受静电和噪声的影响更小，传输质量提高。

③ 可处理包括语音、文本、图像、视频等各种类型信息。

④ 可同时执行多个通信任务，在一条 ISDN 线路上可以用一个信道进行电话业务，另一个信道进行网络传输业务。ISDN 是普遍使用的电话网的一部分，也称为一线通。

5.2.3 X.25

分组交换网诞生于 20 世纪 70 年代，是一个以数据通信为目的的公共数据网，基于分组交换技术，采用全网状结构。国际电信联盟为分组交换网制定一系列通信协议，其中最著名的标准是 X.25 协议，因此把分组交换网简称为 X.25 网。

X.25 是一个使用电话或者 ISDN 设备作为网络硬件设备来架构广域网的 ITU-T 网络协议，是一个关于数据终端设备 DTE 和数据电路设备 DCE 之间的接口技术，主要目的是在 PSTN 的基础上提供面向连接的分组数据通信服务。

分组交换网的特点是，通信对象广泛，具有网络管理和诊断功能，较高的传输质量，安全保密性高，可以在一条线路上同时开放多条虚电路等。

如图 5-3 所示，在 X.25 中，边缘的设备（如计算机、路由器等）称为数据终端设备 DTE，中间层的数据电路设备简称为 DCE（包含数据电路终端设备 Modem，数据电路交换设备如数字传输设备、分组交换机 PSE 等）。它用于连接内部网络与运营商网络，DTE 与 DCE 之间用 X.25 来连接，网络中的设备是运营商提供的程控交换设备。PAD 设备是分组封包/解封包器。

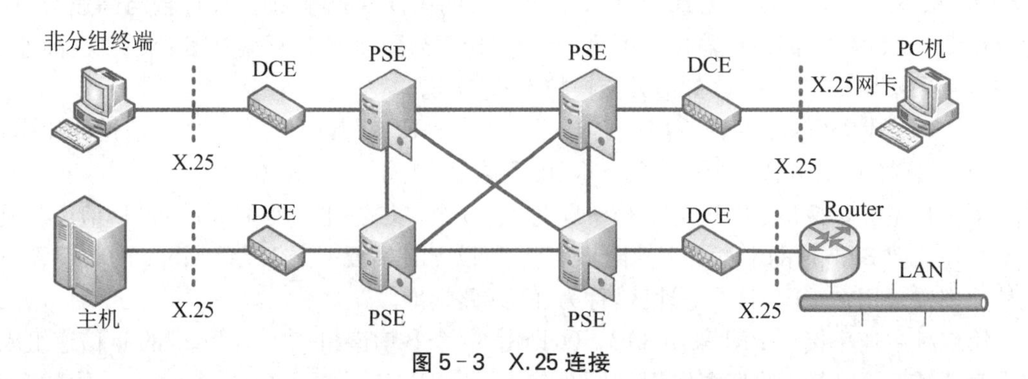

图 5-3　X.25 连接

X.25 的协议体系如图 5-4 所示，X.25 在网络各层的应用表现在：

① 物理层协议采用 X.21，它是 X.25 前期的一种技术，涉及 DTE 与 DCE 之间的物理接口，包括物理接口的机械、电气、功能和过程特性。

② 数据链路层协议采用平衡链路访问规程协议（Link Access Procedure Balanced，LAPB），实现主机 DTE 和交换机 DCE 之间数据的可靠传输，包括帧格式、差错控制和流量控制等。

③ 分组层协议采用分组级协议（Packet Level Protocol，PLP），采用虚电路技术，实现

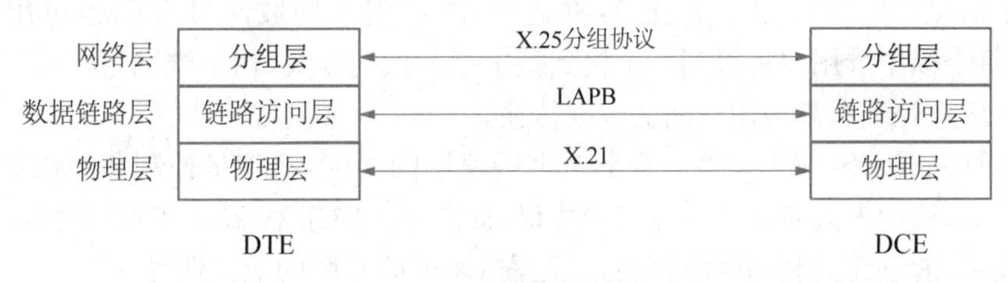

图5-4　X.25协议体系

任意两个DTE之间数据的可靠传输，包括分组格式、路由选择、流量控制以及拥塞控制等。

X.25的组网方式主要有两种，分别是交换虚电路(Switch Virtual Circuit, SVC)与永久虚电路(Permanent Virtual Circuit, PVC)。其中，SVC是在使用时临时建立的，用户使用后就会拆除；PVC方式是服务提供商根据用户需求，预先建立的链路，用户发送数据时不需要临时地建立链路，使用完成后也不需要拆除。

到了20世纪90年代，通信主干线路已经大量使用光纤技术，数据传输质量大大提高，同时，误码率降低了好几个数量级。而X.25复杂的数据链路层协议和分组层协议已经无法满足网络通信的需求，因而退出了历史的舞台。

5.2.4　Frame Relay

帧中继网(Frame Relay, FR)是在分组交换技术基础上发展起来的广域网技术，在用户与网络接口之间，提供用户信息流的双向传送，是保持信息顺序不变的一种承载业务。图5-5所示为帧中继的网络连接。为了提高网络的传输率，FR放弃了X.25的差错控制和流量控制功能。当FR交换机收到错误帧时，只是简单地丢弃之，不提供确认包，这些功能由客户端自行完成，从而简化了协议，使网络的中继带宽得到充分的利用，同时极大地提高了网络的传输能力，降低了网络传输延时，被称为快速分组交换网。FR提供的虚电路服务传输速率可达到2～45 Mbps。

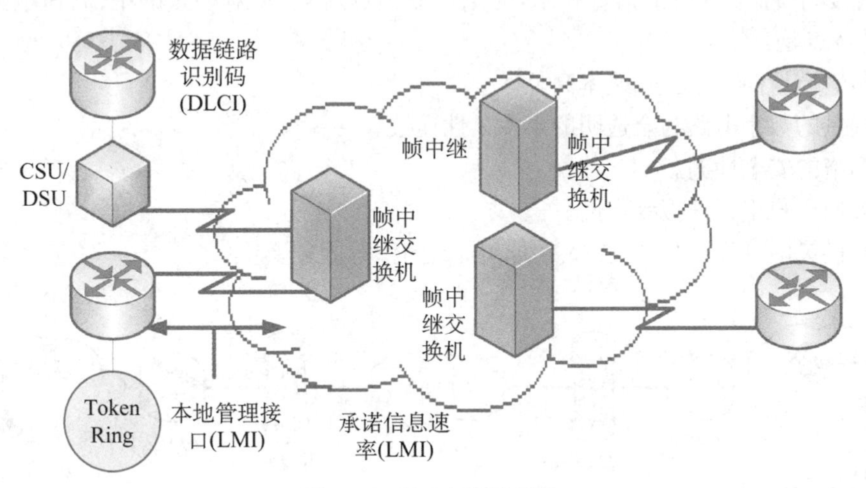

图5-5　帧中继网络连接

帧中继是一种有效的数据传输技术，它可以在一对一或者一对多的应用中快速而低廉地传输数字信息。它可以用于语音、数据通信，既可用于局域网(LAN)也可用于广域网(WAN)。每个帧中继用户将得到一个接到帧中继节点的专线，帧中继网络通过一条对用户不可见的信道来处理和其他用户间的数据传输。

帧中继只完成OSI模型中物理层和数据链路层的功能，将流量控制和纠错等功能交给智能终端完成，从而大大简化了节点间的协议，提高了传输速率，减少了网络延时；帧中继采用虚电路技术，能够充分利用网络资源，是远程LAN间互联的最佳选择。

帧中继主要应用在数据链路层。由于帧中继的逻辑连接的复用和交换都在第二层处理，所以它是数据链路层的一种技术，向上提供面向连接的虚电路服务。帧中继网络通常为相隔较远的一些局域网提供链路层的永久虚电路服务，从而在通信时省去建立连接的过程。

帧中继网络：可通过X.25更新软件，可在DDN(数字数据网)网上配置端口。在以ATM为主干的网络中，帧中继仍然可以作为良好的用户接入方式。目前大多数业务都集中在2 Mbps之内，是FR业务的最经济有效的范畴，未来的FR业务将有很大的市场发展潜力，有较好的投资保护。

X.25与FR的差异表现在：

① 在数据传输方面，FR以简单的协议换取快速的数据传输率，但不保证数据传输的可靠性，端用户对传输数据的处理相对复杂；X.25网络为了保证数据传输的可靠性，采用了复杂的通信协议，而端用户对传输数据的处理相对简单，减轻了用户端的处理压力。

② 在网络层次上面，FR是轻型化的X.25，它保留了X.25的物理层功能和数据链路层功能，丢弃了第三层(差错与流量控制)。

5.2.5 DDN

数字数据网(Digital Data Network, DDN)是一个利用光纤数字传输通道和数字交叉复用节点组成的数字数据传输网，如图5-6所示，可以为用户提供各种速率的高质量数字专用电路和其他新业务，以满足用户多媒体通信和组建中高速计算机通信网的需要。它集合数据通讯、数字通信、光纤通信等技术，为用户提供点对点、点对多点的中、高速电路。数字数据网的特点是：

① 传输质量高、时延短、速率高。

② 提供的数字电路为全透明的半永久性连接。

③ 网络的安全性高。

④ 方便用户组建虚拟专用网。

⑤ 提供灵活的接入方式，支持数据、语音、图像等服务。

图5-6 DDN连接

DDN专线与电话专线的区别表现在：

① DDN专线是非交换式的物理连接，采用PVC通信方式，可人工灵活配置，是数字信道、带宽大、质量好、数据传输率高(64 kbps～45 Mbps)。

② 电话专线是固定的物理连接，采用电路交换，是模拟信道、带宽小、质量差、数据传输率低(64 kbps)。

5.2.6 ATM

异步传输模式(Asynchronous Transfer Mode, ATM)采用基于信元的异步传输模式和虚电路结构，根本上解决了多媒体的实时性及带宽问题。它面向虚链路的点到点传输，能提供155 Mbps的带宽。由于ATM采用话务通讯中电路交换的有连接服务和服务质量保证，同时保持以太网、FDDI等传统网络中带宽可变、适于突发性传输的灵活性，成为迄今为止适用范围最广、技术最先进、传输效果最理想的网络互联手段。

信元(cell)实际上就是分组，只是为了区别于X.25的分组，才将ATM的信息单元叫做信元。ATM的信元具有固定的长度，总是53个字节。其中，5个字节是信头(Header)，48个字节是信息段，如图5-7所示。信头包含各种控制信息，主要是表示信元去向的逻辑地址，另外还有一些维护信息、优先级及信头的纠错码。信息段中包含来自各种不同业务的用户数据，这些数据透明地穿越网络。信元的格式与业务类型无关，任何业务的信息都同样被切割封装成统一格式的单元。

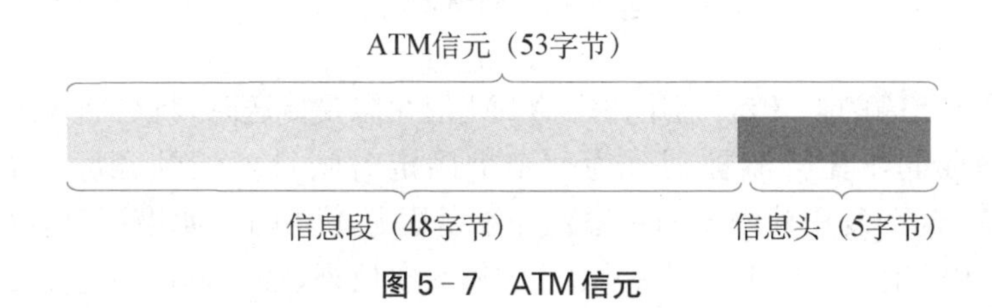

图5-7 ATM信元

ATM采用TDM技术，把数据分成长度较小且固定长度(53 byte)的信元，信元的信息头占5 bytes，数据占48 bytes，采用分组交换技术传输，如图5-8所示。其中，信息头中包含VPI(Virtual Path Identifier，虚拟路径识别)、VCI(Virtual Channel Identifier，虚拟信道识别)等信息，主要用于路由的识别。

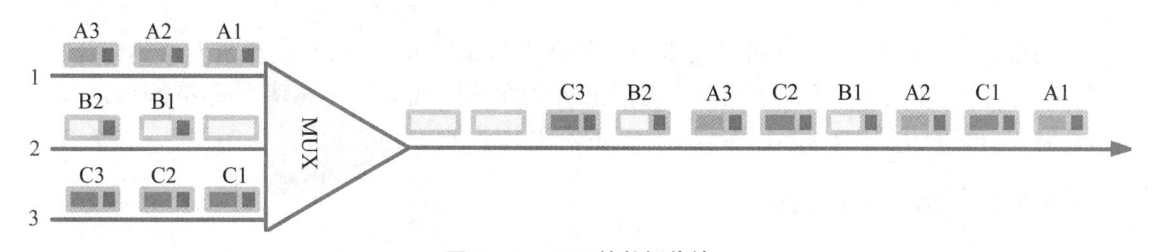

图5-8 ATM的数据传输

ATM技术在早期运行在B-ISDN的架构之上，涉及的网络层次如下：

① ATM没有规定物理层标准，可以基于任何物理层接口。

② ATM 层规定了信元格式的定义和信元传输标准以及虚电路的建立和释放、拥塞控制和过程与协议。

③ ATM 适配层在用户信息与信元之间提供分拆和重组服务。

如图 5-9 所示,ATM 的主要接口有:

① UNI:用户与网络的接口。

② NNI:网络之间的接口。

③ BICI:运营商之间连接的接口。

④ DXI:数据交换接口。

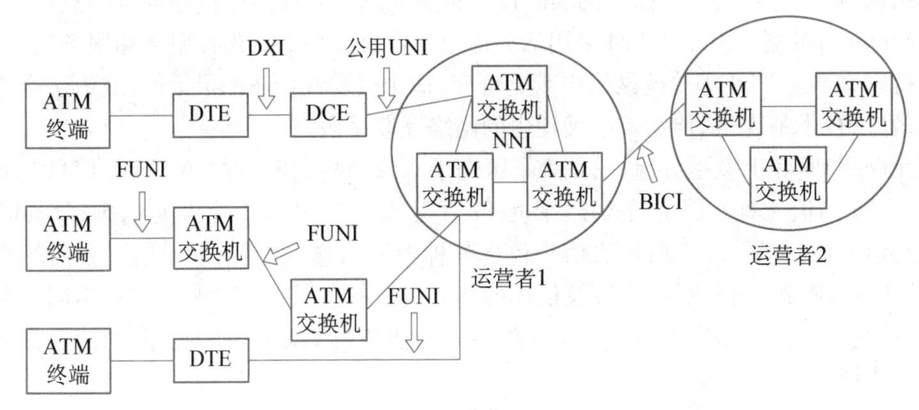

图 5-9 ATM 结构

ATM 的异步传输的含义是,当用户的 ATM 信元需要传送时,就可插入到 SDH 的一个帧中;SDH 传送的同步比特流被划分为一个个固定时间长度的帧。每一个用户发送的 ATM 信元在每一时分复用帧中的相对位置并不是固定不变的。如果用户有很多信元要发送,就可以接连不断地发送出去。只要 SDH 的帧有空位置,就可以将这些信元插入进来。

异步是指将 ATM 信元异步插入到同步的 SDH 比特流中。SDH 帧结构是实现数字同步时分复用、保证网络可靠有效运行的关键。

5.3 网络互联

随着计算机技术、计算机网络技术和通信技术的飞速发展,以及计算机网络的广泛应用,单一的网络环境已经不能满足社会对信息网络的需求,需要一个将两个或多个计算机网络互联在一起的互联网环境,以实现更广泛的资源共享和信息交流。

5.3.1 网络互联的内涵

计算机网络互联是利用网络互连设备及相应的技术措施和协议把两个及以上的计算机网络连接起来,实现计算机网络之间的连接。网络互联的主要目的就是实现网络之间、网络上的主机间的互连、互通、互操作。

网络互连接是指在物理网络之间必须存在一条以上的物理连接线路,这是两个网络之间逻辑连接的物质基础。如果两个网络的通信协议相互兼容，则两个网络之间就能够进行数据交换，称为互通。互操作是指网络中不同的计算机系统之间具有访问对方资源的能力，互操作是建立在互通的基础上。

由此可见，互连、互通、互操作三者之间有着密切的关系：互连是基础，互通是手段，互操作是目的。

5.3.2 网络互联的类型

由于互联网络的类型和规模不同，从网络互联的角度考虑，仅讨论局域网、广域网的互联，网络互联可分为以下几种类型。

(1) 局域网—局域网　局域网与局域网的互联是最常见的互联类型。局域网通常由使用单位组建管理，为了实现单位内部管理要求和资源共享，将各部门的局域网连接起来，形成这个单位范围内的计算机网络。例如大学中各个学院的计算机局域网和各行政管理部门的局域网相互连接起来，组建成整个大学的校园网，实现学校内部信息资源共享和管理。

局域网与局域网的互联是实际应用中最多、最常见的一种类型，它又可以分为同构网的互联和异构网的互联。

同构网互联是指具有相同传输介质和相同通信协议的局域网之间的互联，这种互联比较简单，使用集线器、交换机等即可实现互联。例如，两个以太网之间的互联。

异构网互联是指具有不同协议的局域网之间的互联，这种互联需要互联设备在网络间进行协议转换，可使用网桥、交换机、路由器来实现。例如，一个以太网和一个令牌环网之间的互联。

(2) 局域网—广域网　局域网与广域网的互联是指将局域网通过网间设备连接到广域网上，其目的是使局域网用户能够从广域网上获取资源和服务，或者是向外部用户提供局域网资源，如将一所大学的校园网互联到中国教育科研网上。局域网与广域网的互联也是常见的互联方式之一，可以通过路由器或网关来实现。

(3) 广域网—广域网　广域网与广域网的互联是通过路由器和网关来实现的，例如我国的中国公用计算机互联网和中国教育与科研计算机网之间的互联。

(4) 局域网—广域网—局域网　如果两个局域网的地理位置相隔很远，可以通过广域网实现两个局域网的互联。

5.3.3 网络互联的层次及设备

由于网络体系结构上的差异，网络互联可在不同的层次上进行。按 OSI 模型的层次划分，可将网络互联划分为 4 个层次：物理层互联、数据链路层互联、网络层互联、高层互联。互联层次模型和网络互联设备如图 5－10 所示。

1. 物理层互联

物理层的互联设备为中继器(Repeater)，主要功能是在物理层内实现透明的二进制比特复制，补偿信号的衰减，在网络数据传输过程中起到放大信号的作用，主要解决局域网距离的延伸问题。也就是说，中继器接收来自一个网段传来的信号，放大并发送到另一个网段，从而延长网络的传输距离。中继器的连接如图 5－11 所示。不需要协议转换，只需要信号再生放大，将两个以上距离较远的物理网络连接在一起，构成一个物理局域网。例如，以太

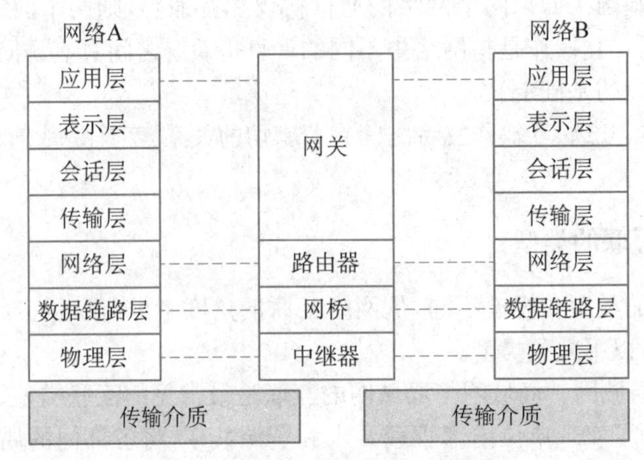

图 5-10 网络互联的层次及设备

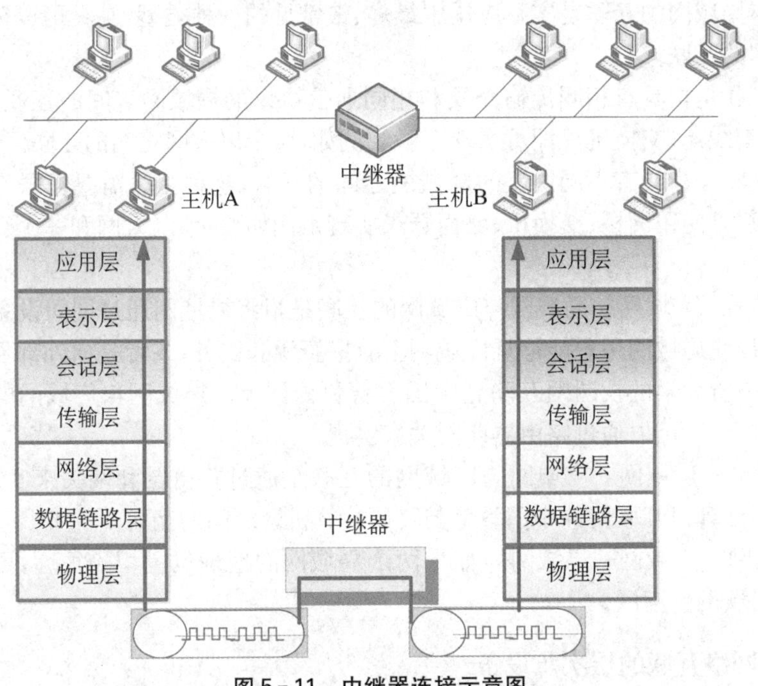

图 5-11 中继器连接示意图

网段的最大连接距离是 500 m，经一个中继器将两个网段连接起来，以太网长度达到 1 000 m。

中继器连接的两个网络在逻辑上是同一个网络。严格地说，中继器不能称为网间互联设备，它只用于局域网络范围的扩大。中继器具有安装简单、使用方便、价格相对低廉等特点。

集线器实际上就是一个多端口的中继器，有一个端口与主干网相连，并有多个端口连接一组计算机。应用于星型物理拓扑结构的网络中，连接多个计算机或网络设备。集线器是一种共享设备，它本身不能识别目的地址。当同一局域网内的 A 主机给 B 主机传输数据时，数据包在以集线器为架构的网络上是以广播方式传输的，由每一台计算机通过验证数据包头的地址信息来确定是否接收。

集线器的主要功能是对接收到的信号再生整形放大，以扩大网络的传输距离，同时把所有节点集中在以它为中心的节点上。它工作于 OSI 参考模型物理层。集线器与网卡、网线等传输介质一样，属于局域网中的基础设备，采用 CSMA/CD 访问方式。

2. 数据链路层互联

数据链路层的互联设备为网桥，在局域网之间存储转发数据帧，主要用于局域网与局域网互联问题，即将两个以上独立的物理网络连接在一起，构成一个逻辑局域网。数据链路层上的互联对物理层、数据链路层的类型可以不同，将在数据链路层上进行协议转换。通过数据链路层上的互联可以扩大网络的距离，过滤信息流，减轻网络的负担。

网桥也称桥接器，是数据链路层上的局域网之间的互联设备。网桥负责在数据链路层上实现数据帧，进行存储转发和协议转换，用来实现多个网络系统之间的数据交换。网桥的作用是扩展网络的距离，并通过过滤信息流减轻网络的负担。图 5-12 所示为网桥的连接示例。

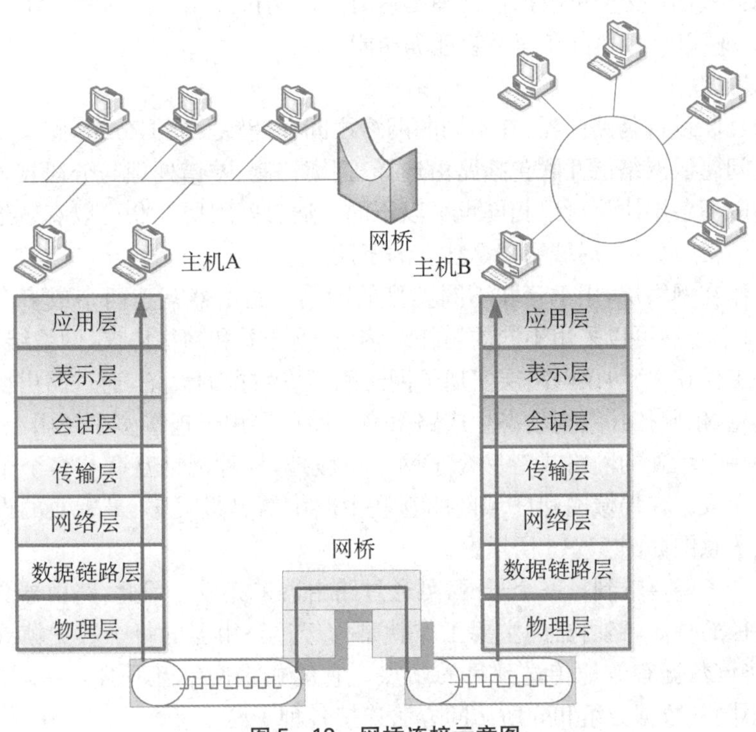

图 5-12　网桥连接示意图

网桥独立于网络层协议，网桥工作的高层为数据链路层，它与上面运行何种网络层协议无关。也就是说网桥对网络层以上的协议是完全透明的。用网桥实现数据链路层互联时，允许互联网络的数据链路层与物理层协议是相同的，也可以是不同的。

网桥能够互联两个不同类型的局域网，对不同网络的数据帧格式、大小、传输速率等进行网络协议的转换，在不同类型局域网之间提供转换功能。

通过网桥实现网络互联具有如下特点：

① 网桥在数据链路层上实现局域网互联，需要互联的网络在数据链路层以上采用相同

的协议。

② 能够互联两个采用不同的数据链路层协议、传输介质与传输速率的网络。

③ 网桥以接收、存储、地址过滤与转发的方式实现互联的网络之间的通信。

④ 由于网桥工作在数据链路层，不受 MAC 定时特性的限制，可以连接的网络跨度几乎是无限的。

⑤ 网桥可分隔两个网络之间的广播通信量，有利于改善互联网络的性能与安全性。

⑥ 网桥可以将两个以上独立的物理网络连接在一起，构成一个单个的逻辑局域网，即连接起来的局域网从逻辑上是一个网络。

随着局域网由共享式发展到交换式，网桥已不再适合连接两个局域网，交换机逐渐取代了网桥。交换机也是工作在数据链路层上的设备，性能更优于网桥：

① 网桥的数据帧转发功能是通过软件来实现的，而交换机的数据帧转发功能是通过硬件来实现的，转发速度快。

② 局域网交换机可以起到网桥的作用，具有低交换传输延迟、高传输带宽的优点。

③ 通过硬件结构，交换机数据帧处理延迟时间由网桥的几百微秒减少到几十微秒。

④ 可以实现 VLAN 划分和网络管理等功能。

3. 网络层互联

网络层的互联设备是路由器，在不同的网络之间存储转发数据分组，解决了网络之间存储转发与分组问题。网络层互联包括路由选择、拥塞控制、差错处理与分段技术等。互联网络的网络层及以下各层协议可以相同也可以不同。通过网络层互联可以有效地隔离多个局域网的广播通信量，每一个局域网都是独立的子网。

路由器工作在网络层，用于互联不同类型的网络。路由器互连两个或多个逻辑上相互独立的子网，每个子网可以采用不同的拓扑结构、传输介质和网络协议，网络结构层次分明。

路由器是工作在 IP 协议网络层实现子网之间转发数据的设备，通过路由协议交换网络的拓扑结构信息，依照拓扑结构动态生成路由表。路由器用于连接多个逻辑上分开的网络。逻辑网络代表一个单独的网络或者一个子网。一般地，异种网络互联与多个子网互联都应采用路由器来完成。在局域网和广域网的互联中路由器是最关键、最重要的设备。路由器实现网络互联示意图如图 5-13 所示。

数据从一个子网传输到另一个子网，可通过路由器来完成。因此，路由器具有判断网络地址和选择路径的功能，路由器的主要工作就是为经过路由器的每个数据帧寻找一条最佳传输路径，并将该数据有效地传送到目的站点。它能在多网络互联环境中，建立灵活的连接，可用完全不同的数据分组和介质访问方法连接各种子网。

路由器只接受源站或其他路由器的信息，属于网络层互联设备。它不关心各子网使用的硬件设备，但要求运行与网络层协议相一致的软件。路由器分本地路由器和远程路由器。本地路由器是用来连接网络传输介质的，如光纤、双绞线；远程路由器用来连接远程传输介质，并要求相应的设备，如电话线要配调制解调器。

路由器在不同的网络之间存储转发分组，不仅具有网桥的功能，而且还具有路由选择、协议转换、多路重发和错误检测等功能。路由器的网络互联能力、网络安全控制能力和隔离广播信息的能力等方面都强于网桥，能有效隔离各个子网。路由器和网桥的区别还在于它拥有自己的 IP 地址，路由器之间按照内部的网间连接协议来交换路由信息，具有路由协议

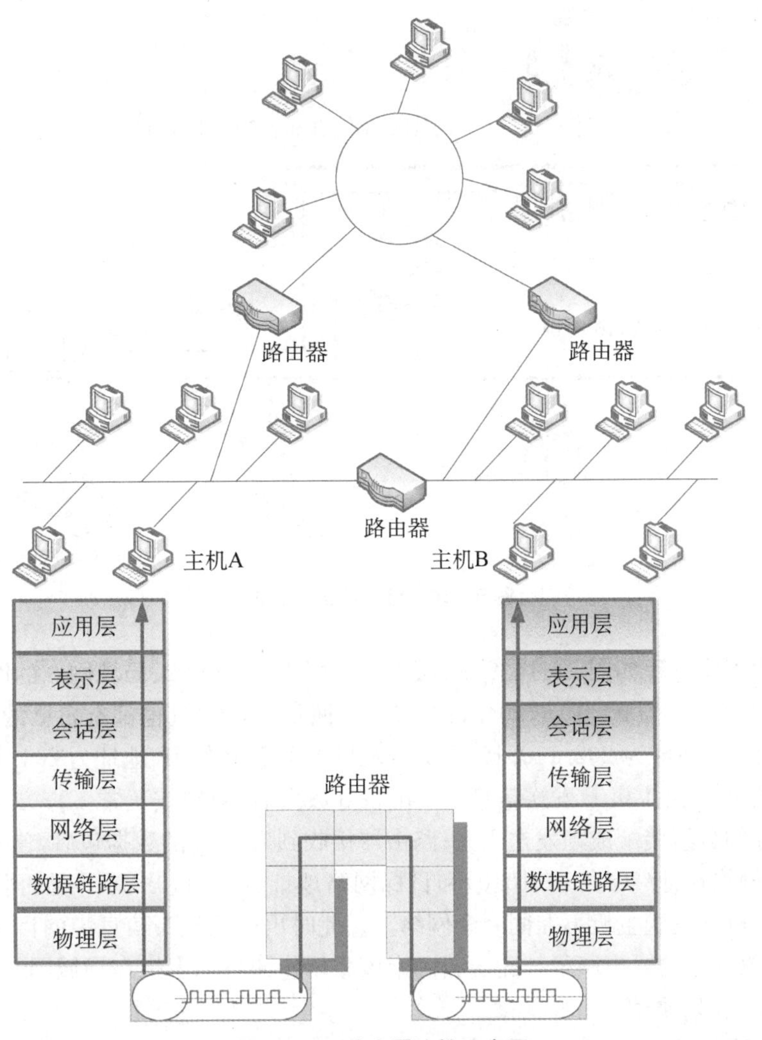

图5-13 路由器连接示意图

处理功能。路由器提供多种协议，提供多种不同的网络接口，从而可以使不同厂家、不同规格的网络产品，以及不同协议的网络之间进行有效的互联。

在网络中传输数据时，数据包只在相关的网络上传递而不会在所有的网络上流动，将数据包转发到下一站的过程叫做路由。选择最佳路径的策略即路由算法，是路由器的关键。为了完成这项工作，路由器有一个用于存储各种传输路径的相关数据表，称为路由表，供路由选择。

路由器的路由表中保存着子网的标志信息、网上路由器的个数和下一个路由器的名字等内容。路由表可以由系统管理员固定设置好，也可以由系统动态修改，可以由路由器自动调整，也可以由主机控制。由系统管理员事先设置好固定的路径表称为静态路由表，一般是在系统安装时就根据网络的配置情况预先设定，它不会随未来网络结构的改变而改变。动态路由表由路由器根据网络系统的运行情况而自动调整。路由器根据路由选择协议提供的功能，自动学习和记忆网络运行情况，在需要时自动计算数据传输的最佳路径。

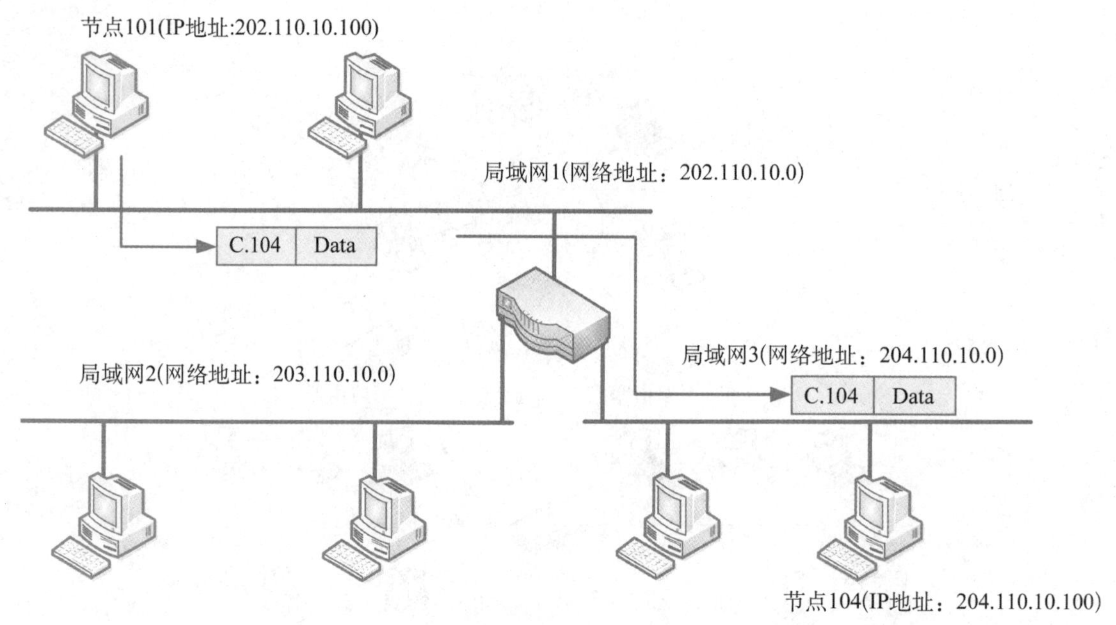

图 5-14 路由器工作原理

路由器的工作过程如图 5-14 所示，假设局域网 1、局域网 2、局域网 3 的网络地址分别为 202.110.10.0，203.110.10.0，204.110.10.0。而每一台主机也都有自己的地址，如局域网 1 节点 A 的 IP 地址为 202.110.10.100，局域网 3 节点 B 的 IP 地址为 204.110.10.100。

假设主机 A 要给主机 B 发送信息。A 准备好数据后，只要按正常工作方式将带有源地址和目的地址的分组装配成帧发送出去；路由器接收到来自 A 的数据包后，首先要检查包头信息，比较源网络地址(202.110.10.0)和目标网络地址(204.110.10.0)是否相同，若不同，则说明接收主机和发送主机不在同一个网络上。此时再根据包头信息中的目标地址去查路由表，确定该数据包的输出路径。路由器确定该数据包的目标主机在局域网 3 中，于是把数据包转发到局域网 3 网络上。

图 5-15 所示是一个单路由器的结构，在实际应用中，主机与主机之间往往存在有多个路由器，可以有多条传输数据包的路径。对于路由器而言，要从多条路径中选择出一条最优的数据包传输路径并不是一件简单的事情，它依赖于当前网络运行情况、节点间转发数据包的次数、数据传输速率以及网络拓扑结构等。这就要求路由器之间必须通过相互交换信息来获得网络上的动态情况。

4. 高层互联

高层的互联设备是网关，用以实现传输层及以上各层不同协议的网络之间的互联。它是通过在网络的高层使用协议转换完成网络的互联。如图 5-15 所示，高层互联允许两个网络的网络层及以下各层网络协议是不同的。高层互联实现不同类型、差别较大的网络系统之间的互联，或同一个物理网络而在逻辑上不同的网络之间互联，以及不同大型主机之间和不同数据库之间的互联。

网关是工作在传输层及以上各层实现网络互联的设备，用于连接两个或多个物理网络结构完全不同、高层协议也不一样的网络，支持不同协议之间的转换，实现不同协议网络之间的互联，既可以用于广域网互联，也可以用于局域网互联。它提供从一个协议到另一个协

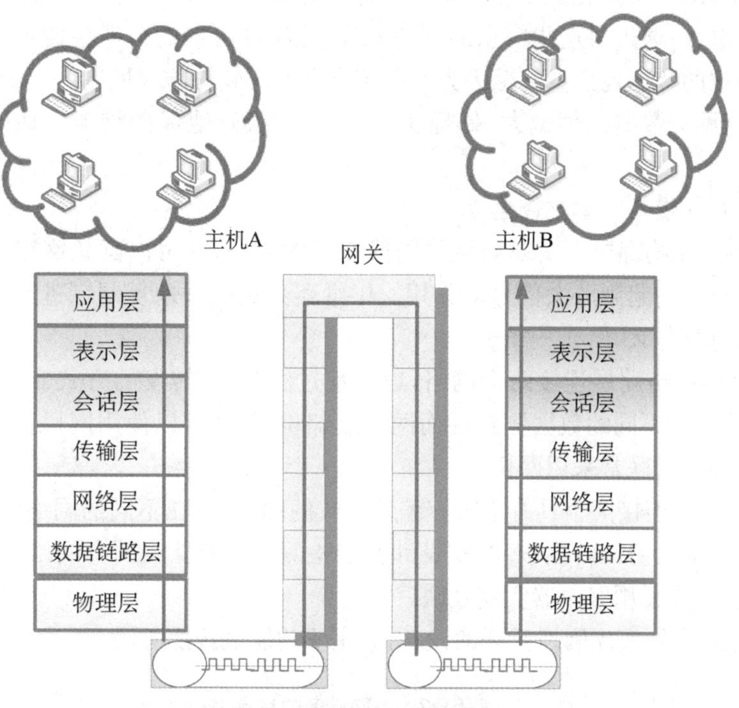

图5-15 网关连接示意图

议的转换,其主要功能是报文格式转换、地址映射、网络协议转换和原语联接转换等。网关具有转换不兼容的高层协议的能力,为了实现异构设备之间的通信,网关需要对不同的链路层、专用会话层、表示层和应用层协议进行翻译和转换。

在早期的因特网中,网关是指那些用来完成专门功能的路由器。但是随着网络技术的发展,路由器的工作重点侧重于流经路由器的数据包的路径选择和转发,而网关的功能从路由器中分离出来。网关通常由软件来实现,网关软件运行在服务器上,以实现不同体系结构网络之间或局域网与主机之间的连接。它只能针对某一特定应用,不可能有通用网关。按照不同功能大致可将网关分为三大类:协议网关、应用网关、安全网关。

(1) 协议网关 不同的网络(具有不同的数据封装格式、不同的数据分组大小、不同的传输率)之间进行数据通信时采用的网络协议不同。协议网关主要功能是在不同协议的网络区域间进行协议转换,这是一般公认的网关功能。例如,以太网与令牌环网的数据帧格式不同,要在两种网络之间传输数据,需要转换帧格式,这种转换是第二层协议转换。又如IPv4数据分组由路由器封装在IPv6数据分组中,通过IPv6网络传输,到达目的路由器后解开封装,转换为IPv4数据分组交给主机,这种转换是第三层协议转换。

(2) 应用网关 应用层上进行协议转换,是在不同数据格式间翻译数据的系统。它是主要针对一些专门的应用而设置的网关,其主要作用是将某个服务的一种数据格式转化为该服务的另外一种数据格式,从而实现数据交流。这种网关通常是作为某个特定服务的服务器,但是又兼具网关的功能。最常见的是邮件服务器。例如,一个主机执行的是ISO电子邮件标准,另一个主机执行的是Internet电子邮件标准,如果这两个主机需要交换电子邮件,那么必须经过一个电子邮件网关进行协议转换,这个电子邮件网关是一个应用网关。

（3）安全网关　最常用的安全网关就是包过滤器，对数据包的原地址、目的地址、端口号、网络协议授权。通过对这些信息的过滤处理，让有许可权的数据包传输通过网关，而将那些没有许可权的数据包拦截甚至丢弃。一定意义上与软件防火墙雷同。但是与软件防火墙相比较，安全网关数据处理量大、处理速度快，可以很好地保护整个本地网络，而不造成瓶颈。

几种网络互联设备简单比较见表5－2：

① 中继器是在物理层上实现局域网网段互联的设备，它可以延长网络的传输距离，在网络数据传输过程中起到放大信号的作用。中继器只是机械地复制二进制位，并不关心二进制代表的信息是什么。

② 网桥在数据链路层连接两个网络，以地址过滤、存储转发的方式实现互联网络之间的通信，若网络具有不同的数据链路层而网络层却相同，则可以使用网桥互联，如在以太网和令牌环网之间的互联常采用网桥。

③ 路由器能够连接两个具有不兼容编址格式的网络，它在不同的网络之间存储转发分组，还具有路由选择、协议转换、多路重发和错误检测等功能。当两个网络的传输层相同而网络层不同时，就需要用路由器实现互联。

④ 网关是在高层实现网络互联的设备，其主要功能是转换协议。

表5－2　互联设备的特点

互联设备	互联层次	应用场合	功能	优点	缺点
中继器	物理层	互联相同 VLAN 的多个网段	信号放大；延长信号传输距离	互联容易；价格低；基本无延迟	互联规模有限；不能隔离不需要的流量；无法控制信息传输
网桥	数据链路层	各种局域网的互联	连接局域网；改善局域网性能	互联容易；协议透明；隔离不必要的流量；交换效率高	会产生广播风暴；不能完全隔离不必要的流量；管理控制能力有限
路由器	网络层	LAN与LAN互联；LAN与WAN互联；WAN与WAN互联	路由选择；过滤信息；网络管理。	适合大规模复杂网络互联；管理控制能力强；充分隔离不必要的流量；安全性好	网络设置复杂；价格高；延迟大
网关	应用层传输层	互联高层协议不同的网络；连接网络与大型主机	在高层转换协议	可以互联差异很大的网络；安全性好	通用性差；不易实现

5.4 路由协议

路由器主要完成两项工作，即寻径和转发。寻径是指建立和维护路由表的过程，主要由软件实现；转发是指把数据分组从一个接口转到另一接口的过程，主要由硬件完成。

路由器使用路由选择算法来决定到达某一目的网络的最佳路径。路由选择算法根据收集到的网络信息，按照自己的标准，选择出最佳路由，写入路由表，并根据网络情况的变化维护和更新路由表。路由协议就是指实现路由选择算法的协议。常用的路由协议有RIP、OSPF、BGP等。

使用分层次的路由选择方法，可将因特网的路由协议划分为：

(1) 内部网关协议IGPI(nterior Gateway Protocol)　具体的协议有多种，如RIP和OSPF等。

(2) 外部网关协议EGP(External Gateway Protocol)　目前使用的协议就是BGP。

1. 路由信息协议RIP

路由信息协议(Routing Information Protocol, RIP)是一种内部网关协议(IGP)，是一种动态路由选择协议，用于自治系统(AS)内的路由信息的传递。RIP协议基于距离矢量算法(Distance Vector Algorithms)，使用跳数来衡量到达目标地址的路由距离。这种协议的路由器只与自己相邻的路由器交换信息，范围限制在15跳之内。

(1) RIP采用距离矢量算法，即路由器根据距离选择路由。RIP通过UDP报文交换路由信息，每隔30 s向外发送一次更新报文。如果路由器经过180 s没有收到更新报文，则将来自所有其他路由器的路由信息标记为不可达。若在其后的120 s内仍未收到更新报文，就将这些路由从路由表中删除。

(2) RIP使用跳数来衡量到达目的地的距离，称为路由量度。在RIP中，路由器到与之直接连接的网络的跳数为0，通过1个路由器可达的网络的跳数为1，其余依此类推。为限制收敛时间，RIP规定跳数的取值是0～15的整数，大于或等于16的跳数被定义为无穷大，即目的网络或主机不可达。

(3) RIP有RIPv1和RIPv2两个版本。RIP v2支持明文认证和MD5认证，并支持变长子网掩码。为了提高性能，防止产生路由环路，RIP支持水平分割、毒性逆转，并采用了触发更新机制。每个运行RIP的路由器管理一个路由数据库，该路由数据库包含了到网络所有可达目的地的一个路由项，如图5-16所示。

(4) RIP路由数据库中的路由项包含下列信息：

① 目的地址：主机或网络的地址。

② 下一跳地址：为到达目的地，本路由器要经过的下一个路由器地址。

③ 接口：转发报文的接口。

④ 路由量度：本路由器到达目的地的开销。

⑤ 定时器：该路由项最后一次被修改的时间。

⑥ 路由标记：区分该路由为内部路由协议路由还是外部路由协议路由的标记。

RIP简单、可靠、易于配置，但支持的网络规模有限，最多支持15跳，只适用于小型互联

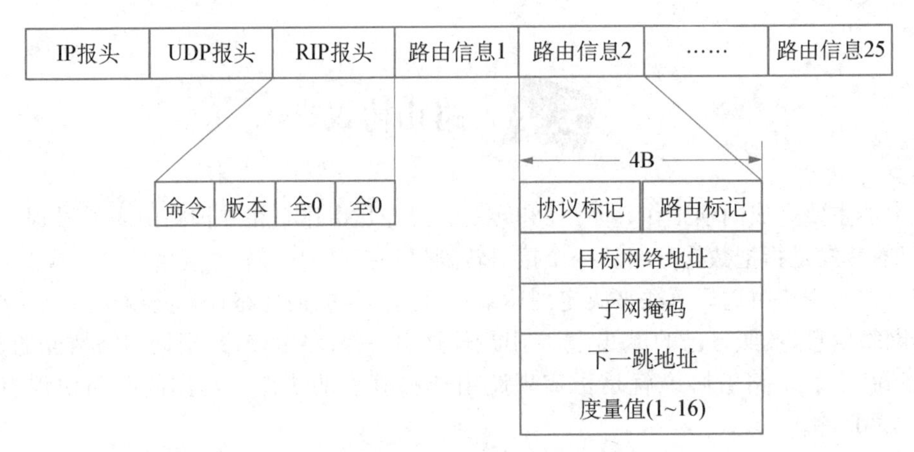

图 5-16 RIP 路由项

网。RIP 协议仅和相邻路由器按照固定的时间间隔交换路由信息。当网络出现故障时，要经过比较长的时间才能将此信息传送到所有的路由器。

2. 开放式最短路径优先协议 OSPF

OSPF 是一种基于链路状态的路由协议，它需要每个路由器向其同一管理域的所有其他路由器发送链路状态广播信息，包括所有接口信息、量度和其他一些变量等。利用 OSPF 的路由器首先必须收集有关的链路状态信息，并根据一定的路由选择算法计算出到达每个网络的最短路径。

OSPF 可以将一个自治域再划分为区，如图 5-17 所示，以简化路由管理，提高网络性能。

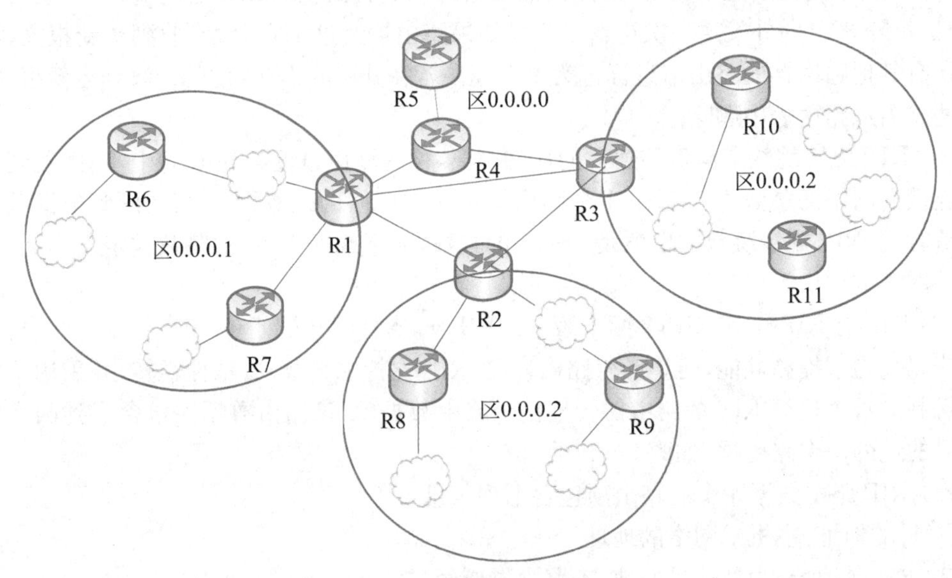

图 5-17 OSPF 自治域分区

3. 边界网关协议 BGP

BGP 是不同自治域的路由器之间通信的一种外部网关协议。BGP 既不是基于纯粹的链路状态算法，也不是基于纯粹的距离矢量算法。其主要功能是与其他自治域的 BGP 交换网络可达信息，各个自治域可以运行不同的内部网关协议。

BGP与RIP、OSPF的主要区别在于：BGP使用TCP作为传输层协议，两个运行BGP的系统之间首先建立一条TCP连接，然后交换整个BGP路由表。一旦路由表发生变化，就发送BGP更新信息。这些更新信息通过TCP传送出去，以保证传输的可靠性。

从本质上讲，BGP还是一个距离矢量协议。与RIP不同的是，RIP使用跳数来衡量到达目的地的距离，BGP则详细地列出了到达每个目的网络的路由，避免了一些距离矢量协议中存在的问题，在实际应用中得到了广泛的使用。

实训任务

任务1　静态路由的配置

实训目的

1. 理解静态路由的原理。
2. 掌握静态路由的配置方法。

实训环境

实训室

硬件：PC。

软件：Cisco Packet Tracer 模拟软件。

实训内容

1. 新建Packet Tracer拓扑结构

如图5-18所示。拓扑结构中的相关设备清单及连接情况如下：

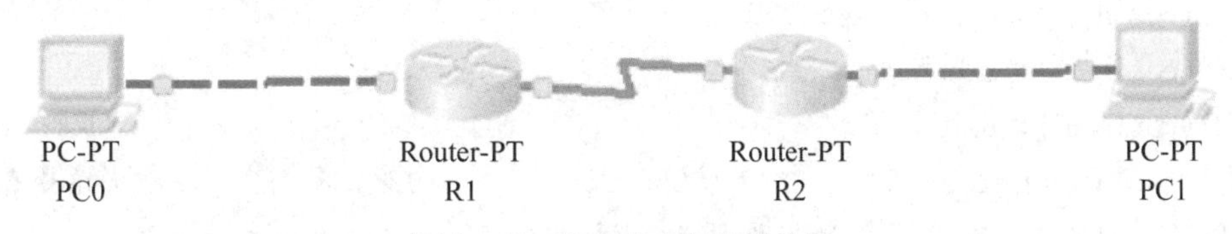

图5-18　静态路由拓扑结构图

Router-PT：2台(R1，R2)。

PC-PT：2台(PC0，PC1)。

连接：路由器之间连接用串口线、路由器与主机之间连接用交叉线。

2. 配置PC

该网络中的PC配置参数见表5-3。

表5-3　PC配置信息表

PC机	IP地址	子网掩码	网关
PC0	192.168.1.2	255.255.255.0	192.168.1.1
PC1	192.168.2.2	255.255.255.0	192.168.2.1

3. 路由器配置

(1) 掌握路由器配置模式及作用,见表 5-4 所示。

表 5-4　路由器配置模式

配置模式	命令行提示	描　　述
用户模式	Router>	简单查看路由器的软件、硬件版本信息,简单测试
特权模式	Router#	管理路由器的配置文件,查看路由器的配置信息,测试和调试网络等
全局配置模式	Router(config)#	可配置路由器的全局性参数(如主机名、登录信息),可配置路由器的具体功能
端口模式	Router(config-if)#	配置路由器的接口参数

(2) R1 的配置参考命令:

```
R1#conf t
R1(config)#int fa 1/0
R1(config-if)#no shut
R1(config-if)#ip address 192.168.1.1 255.255.255.0          //设置端口 fa 1/0 的 IP
R1(config-if)#exit
R1(config)#int serial 2/0
R1(config-if)#ip address 192.168.3.1 255.255.255.0          //设置端口 serial 2/0 的 IP
R1(config-if)#clock rate 64000
R1(config-if)#no shut
R1(config-if)#exit
R1(config)#ip route 192.168.2.0 255.255.255.0 192.168.3.2   //添加路由信息:凡是要到达 192.168.2.0 网段的数据包都送到 192.168.3.2 这个端口上

R1(config)#end
R1#
R1#show ip route
```

(3) R2 的配置参考命令

```
R2#conf t
R2(config)#int fa 1/0
R2(config-if)#no shut
R2(config-if)#ip address 192.168.2.1 255.255.255.0  //设置端口 fa 1/0 的 IP
R2(config-if)#exit
```

```
R2(config)#int serial 2/0
R2(config-if)#ip address 192.168.3.2 255.255.255.0  //设置端口 serial 2/0
的 IP
R2(config-if)#clock rate 64000
R2(config-if)#no shut
R2(config-if)#exit
R2(config)#ip route 192.168.1.0 255.255.255.0 192.168.3.1  //添加路由信息：
凡是要到达 192.168.2.0 网段的数据包都送到 192.168.3.2 这个端口上
R2(config)#end
R2#
R2#show ip route
```

4. 测试连通性

PC0 与 PC1 能够相互 ping 通。

实训总结

任务 2　RIP 动态路由的配置

实训目的

1. 理解 RIP 协议的原理。
2. 掌握 RIP 的配置方法。
3. 熟悉广域网线缆的链接方式。

实训环境

实训室

硬件：PC。

软件：Cisco Packet Tracer 模拟软件。

实训内容

1. 新建 Packet Tracer 拓扑结构

如图 5-19 所示，

拓扑结构中的相关设备清单及连接情况如下：

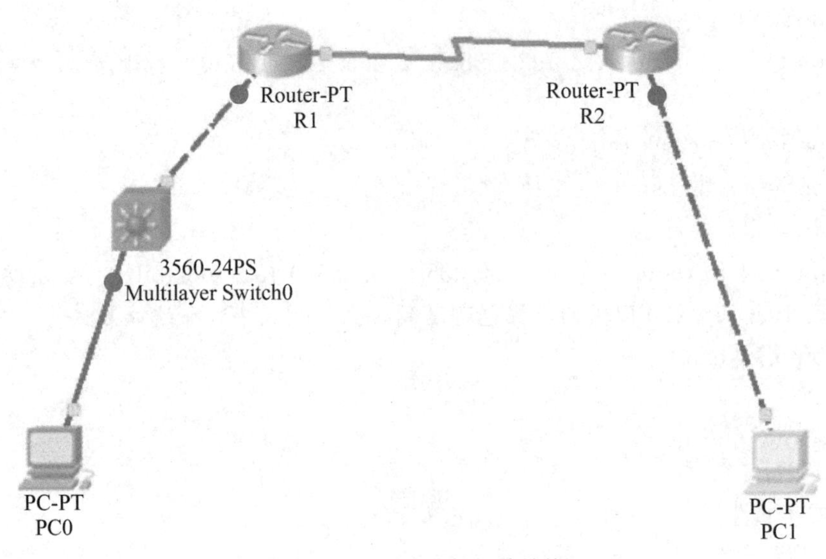

图 5-19 网络连接拓扑结构

Router-PT:2 台(R1, R2)。

3560-24PS:交换机 1 台。

PC-PT:2 台(PC0, PC1)。

连接:路由器之间连接用串口线,路由器与交换机、主机之间连接用交叉线,交换机与PC之间用直通线。

2. 配置 PC0 与 PC1 的 IP

PC 配置信息见表 5-5。

表 5-5 PC 配置信息表

PC 机	IP 地址	子网掩码	网关
PC0	192.168.1.2	255.255.255.0	192.168.1.1
PC1	192.168.2.2	255.255.255.0	192.168.2.1

3. 配置交换机

配置命令如下:

```
Switch>en
Switch#conf t
Switch(config)#hostname SW1
SW1(config)#vlan 10
SW1(config-vlan)#exit
SW1(config)#vlan 20
SW1(config-vlan)#exit
SW1(config)#interface fa 0/10
```

```
SW1(config-if)#switchport access vlan 10   //交换机端口 fa 0/10 添加到 vlan 10
SW1(config-if)#exit
SW1(config)#interface fa 0/20
SW1(config-if)#switchport access vlan 20   //交换机端口 fa 0/20 添加到 vlan 20
SW1(config-if)#exit
SW1(config)#end

SW1(config)#interface vlan 10
SW1(config-if)#ip address 192.168.1.1 255.255.255.0
SW1(config-if)#no shutdown
SW1(config-if)#exit
SW1(config)#interface vlan 20
SW1(config-if)#ip address 192.168.3.1 255.255.255.0
SW1(config-if)#no shutdown
SW1(config-if)#end
SW1#
SW1#show ip route
SW1#conf t

SW1(config)#router rip
SW1(config-router)#network 192.168.1.0
SW1(config-router)#network 192.168.3.0
SW1(config-router)#version 2
SW1(config-router)#end
SW1#show ip route
```

4. 路由器配置

(1) R1 配置：

```
Router>en
Router#conf t
Router(config)#hostname R1
R1(config)#interface fa 0/0
R1(config-if)#no shutdown
R1(config-if)#ip address 192.168.3.2 255.255.255.0   //配置端口 fa 0/0 的 IP 地址
R1(config-if)#exit
R1(config)#interface serial 2/0
R1(config-if)#no shutdown
```

```
R1(config-if)#ip address 192.168.4.1 255.255.255.0  //配置端口 serial 2/0 的 IP 地址
R1(config-if)#clock rate 64000
R1(config-if)#end
R1#
R1#show ip route

R1#conf t
R1(config)#router rip                          //启动 rip 协议
R1(config-router)#network 192.168.3.0          //添加网络号
R1(config-router)#network 192.168.4.0          //添加网络号
R1(config-router)#version 2                    //采用 rip 版本
R1(config-router)#exit
```

（2）R2 配置：

```
Router>en
Router#conf t
Router(config)#hostname R2
R2(config)#interface fa 0/0
R2(config-if)#no shutdown
R2(config-if)#ip address 192.168.2.1 255.255.255.0
R2(config-if)#exit
R2(config)#interface serial 2/0
R2(config-if)#no shutdown
R2(config-if)#ip address 192.168.4.2 255.255.255.0
R2(config-if)#clock rate 64000
R2(config-if)#end
R2#
R2#show ip route

R2#conf t
R2(config)#router rip
R2(config-router)#network 192.168.2.0
R2(config-router)#network 192.168.4.0
R2(config-router)#version 2
R2(config-router)#exit
```

5. 测试连通性

测试PC0与PC1连通。

实训总结

学习小结

在理论知识体系上，本项目主要讲述了广域网技术、网络互联、路由协议等方面的内容，使同学们能够对广域网与网络互联有一定的了解与认识。

在实践技能应用上，学生能够根据实际需求配置路由器。

巩固练习

一、名词解释

1. ATM：

2. 静态路由：

3. 动态路由：

4. RIP：

二、单选题

1. (　　)多用于同类局域网之间的互联。

A. 中继器　　B. 网桥　　C. 路由器　　D. 网关

2. 网卡将决定组网后的拓扑结构(　　)、网络段的最大长度、网络节点之间的距离以及访问控制方式介质。

A. 互联网络的规模　　B. 接入网络的计算机类型

C. 使用的网络操作系统　　D. 使用的传输介质的类型

3. 以下选项不属于以太网的“5－4－3”原则是(　　)。

A. 5个网段　　B. 4个中继器

C. 3个网段可挂接设备　　D. 5个网段可挂接

4. 要把学校里行政楼和实验楼的局域网互连，可以通过(　　)实现。

A. 网卡　　B. Modem　　C. 中继器　　D. 交换机

5. 网络互联设备通常分成以下4种，在不同的网络间存储并转发分组，必要时可以通过(　　)进行网络层下协议转换。

A. 重发器　　B. 桥接器
C. 网关　　D. 协议转换器

6. ATM 网络采用固定长度的信元传送数据，信元长度为(　　)。
A. 1 024 B　　B. 53 B　　C. 128 B　　D. 64 B

7. 路由信息中不包含的是(　　)。
A. 源地址　　B. 下一跳　　C. 目标网络　　D. 路由权值

8. 下列协议中，属于自治系统外部的路由协议是(　　)。
A. RIP　　B. OSPF　　C. IS-IS　　D. BGP

9. 具有隔离广播信息能力的网络互联设备是(　　)。
A. 网桥　　B. 中继器　　C. 路由器　　D. L2 交换器

10. 下面选项中属于链路状态路由协议的是(　　)。
A. OSPF　　B. IGRP　　C. BGP　　D. RIPv2

三、简答题

1. 路由器和交换机的区别是什么？
2. 简述 RIP 协议与 OSPF 协议的主要区别？

四、应用题

1. 某学院有网络为 192.168.0.X，现在要求把这个网络划分为 4 个子网，请给出子网掩码、4 个子网对应的子网地址，以及 4 个子网中有效的主机 IP 地址范围。

2. 某大学有 12 个行政单位，每个行政单位有 4 个实验中心。学校给出了一个 172.18.0.0/16 的网段，给每个行政单位以及每个行政单位下属的实验中心分配网段，该如何合理划分？

Internet 网络服务

学习导航

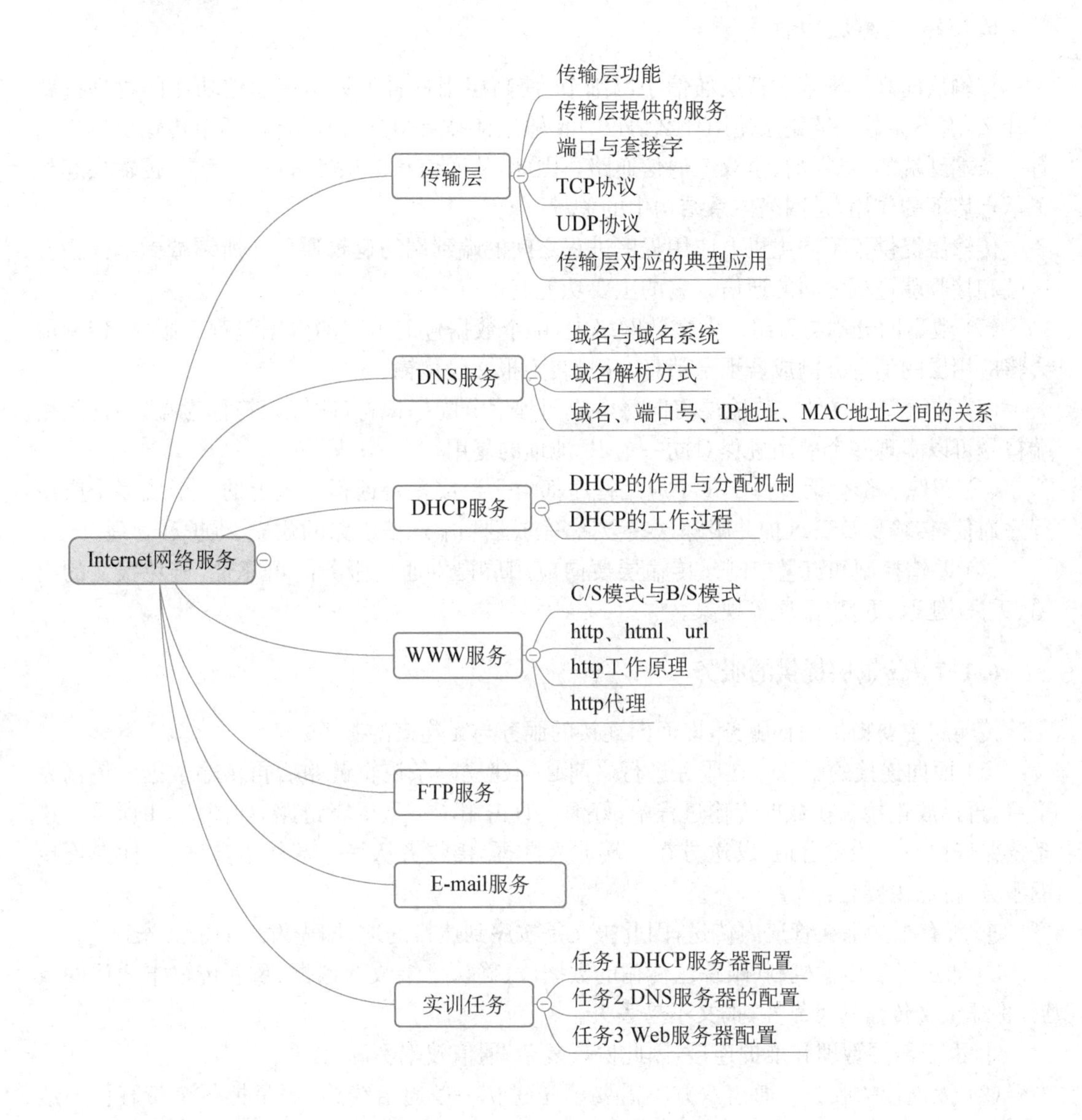

基础 知识

因特网(Internet)是全球最大的、开放的、由众多网络互连而成的计算机互联网。Internet可以连接各种各样的计算机系统和计算机网络,不论是微型计算机还是大中型计算机,不论是局域网还是广域网,不管它们在世界上什么地方,只要共同遵循TCP/IP协议,就可以连入Internet。

6.1 传输层

6.1.1 传输层功能

传输层向高层屏蔽了低层通信子网细节,使高层用户看不见实现通信功能的物理链路是什么,看不见数据链路层使用什么协议。传输层使高层用户看到,好像两个传输实体之间有一条端到端的、可靠的、全双工通信通路。因此,从通信和信息处理的角度看,传输层起到了承上启下的作用,是网络体系结构中的关键。

传输层提供了不同主机上应用程序进程之间的端到端的逻辑通信。所谓端到端是指发送端和接收端进程之间的通信。它的主要功能有:

(1) 数据的分割与重组　大多数网络中,单个数据包能承载的数据量都有限制,传输层会将应用层的消息分割成若干子消息,并封装为报文段传输。

(2) 按端口号寻址　传输层将向每个应用程序分配标识符,此标识符称为端口号,利用端口号可以实现多个应用进程对同一个IP地址的复用。

(3) 跟踪各个会话　由于每个应用程序都与一台或多台远程主机上的一个或多个应用程序通信,传输层负责维护并跟踪这些会话,完成端到端通信链路的建立、维护和管理。

(4) 差错控制和流量控制　传输层要向应用层提供通信服务的可靠性,避免报文的出错、丢失、延迟、重复、乱序等现象。

6.1.2 传输层提供的服务

传输层主要提供两种服务,即面向连接的服务与无连接的服务。

(1) 面向连接的服务　在服务进行之前必须建立一条逻辑链路后再传输数据。传输完毕后,再释放连接。在数据传输过程中,好像一直占用了一条逻辑链路,如图6-1所示。这条链路好比一个传输管道,发送方在一端放入数据,接收者从另一端取出数据。"面向连接的服务"特点主要有:

① 所有报文都在管道内传送,因此报文是按序到达目的地,即先发送的报文先到达。

② 通过可靠传输机制(跟踪已传输的数据段、确认已接收的数据、重新传输未确认的数据)保证报文传输的可靠性,报文不易丢失。

③ 由于需要管理和维护连接,因此协议复杂,通信效率不高。

(2) 无连接的服务　通信双方不需要事先建立一条通信线路,而是把每个带有目的地

图 6-1 面向连接的传输

址的报文分组送到网络上，由网络（如路由器）根据目的地址，为分组选择一条恰当的路径传送到目的地，如图 6-2 所示。无连接服务的特点主要有：

① 数据传输之前不需要建立连接。

② 每个分组都携带完整的目的节点地址，各分组在网络中是独立传送的。

③ 分组的传递是失序的，即后发送的分组有可能先到达目的地。

④ 可靠性差，容易出现报文丢失的现象，但是协议相对简单，通信效率较高。

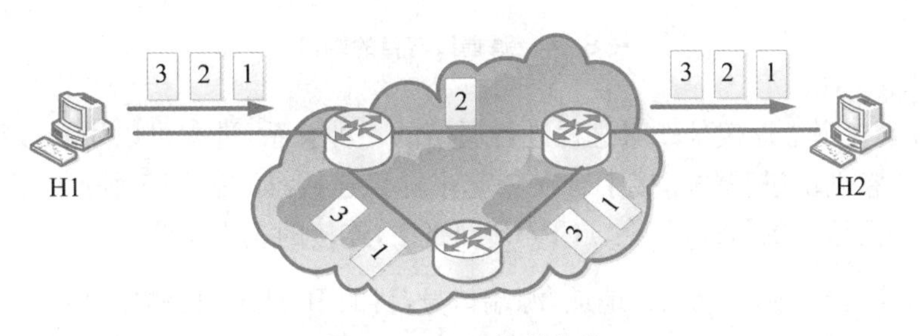

图 6-2 无连接的传输

6.1.3 端口与套接字

传输层必须能够划分和管理具有不同传输要求的多个通信。为了区分每个应用程序的数据段（TCP 的协议数据单元）和数据报（UDP 的协议数据单元），TCP 和 UDP 协议中都有标识应用程序的唯一报头字段，这些唯一标识符就是端口号，如图 6-3 所示，端口号的取值为 1～65 535。端口号只有本地意义，在 Internet 不同计算机中相同的端口号没有直接关联。

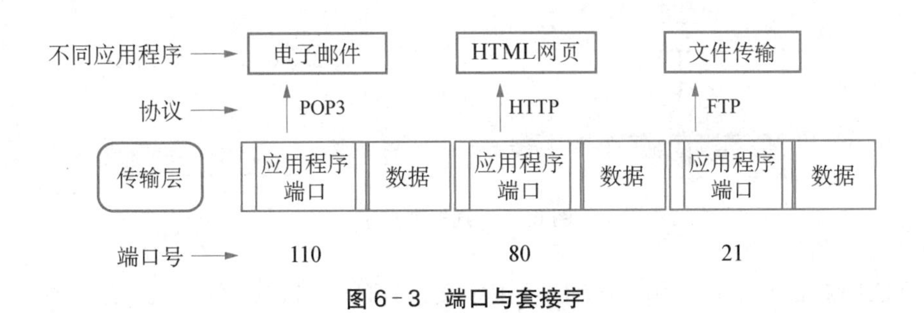

图 6-3 端口与套接字

(1) 源端口和目的端口　在每个数据段或数据报的报头中，都含有源端口和目的端口。源端口号是与本地主机上始发应用程序相关联的通信端口号；目的端口号是此通信与远程主机上目的应用程序关联的一个号码，如图 6-4 所示。

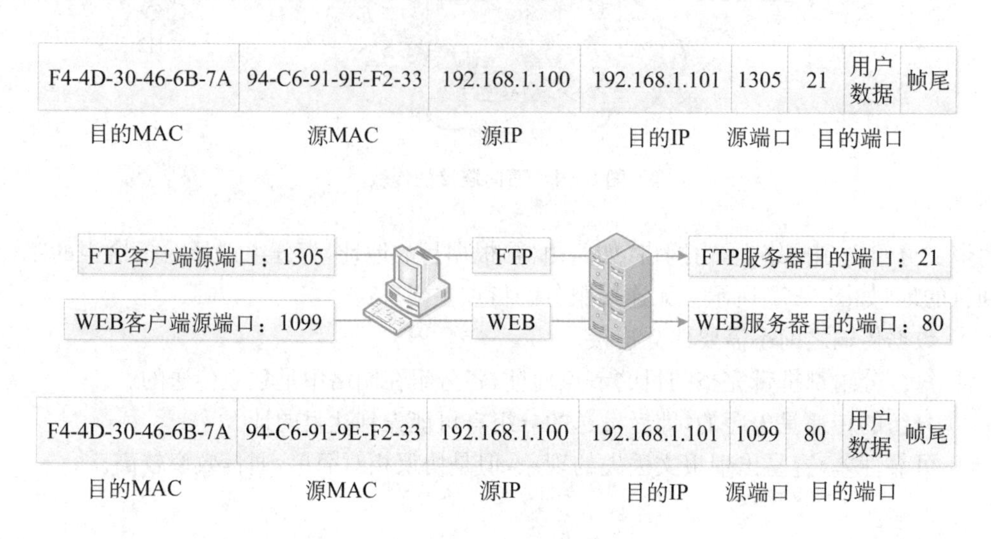

图 6-4　源端口与目的端口

(2) 连接套接字　连接是一对进程进行通信的一种关系，进程可以用套接字唯一标识。因此，可以用连接两端进程的套接字合在一起来标识连接，如图 6-5 所示。由于两个进程通信时，必须使用系统的协议，故在 TCP/IP 网络中，连接的表示应该是

连接 = {协议，源 IP 地址，源端口号，目的 IP 地址，目的端口号}

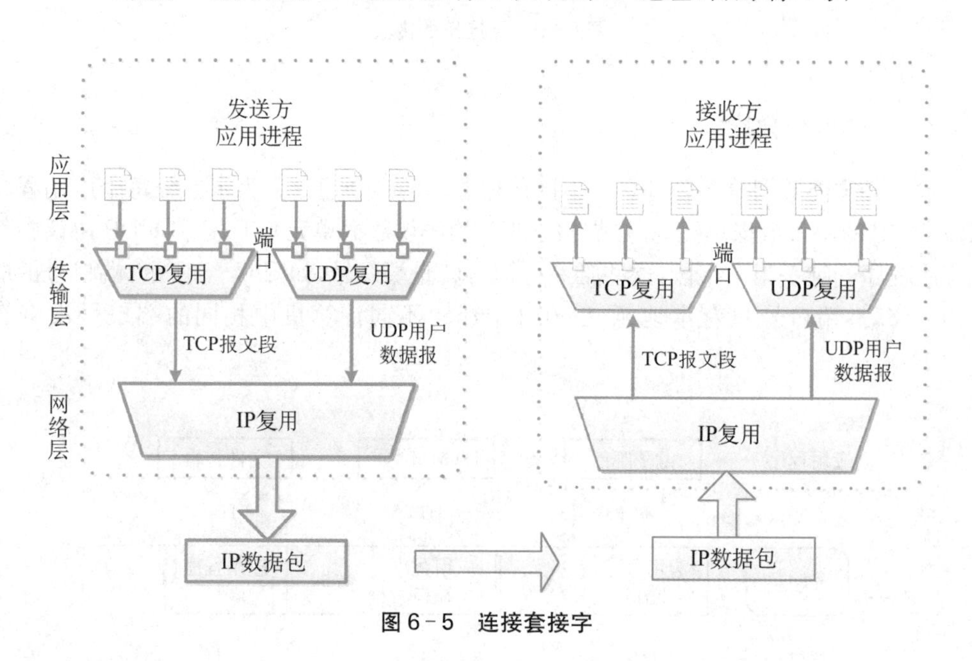

图 6-5　连接套接字

在 TCP 和 UDP 中均使用 16 个比特来定义进程的端口，其中 0～254 以下规定作为公

共应用服务的端口，如 WWW、FTP、DNS 和电子邮件服务等；255～1 023 保留用作商业性的应用开发，如一些网络设备厂商专用协议的通信端口等，都由因特网指派名字和号码公司分配，通常把这类端口叫做熟知端口(Well-known Port)。端口号大于 1 023 以上作为自由端口，以本地方式随机分配，源主机在请求 TCP 服务时通常由此范围中选择。常见端口号见表 6-1。

表 6-1　常见的端口号

名称	FTP(控制)	FTP(数据)	SMTP	DNS	TFTP	HTTP	POP3	SNMP
端口号	21	20	25	53	69	80	110	161

6.1.4　TCP 协议

传输控制协议(Transmission Control Protocol, TCP)是一种面向连接的、可靠的、基于字节流的传输层通信协议。

1. TCP 协议的特点

(1) TCP 协议是可靠的　TCP 通过按序传送(序列号)、消息确认(确认号)、超时重传(计时器)等机制确保发送的数据正确地送到目的端，且不会发生数据丢失或乱序。

(2) TCP 协议是面向连接的　发送数据的一方首先请求一个到达目的地的连接，然后利用这一连接来完成数据的传输。

(3) TCP 协议是端到端　每一个 TCP 连接有两个端点(套接字 Socket)，不支持组播和广播。

(4) TCP 协议是全双工通信　TCP 连接的两端都设有发送缓冲和接收缓冲，允许通信双方的应用进程在任何时候都能发送数据。

2. TCP 报文段的结构

TCP 报文段的格式如图 6-6 所示，一个 TCP 报文分为首部和数据两部分。TCP 报文段首部的前 20 个字节是固定的，后面有 $4N$ 字节是可有可无的选项(N 为整数)。因此 TCP 首部的最小长度是 20 个字节。首部提供了可靠服务所需的字段。

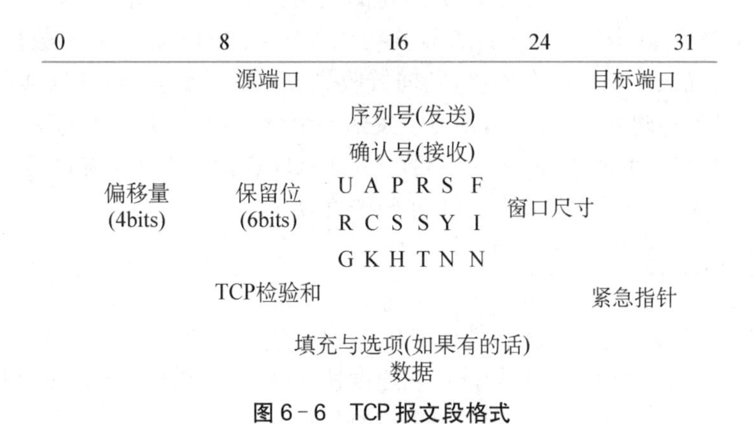

图 6-6　TCP 报文段格式

3. TCP 三次握手

TCP 使用三次握手协议来建立连接。连接可以由任何一方发起，也可以由双方同时发起。一旦一台主机上的 TCP 软件主动发起连接请求，运行在另一台主机上的 TCP 软件就被动地等待握手。图 6－7 给出了三次握手建立 TCP 连接过程。

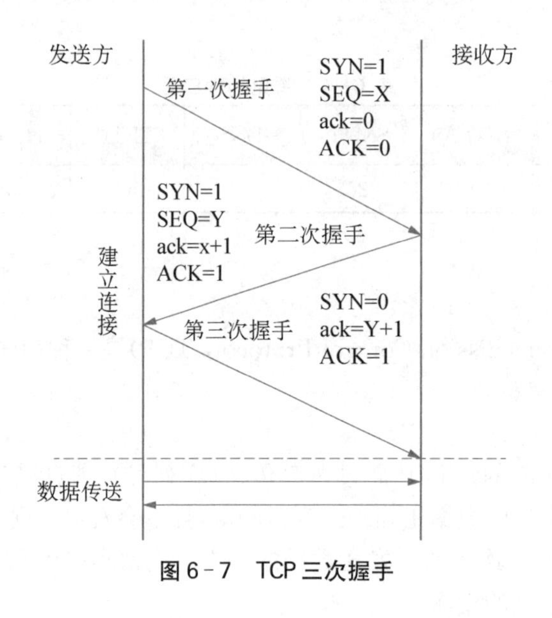

图 6－7 TCP 三次握手

(1) 第一次握手：同步请求 发送方向接收方发出连接请求的数据报，并在所发送的数据报中将标志位字段中的同步标志位 SYN 置为 1，确认标志位 ACK 置为 0。同时分配一个序列号 SEQ＝X，表明待发送数据报的起始位置，序列号的确认号 ACK＝0，因为此时未收到数据。

(2) 第二次握手：回应请求 接收方收到该数据报，若同意建立连接，则发送一个连接接受的应答报文，其中标志位字段的 SYN 和 ACK 位均被置 1，指示对第一个 SYN 报文段的确认，以继续握手操作；否则，要发送一个将 RST 位置为 1 的应答数据报，表示拒绝建立连接。确认号 ACK＝X＋1，表示已收到 X 之前的数据，期望从 X+1 开始接收数据。并产生一个随机的序列号 SEQ＝Y，告诉本方发送的数据从序列号 Y 开始。

(3) 第三次握手：同步确认 发送方收到接收方发来的同意建立连接数据报后，还有再次选择的机会，若确认要建立这个连接，则向接收方发送确认数据报，通知接收方双方已完成建立连接；若其不想建立这个连接，则可以发送一个将 RST 位置为 1 的应答分段，来告之接收方拒绝建立连接。此时 ACK＝1，SYN＝0 表示同意建立连接。确认号 ACK＝Y＋1，表示已收到 Y 之前的数据，期望从 Y＋1 开始接收数据。

6.1.5 UDP 协议

(1) UDP 协议特点 UDP 协议是无连接的，即通信双方并不需要建立连接，这种通信显然是不可靠的，但是，UDP 简单，数据传输速度快、开销小。虽然 UDP 协议只能提供不可靠的数据传递，但是与 TCP 相比，具有一些独特的优势：

① 无需建立连接和释放连接，因此主机无需维护连接状态表，从而减少了连接管理开

销，而无需建立连接也减少了发送数据之前的时延。

② UDP 数据报只有 8 个字节的首部开销，比 TCP 的 20 个字节的首部要短得多。

③ 由于 UDP 没有拥塞控制，因此 UDP 的传输速度很快，即使网络出现拥塞也不会降低发送速率。这对实时应用如 IP 电话，视频点播等是非常重要的。

④ UDP 支持单播、组播和广播的交互通信，而 TCP 只能支持单播。

（2）UDP 报文格式　由两部分构成：首部和数据，如图 6－8 所示。首部字段很简单，只有 8 个字节，由 4 个终端构成，每个字段的长度都是两个字节。各字段意义如下：

① 源端口：即本主机应用进程的端口号。

② 目的端口：目的主机应用进程的端口号。

③ 长度：UDP 用户数据报的长度。

④ 校验和：用于检验 UDP 用户数据报在传输中是否出错。

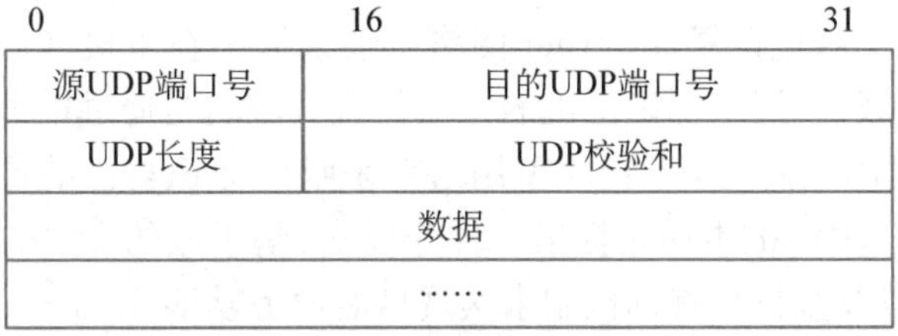

0　　　　16　　　　31

源UDP端口号	目的UDP端口号
UDP长度	UDP校验和
数据	
……	

图 6－8　UDP 报文格式

6.1.6　传输层对应的典型应用

TCP 能提供面向连接的可靠服务，而 UDP 有无需建立、简单高效且开销小的特点，因此得到了广泛的应用，表 6－2 总结了基于 TCP、UDP 的一些典型应用。

表 6－2　基于 TCP、UDP 的一些典型应用

应用	应用层协议	传输层协议
域名服务	DNS	UDP
路由信息协议	RIP	UDP
动态主机配置	DHCP	UDP
简单网管	SNMP	UDP
电子邮件发送	SMTP	TCP
远程登录	Telnet	TCP
Web 浏览	HTTP	TCP
文件传输	FTP	TCP

6.2 DNS服务

6.2.1 域名与域名系统

1. DNS作用

IP地址是Internet上的一个连接标识，数字型IP地址对计算机网络来讲自然是最有效的，但是对使用网络的用户来讲有不便记忆的缺点。与IP地址相比，人们更喜欢使用具有一定含义的字符串来标识Internet上的计算机。因此，在Internet中，用户可以使用各种方式命名自己的计算机。但是这样做就可能在Internet上出现重名，如提供WWW服务的主机都命名为WWW，提供E-mail服务的主机都命名为EMAIL等，不能唯一地标识Internet上计算机的位置。为了避免重复，Internet网络协会采取了在主机名后加上后缀名的方法，这个后缀名称就称为域名，用来标识主机的区域位置。域名是通过申请合法得到的。

DNS就是一种帮助人们在Internet上用名字来唯一标识自己的计算机，并保证主机名和IP地址一一对应。DNS的本质是提出一种分层次、基于域的命名方案，并且通过一个分布式的数据库系统，以及维护与查询机制来实现域名服务功能。

2. 域名的层次命名机构

在Internet上，采用层次树状结构的命名方法，称为域树结构。如图6-9所示，为域名空间分级结构，整个形状如一棵倒立的树。每一层构成一个子域名，子域名之间用圆点“·”隔开，自上而下分别为根域、顶级域、二级域、子域及最后一级的主机名。根节点不代表任何具体的域，称为根域。

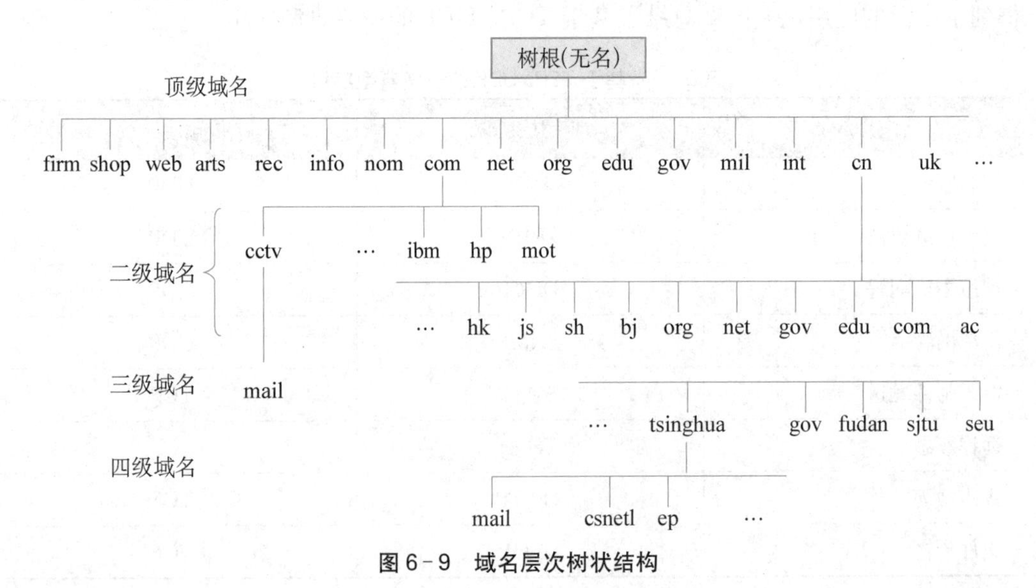

图6-9 域名层次树状结构

首先由中央管理机构(又称顶级域)将第一级域名划分成若干部分，包括一些国家代码；又因为Internet的形成有其历史的特殊性，主要是在美国发展壮大的，Internet的主干网都在美国，因此在第一级域名中还包括各种机构的域名，与其他国家的国家代码同级，都作为顶级域名，见表 6 - 3。

表 6 - 3 顶级域名代码

com	商业组织	edu	教育机构
gov	政府机构	mil	军事机构
net	网络服务机构	int	国际组织
org	非盈利机构	cn	中国顶级域名

3. 域名的表示方法

Internet 的域名结构是由 TCP/IP 协议簇的 DNS 定义的。域名结构也和 IP 地址一样，采用典型的层次结构。比如，在 www. cqu. edu. cn 这个名字中，www 为主机名，由服务器管理员命名；cqu. edu. cn 为域名，由服务器管理员合法申请后使用。其中，cqu 表示重庆大学，edu 表示国家教育机构部门，cn 表示中国。www. cqu. edu. cn 就表示中国教育机构重庆大学的 www 主机。

6. 2. 2 域名解析方式

DNS 客户端向 DNS 服务器提出查询，DNS 服务器作出响应的过程称为域名解析，有正向解析与反向解析两种方式。

当 DNS 客户端向 DNS 服务器提交域名查询 IP 地址，或 DNS 服务器向另一台 DNS 服务器提交域名查询 IP 地址，DNS 服务器作出响应的过程称为正向解析。反过来，如果 DNS 客户端向 DNS 服务器提交 IP 地址而查询域名，DNS 服务器作出响应的过程称为反向解析。域名解析分为递归查询和迭代查询两种类型。

如图 6 - 10 所示，递归查询是最简单的 DNS 查询类型，客户机送出查询请求后，DNS 服务器必须告诉客户机正确的数据（IP 地址）或通知客户机找不到其所需数据。如果 DNS 服务器内没有所需要的数据，则 DNS 服务器会代替客户机向其他的 DNS 服务器查询。客户机只需接触一次 DNS 服务器系统，就可得到所需的节点地址。

图 6 - 10 递归查询

迭代查询如图 6 - 11 所示，客户机送出查询请求后，若该 DNS 服务器中不包含所需数据，它会告诉客户机另外一台 DNS 服务器的 IP 地址，使客户机自动转向另外一台 DNS 服务器查询。依次类推，直到查到数据，否则由最后一台 DNS 服务器通知客户机查询失败。

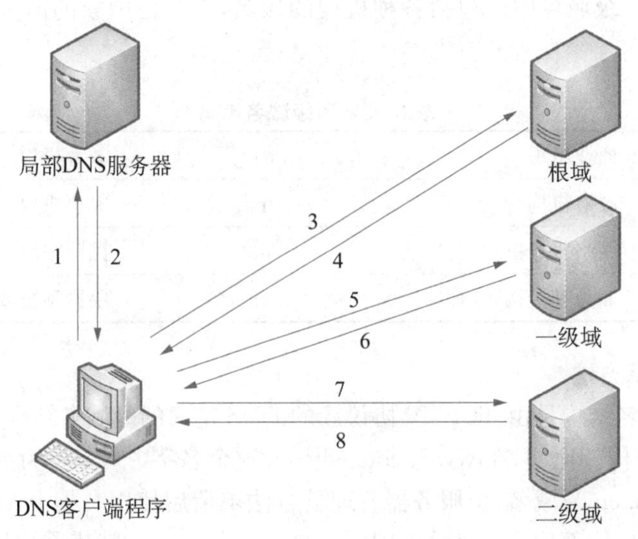

图 6-11 迭代查询

例如，查询 www.baidu.com 的 IP 地址，分析 DNS 的解析过程：

① 浏览器搜索自己的 DNS 缓存(一张域名与 IP 地址的对应表)。

② 若没有，则搜索操作系统中的 DNS 缓存。

③ 若没有，则搜索操作系统的 hosts 文件(Windows 环境下，一般在 C:\Windows\System32\drivers\etc\hosts)。

④ 若没有，则操作系统将域名发送至本地域名服务器(递归查询方式)，本地域名服务器查询自己的 DNS 缓存，查找成功则返回结果，否则，执行后面的过程(迭代查询方式)。

⑤ 本地域名服务器向根域名服务器(虽然没有每个域名的具体信息，但存储了负责每个域，如 com、net、org 等解析的顶级域名服务器的地址)发起请求。此处，根域名服务器返回 com 域的顶级域名服务器的地址。

⑥ 本地域名服务器向 com 域的顶级域名服务器发起请求，返回 baidu.com 权限域名服务器(权限域名服务器，用来保存该区中的所有主机域名到 IP 地址的映射)地址。

⑦ 本地域名服务器向 baidu.com 权限域名服务器发起请求，得到 www.baidu.com 的 IP 地址。

⑧ 本地域名服务器将得到的 IP 地址返回给操作系统，同时自己也将 IP 地址缓存起来。

⑨ 操作系统将 IP 地址返回给浏览器，同时自己也将 IP 地址缓存起来。

⑩ 至此，浏览器已经得到了域名对应的 IP 地址。

6.2.3 域名、端口号、IP 地址、MAC 地址之间的关系

域名是应用层使用的主机名字，端口号是传输层的进程通信中用于标识进程的号码，IP 地址是网络层 IP 协议使用的逻辑地址，MAC 地址是 MAC 层帧传输过程中使用的地址。

一台计算机通过浏览器访问一台计算机的 Web 服务，需要使用域名、端口号、IP 地址、MAC 地址来唯一地标识主机、寻址、路由、传输，实现网络环境中的分布式进程通信，完成 Internet 的访问过程，如图 6-12 所示。

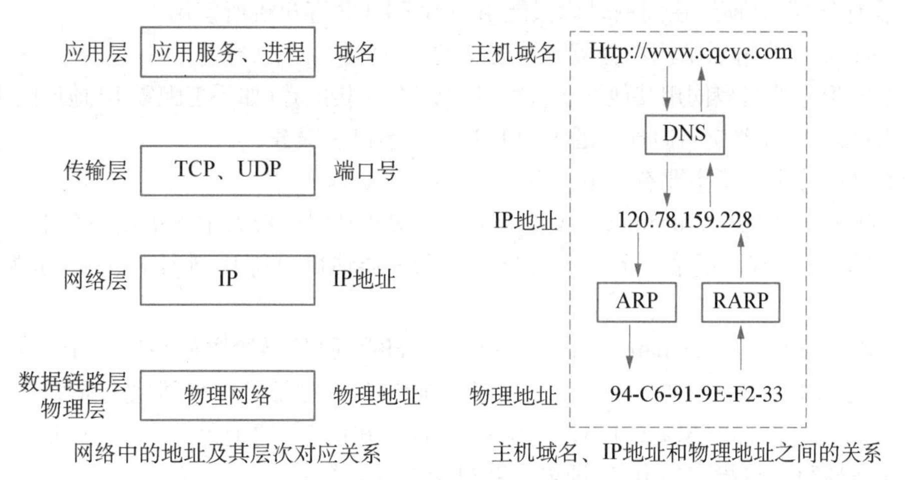

图6-12 域名、端口号、IP地址、MAC地址之间的关系

6.3 DHCP服务

6.3.1 DHCP的作用与分配机制

1. DHCP的作用

动态主机配置协议(Dynamic Host Configuration Protocol, DHCP)通常应用在大型的局域网络环境中,主要作用是集中的管理、分配IP地址,使网络环境中的主机动态地获得IP地址、网关地址、DNS服务器地址等信息,并能够提升地址的使用率。

DHCP协议采用客户端/服务器模型,主机地址的动态分配任务由网络主机驱动。当DHCP服务器接收到来自网络主机申请地址的信息时,才会向网络主机发送相关的地址配置等信息,以实现网络主机地址信息的动态配置。

DHCP的作用主要有:

(1) 安全的配置　DHCP避免了由于在每个计算机上键入值而引起的配置错误。DHCP还有助于防止由于在网络上配置新的计算机而重用以前指派的IP地址,引起的地址冲突。

(2) 减少配置管理　一些用户的计算机由于经常移动办公,给网络管理员造成很多管理和配置方面的负担。使用DHCP服务器可以大大降低用于配置和重新配置网上计算机的时间。

(3) 减少IP消耗　因为IP地址是动态分配的,所以,只要DHCP有空闲的IP地址可供分配,DHCP客户机就可获得IP地址。当客户机不需要使用此地址时,DHCP服务器收回此地址,并提供给其他的DHCP工作站使用。

2. DHCP分配机制

DHCP在分配时要基于以下原则:

① 保证任何 IP 地址在同一时刻只能由一台 DHCP 客户机所使用。

② DHCP 应当可以给用户分配永久固定的 IP 地址。

③ DHCP 应当可以同用其他方法获得 IP 地址的主机共存(如手工配置 IP 地址的主机)。

④ DHCP 服务器应当向现有的 BOOTP 客户端提供服务。

DHCP 的分配方式主要有以下 3 种:

(1) 自动分配方式(Automatic Allocation) DHCP 服务器为主机指定一个永久性的 IP 地址,一旦 DHCP 客户端第一次成功从 DHCP 服务器端租用到 IP 地址,就可以永久性使用该地址。

(2) 动态分配方式(Dynamic Allocation) DHCP 服务器给主机指定一个具有时间限制的 IP 地址,时间到期或主机明确表示放弃该地址时,该地址可以被其他主机使用。

(3) 手工分配方式(Manual Allocation) 客户端的 IP 地址是由网络管理员指定的,DHCP 服务器只是将指定的 IP 地址告诉客户端主机。

只有动态分配可以重复使用客户端不再需要的地址。DHCP 是基于 BOOTP (Bootstrap Protocol)消息格式的,这就要求设备具有 BOOTP 中继代理的功能,并能够与 BOOTP 客户端和 DHCP 服务器实现交互。BOOTP 中继代理的功能,使得没有必要在每个物理网络都部署一个 DHCP 服务器。

6.3.2 DHCP 的工作过程

DHCP 协议采用 UDP 作为传输协议,主机发送请求消息到 DHCP 服务器的 67 号端口,DHCP 服务器回应应答消息给主机的 68 号端口。DHCP 的工作过程如图 6-13 所示,主要包括以下几个阶段。

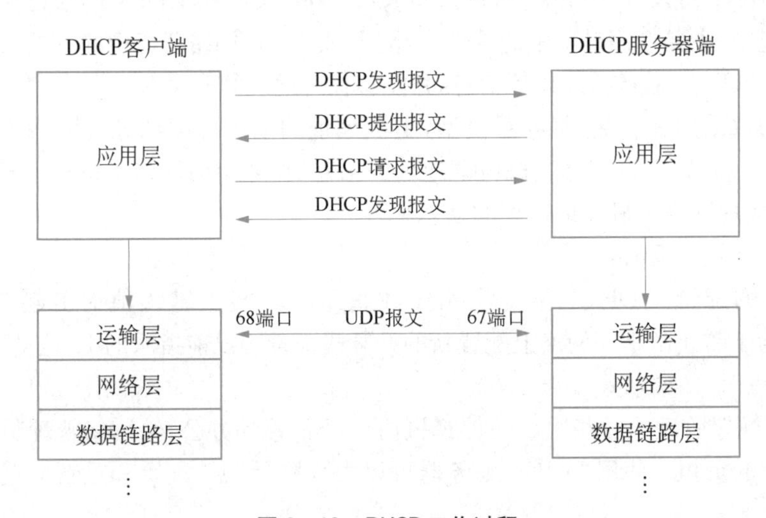

图 6-13 DHCP 工作过程

(1) 发现阶段(DHCP Discover 报文) DHCP 客户机向 DHCP 服务器发出请求,要求租借一个 IP 地址。此时的 DHCP 客户机上的 TCP/IP 还没有初始化,还没有一个 IP 地址,因此,只能使用广播的手段,向网上所有 DHCP 服务器发出租借请求。DHCP 发现报文的作用是查找网络上的 DHCP 服务器。

(2) 提供阶段(DHCP Offer 报文) 第二个过程是DHCP提供,是指当网络中的任何一个DHCP服务器在收到DHCP客户端的DHCP发现报文后,该DHCP服务器若能够提供IP地址,然后利用广播方式提供给DHCP客户端。DHCP提供报文的作用是告诉DHCP客户端:我是DHCP服务器,我能给你提供协议配置参数。

(3) 选择阶段(DHCP Request 报文) 第三个过程是DHCP请求。当DHCP客户端收到第一个DHCP服务器响应信息后就以广播的方式发送一个DHCP请求信息给网络中所有的DHCP服务器。在DHCP请求信息中包含所选择的DHCP服务器的IP地址。DHCP请求报文的作用是请求对应的DHCP服务器给它配置协议参数。

(4) 确认阶段(DHCP ACK 报文) 最后一个过程便是DHCP应答。一旦DHCP服务器接收到DHCP客户端的DHCP请求信息后,将IP地址标识为已租用,以广播方式发送一个DHCP应答信息给DHCP客户端。收到DHCP应答信息后,就完成了获得IP地址的过程,便开始利用这个已租到的IP地址与网络中的其他计算机进行通信。

6.4 WWW服务

1. C/S模式与B/S模式

(1) C/S模式 采用客户(Client)/服务器(Server)模式,两层结构,如图6-14所示。客户端进行用户界面/事物处理,服务器进行数据处理。这种模式下,能充分发挥客户端PC的处理能力,很多工作可以在客户端处理后再提交给服务器,客户端响应速度快。但是,系统安装、调试、维护和升级都比较困难。因为在安装时需要对每一个客户端分别配置,同样的升级时也存在这样的问题,在整个系统中,业务逻辑和用户界面都集中在了客户端,增加了安全隐患。

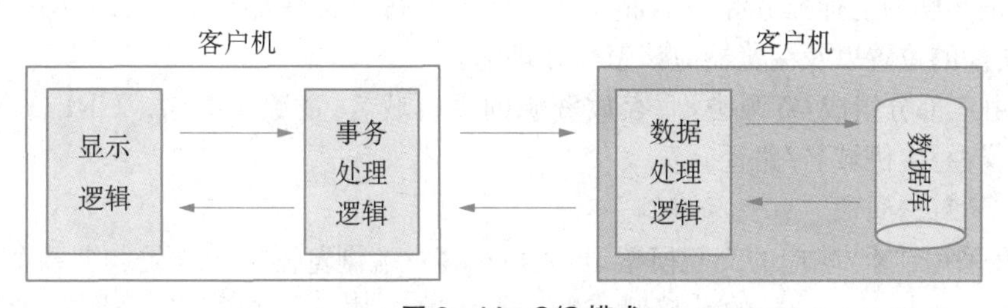

图6-14 C/S模式

(2) B/S模式 因为在C/S模式中出现的客户端程序部署和升级的问题,便出现了基于浏览器(Browser)/服务器(Server)的模式,它是一种3层结构。用通用的浏览器取代了原来的客户端程序,而且将事务处理逻辑放在了服务器端,并将应用服务器和数据库服务器分离,如图6-15所示。

B/S模式的好处在于客户端统一为浏览器,降低了对客户机的要求;应用程序的安装、调试、维护和升级都集中在了服务器端,降低了维护的复杂性,提供了系统的安全性。

2. HTTP、HTML、URL

WWW(World Wide Web)服务是一种建立在超文本基础上的浏览、查询因特网信息的

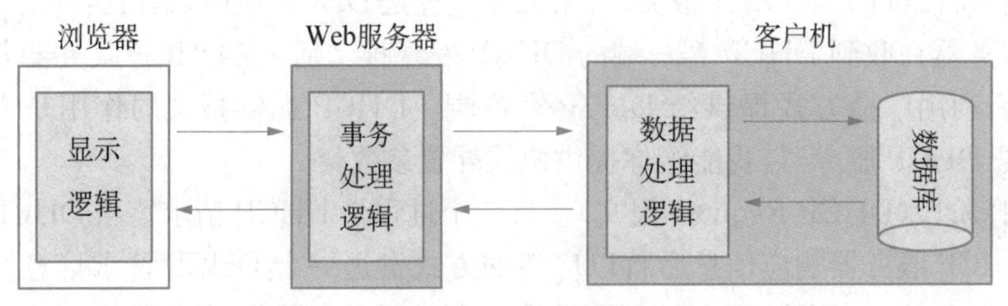

图 6-15 B/S 模式

方式，它以交互方式查询并且访问存放于远程计算机上的信息，为多种因特网浏览与检索访问提供一个单独一致的访问机制。

（1）HTTP 超文本传输协议（Hyper Text Transfer Protocol，HTTP）是互联网上应用最为广泛的一种网络协议，它是用于从 WWW 服务器传输超文本到本地浏览器的传输协议，所有的 WWW 文件都必须遵守这个标准。从网络参考模型来看，它属于应用层。它规定了计算机通信网络中两台计算机之间通信所必须共同遵守的规定或规则，HTML 文档从 Web 服务器传送到客户端的浏览器。它可以使浏览器更加高效，使网络传输减少；不仅保证计算机正确快速地传输超文本文档，还确定传输文档中的哪一部分，以及哪部分内容首先显示等。

（2）HTML 超文本标记语言（Hyper Text Markup Language，HTML）是为"网页创建和其他可在网页浏览器中看到的信息"设计的一种标记语言，"超文本"就是指页面内可以包含图片、链接，甚至音乐、程序等非文字元素。网页的本质就是超级文本标记语言，通过结合使用其他的 Web 技术创造出功能强大的网页。因而，超级文本标记语言是万维网编程的基础。

（3）URL 统一资源定位符（Uniform Resource Locator，URL）是一种访问互联网资源的方法，是互联网上标准资源的地址。互联网上的每个文件都有唯一的 URL，它包含的信息指出文件的位置以及浏览器应该怎么处理它。

URL 由三部分组成：资源类型、存放资源的主机域名、资源文件名。URL 的一般语法格式为：协议：//主机域名/路径。

3. HTTP 工作原理

HTTP 采用请求/响应的交互模型，当用户在客户端浏览器中输入或点击某个 URL（比如 http://www.baidu.com）的链接时，浏览器和 Web 服务器执行以下动作，如图 6-16 所示：

（1）浏览器分析超链接中的 URL。

（2）浏览器向 DNS 请求解析 http://www.baidu.com 的 IP 地址。

（3）DNS 将解析出的 IP 地址 104.193.88.77 返回浏览器。

（4）浏览器与服务器建立 TCP 连接（端口号为 80）。

（5）浏览器请求文档 index.html。

（6）服务器给出响应，将文档 index.html 发送给浏览器。

（7）释放 TCP 连接。

（8）浏览器显示 index.html 中的内容。

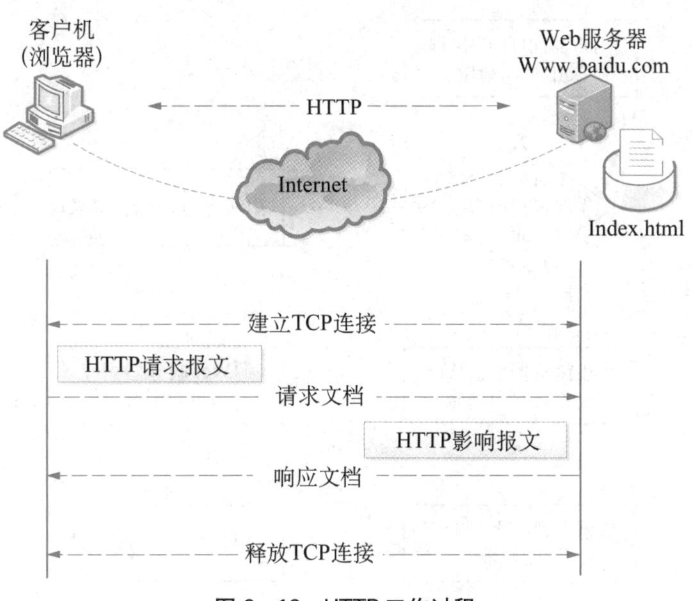

图 6-16　HTTP 工作过程

由此可见，HTTP 的连接方式和无状态性体现在：

(1) 非持久性连接　即浏览器每请求一个 Web 文档，就创建一个新的连接，当文档传输完毕后，连接就立刻被释放。

(2) 持久性连接　在一个连接中，可以进行多次文档的请求和响应。服务器在发送完响应后，并不立即释放连接，浏览器可以使用该连接继续请求其他文档，连接保持的时间可以由双方协商。

(3) 无状态性　同一个客户端(浏览器)第二次访问同一个 Web 服务器上的页面时，服务器无法知道这个客户曾经访问过。HTTP 的无状态性简化了服务器的设计，使其更容易支持大量并发的 HTTP 请求。

4. HTTP 代理

HTTP 代理又称为 Web 缓存或代理服务器，是一种网络实体，能代表浏览器发出 HTTP 请求，并将最近的一些请求和响应暂存在本地磁盘中。如图 6-17 所示，若请求的 Web 页面先前暂存过，则直接将暂存的页面发给客户端(浏览器)，无须再次访问 Internet。

6.5 FTP 服务

文件传输协议(File Transfer Protocol, FTP)是用于在网络上传输文件的一套标准协议，它位于 TCP/IP 协议栈的应用层，也是最早用于 Internet 上的协议之一。

FTP 可以实现主机之间共享计算机程序或数据，在本地主机上间接地使用远程计算机，向用户屏蔽不同主机中各种文件存储系统的细节，可靠和高效地传输数据。

FTP 使用 C/S 模式，由一台计算机作为 FTP 服务器提供文件传输服务，由另一台计算机作为 FTP 客户端提出文件服务请求并得到授权的服务。

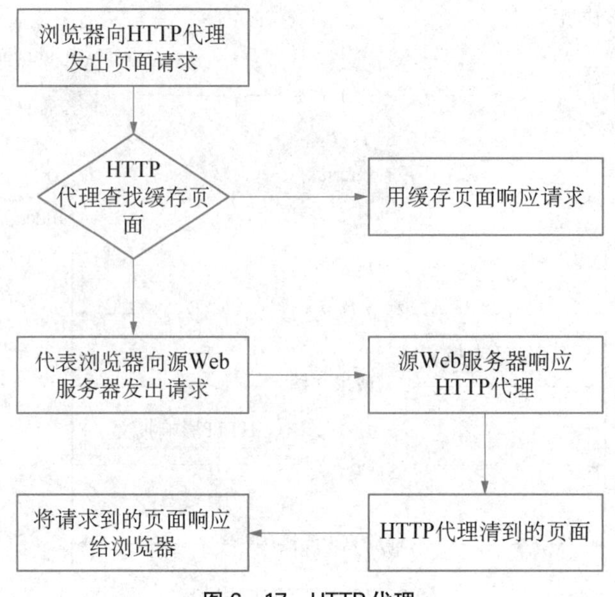

图 6-17 HTTP 代理

FTP 服务器与客户机之间使用 TCP 作为实现数据通信与交换的协议。然而，与其他 C/S 模型不同的是，FTP 客户端与服务器之间建立的是双重连接，一个是控制连接(Control Connection)，另一个是数据传送连接(Data Transfer Connection)。控制连接主要用于传输 FTP 控制命令，告诉服务器将传送哪个文件。数据传送连接主要用于数据传送，完成文件内容的传输。图 6-18 给出了 FTP 的工作模式。

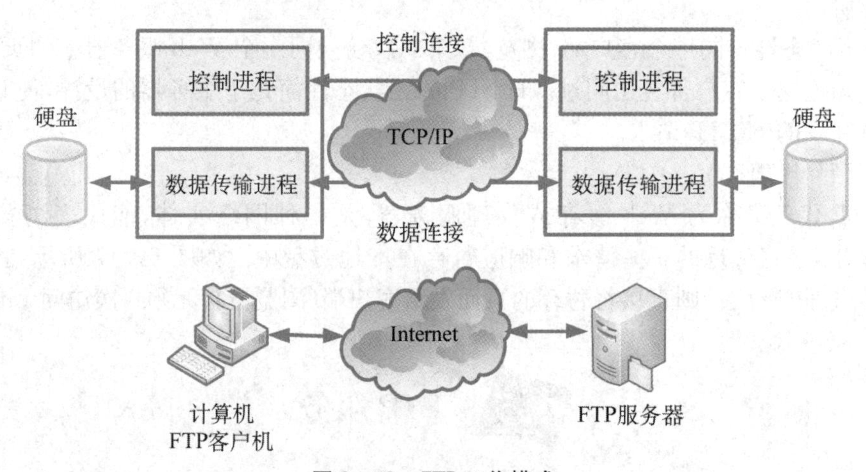

图 6-18 FTP 工作模式

当客户进程向服务器进程发出建立连接请求时，要寻找连接服务器进程的 21 端口，同时还要告诉服务器进程自己的另一个端口号码，用于建立数据传送连接。服务器进程用自己传送数据的 20 端口与客户进程所提供的端口号建立数据传送连接。由于 FTP 使用了两个不同的端口号，所以数据连接与控制连接不会混乱。

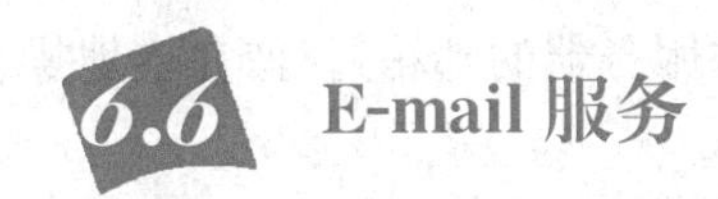

6.6 E-mail 服务

在 TCP/IP 互联网中，邮件服务器之间使用简单邮件传输协议（Simple Mail Transfer Protocol，SMTP）相互传递电子邮件。而电子邮件应用程序使用 SMTP 协议向邮件服务器发送邮件，使用第三代邮局协议（Post Office Protocol，POP3）或交互式邮件存取协议（Interactive Mail Access Protocol，IMAP）从邮件服务器的邮箱中读取邮件，如图 6－19 所示。

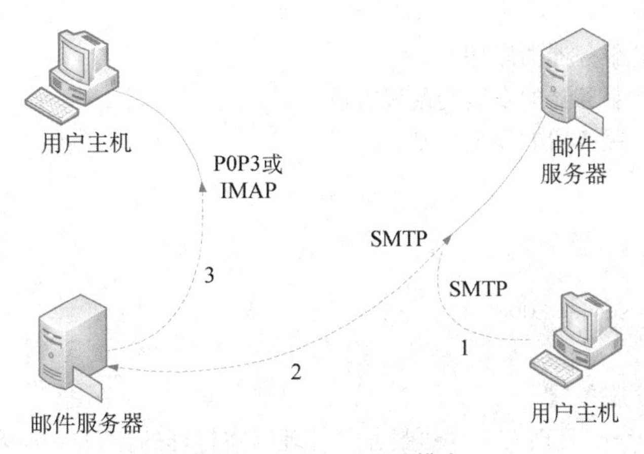

图 6－19　E-mail 工作模式

(1) SMTP 协议　SMTP 邮件传输采用 C/S 模式，邮件的接收程序作为 SMTP 服务器在 TCP 的 25 端口守候，邮件的发送程序作为 SMTP 客户在发送前需要请求一条到 SMTP 服务器的连接。一旦连接建立成功，收发双方就可以传递命令、响应和邮件内容，其过程如图 6－20 所示。

图 6－20　SMTP 协议工作过程

(2) 多用途 Internet 邮件扩展（MIME 协议）　由于 SMTP 不能传送可执行文件，其他的二进制对象仅限于传送 7 位的 ASCII 码，SMTP 服务器会拒绝超过一定长度的邮件。为此，人们提出了一种 MIME 协议。作为对 SMTP 协议的扩充，MIME 使电子邮件能够传输多媒体等二进制数据，它不仅允许 7 位 ASCII 文本消息，而且允许 8 位文本信息以及图像、语音等非文本的二进制信息的传送。

(3) 因特网报文存取协议（IMAP 协议）　IMAP 直接从公司的邮件服务器获取 E-mail 有关信息或直接收取邮件的协议，这是与 POP3 不同的一种接收 E-mail 的新协议。用户可以远程拨号连接邮件服务器,并且可以在下载邮件之前预览信件主题与信件来源。用户在自己的PC机上就可以操纵邮件服务器的邮箱,就像在本地操纵一样,因此IMAP是一个联机协议。

实训 任务

任务1 DHCP服务器配置

实训目的

1. 掌握DHCP服务器的原理。
2. 掌握DHCP服务器的安装与配置方法。
3. 掌握DHCP服务器的规划原则。

实训环境

实训室

硬件:PC。

软件:windows server 2008。

实训内容

1. 安装DHCP服务器

(1) 选择“开始”→“管理工具”→“服务器管理”,在打开的窗口中选择“添加角色”,打开如图6-21所示的窗口,勾选“DHCP服务器”,点击【下一步】。

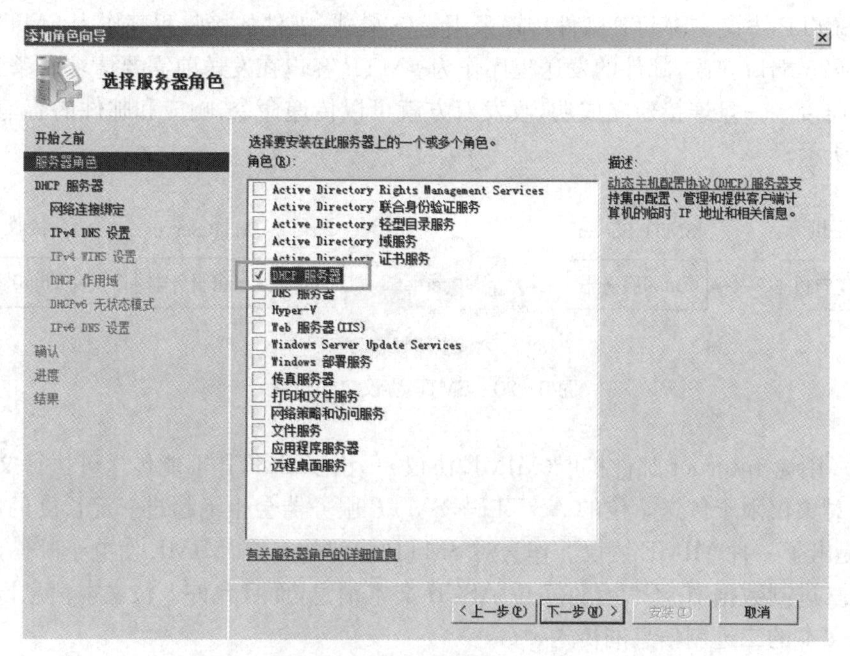

图6-21 选择服务器

(2) 添加完成后，出现如图 6－22 所示的界面。

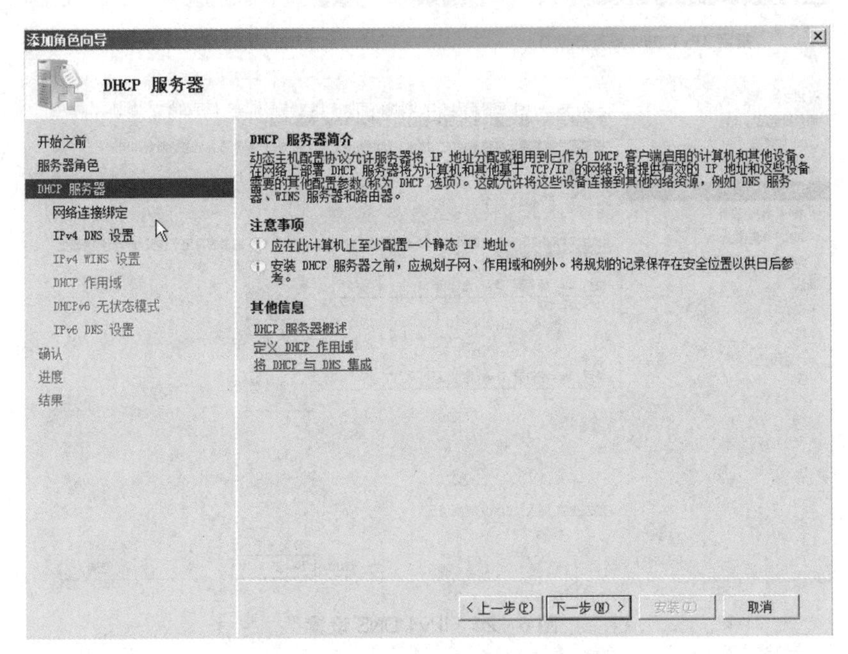

图 6－22　DHCP 服务器设置界面

(3) 选择“网络连接绑定”，如图 6－23 所示：

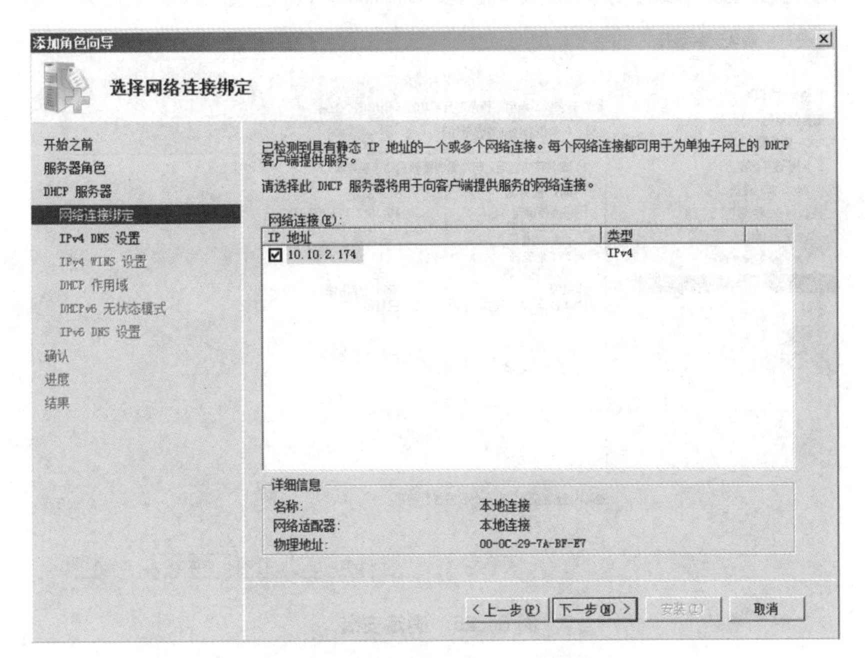

图 6－23 网络连接绑定设置

(4) 指定 IPv4 DNS 服务器的设置，如图 6－24 所示。

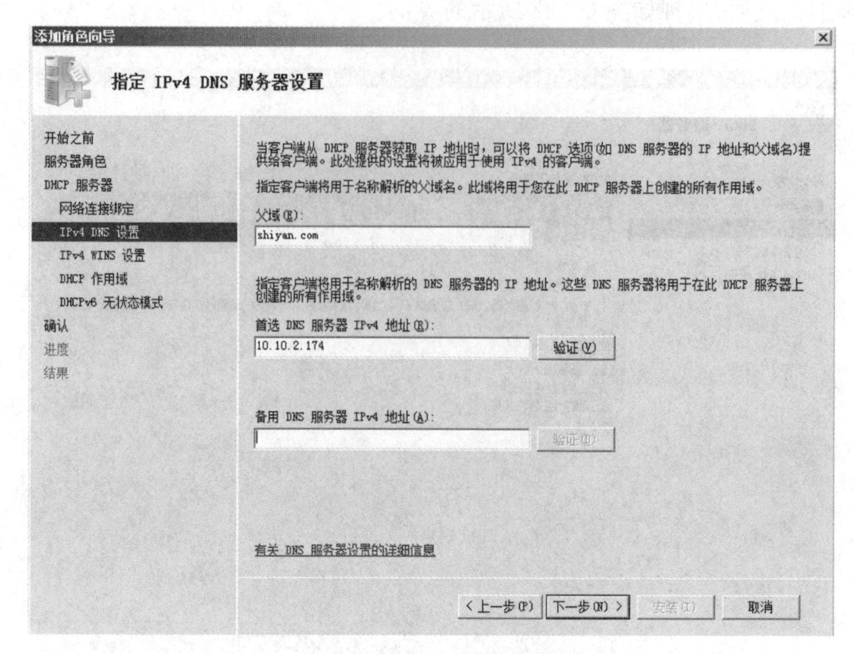

图 6 - 24　IPv4 DNS 设置

(5)【确认】安装,如图 6 - 25 所示。

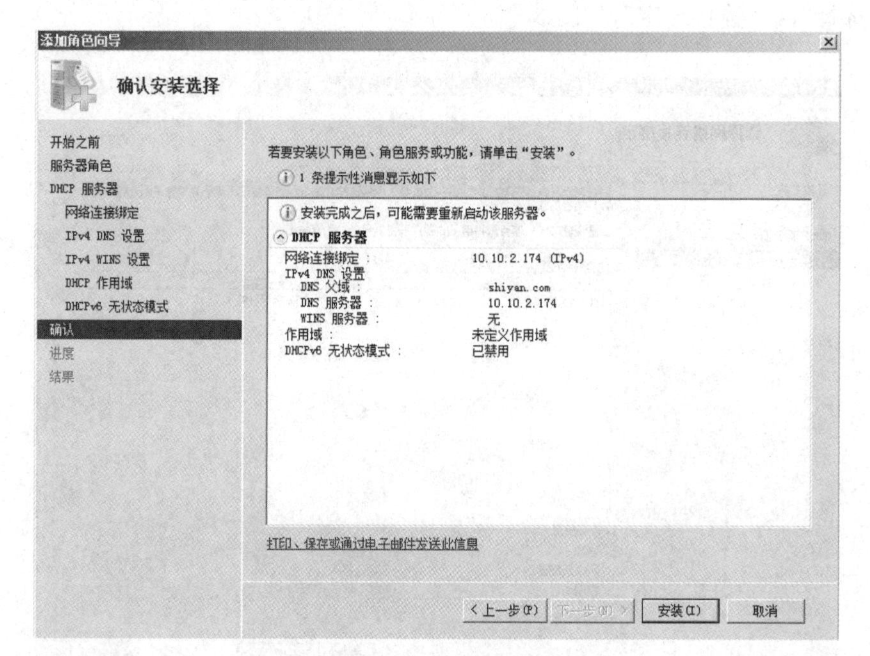

图 6 - 25　确定安装

(6) 安装完成,如图 6 - 26 所示。

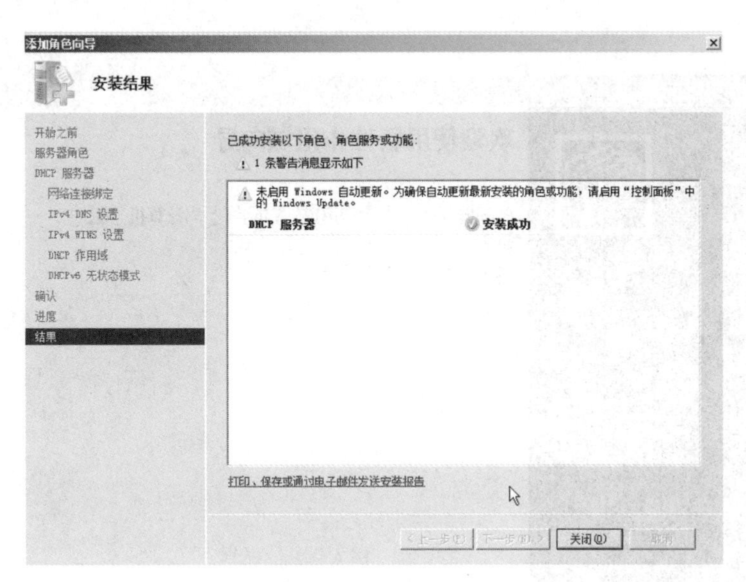

图 6－26　安装完成

2. 创建作用域

(1) 在如图 6－27 所示的 DHCP 管理器中，右键单击“IPv4”，选择“新建作用域”，弹出如图 6－28 所示的“新建作用域向导”。

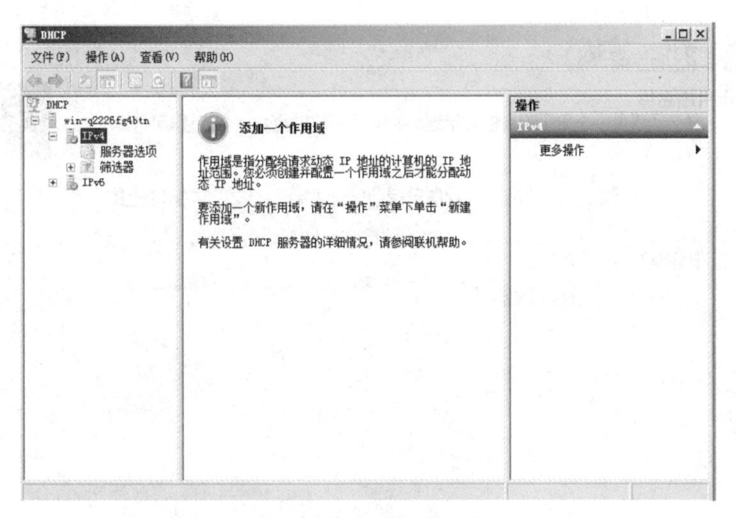

图 6－27　DHCP 管理器

(2) 设置“作用域名称”，如图 6－29 所示。

(3) 设置“IP 地址范围”，如图 6－30 所示。

(4) 设置“添加排除和延迟”信息，如图 6－31 所示。

(5) 设置“租用期限”信息，如图 6－32 所示。

(6) 设置“配置 DHCP 选项”信息，如图 6－33 所示。

新建作用域向导
欢迎使用新建作用域向导
此向导帮助您设置作用域，在网络上为计算机分配地址。
单击“下一步”继续。
< 上一步(B)
下一步(N) >
取消

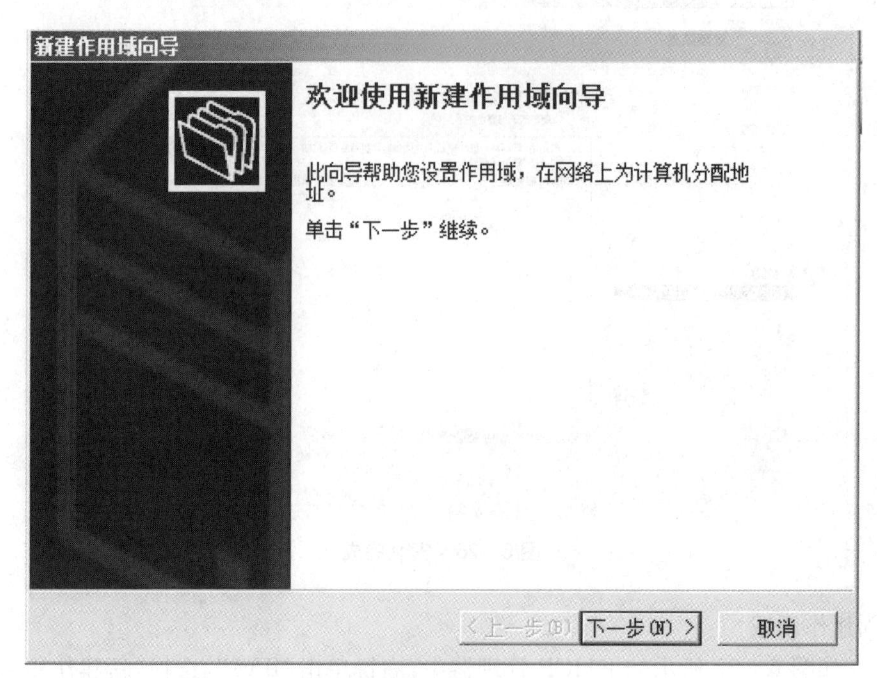

图 6 - 28　新建作用域向导

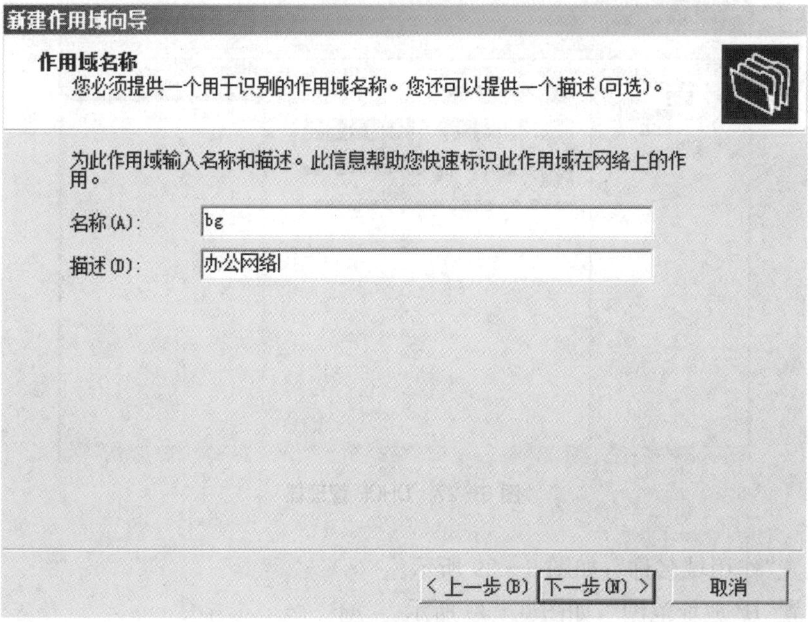

新建作用域向导
作用域名称
您必须提供一个用于识别的作用域名称。您还可以提供一个描述(可选)。
为此作用域输入名称和描述。此信息帮助您快速标识此作用域在网络上的作用。
名称(A):
bg
描述(D):
办公网络
< 上一步(B)
下一步(N) >
取消

图 6 - 29　设置作用域名称

新建作用域向导
IP 地址范围
您通过确定一组连续的 IP 地址来定义作用域地址范围。
DHCP 服务器的配置设置
输入此作用域分配的地址范围。
起始 IP 地址(S):
10 . 10 . 2 . 1
结束 IP 地址(E):
10 . 10 . 2 . 254
传播到 DHCP 客户端的配置设置
长度(L):
21
子网掩码(U):
255 . 255 . 248 . 0
< 上一步(B)
下一步(N) >
取消

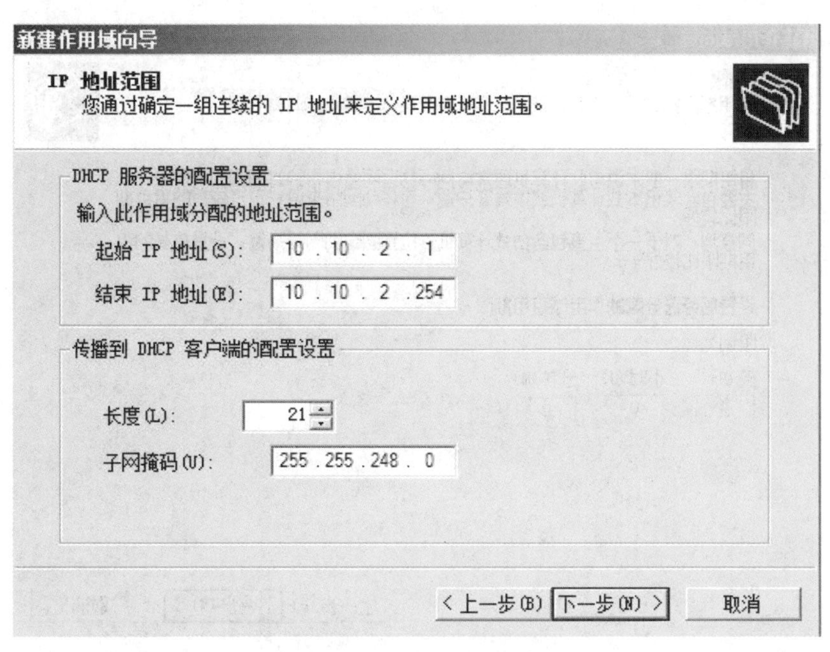

图 6-30　设置 IP 地址范围

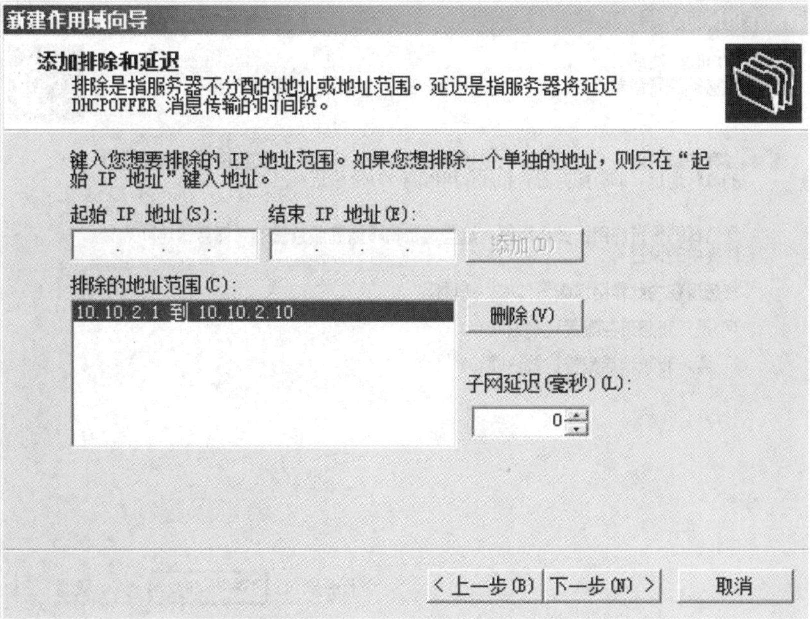

新建作用域向导
添加排除和延迟
排除是指服务器不分配的地址或地址范围。延迟是指服务器将延迟 DHCPOFFER 消息传输的时间段。
键入您想要排除的 IP 地址范围。如果您想排除一个单独的地址，则只在“起始 IP 地址”键入地址。
起始 IP 地址(S):
结束 IP 地址(E):
添加(D)
排除的地址范围(C):
10.10.2.1 到 10.10.2.10
删除(V)
子网延迟(毫秒)(L):
0
< 上一步(B)
下一步(N) >
取消

图 6-31　设置添加排除和延迟

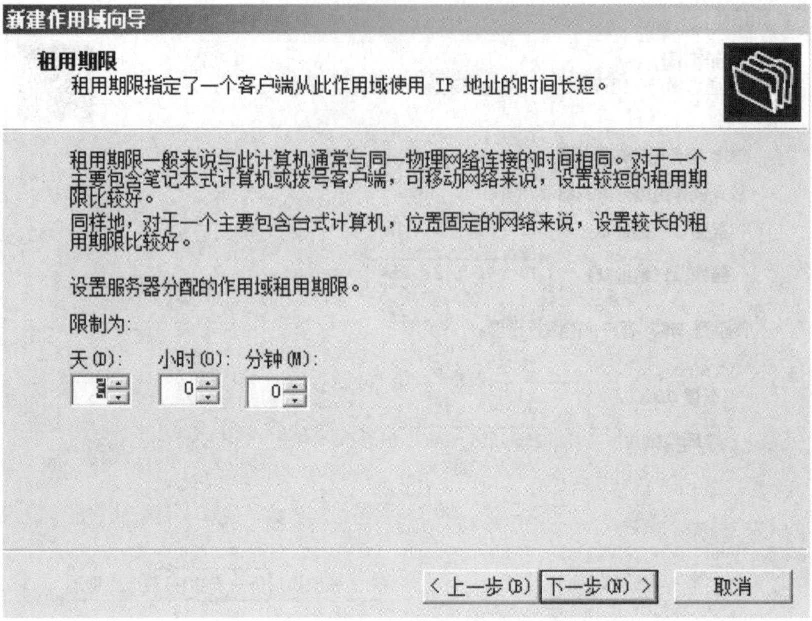

新建作用域向导

租用期限

租用期限指定了一个客户端从此作用域使用 IP 地址的时间长短。

租用期限一般来说与此计算机通常与同一物理网络连接的时间相同。对于一个主要包含笔记本式计算机或拨号客户端，可移动网络来说，设置较短的租用期限比较好。

同样地，对于一个主要包含台式计算机，位置固定的网络来说，设置较长的租用期限比较好。

设置服务器分配的作用域租用期限。

限制为：

天(D)： 8 小时(O)： 0 分钟(M)： 0

< 上一步(B) 下一步(N) > 取消

图 6-32 设置租用期限

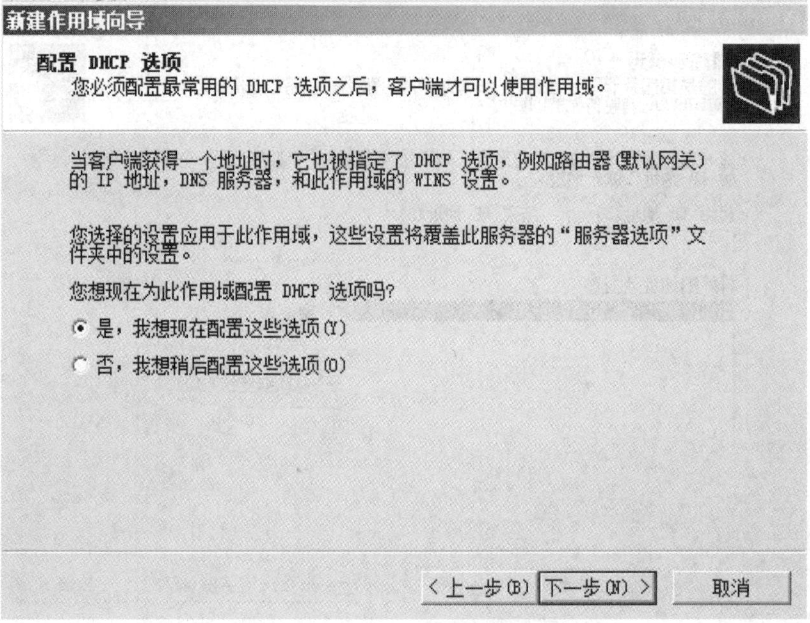

新建作用域向导

配置 DHCP 选项

您必须配置最常用的 DHCP 选项之后，客户端才可以使用作用域。

当客户端获得一个地址时，它也被指定了 DHCP 选项，例如路由器(默认网关)的 IP 地址，DNS 服务器，和此作用域的 WINS 设置。

您选择的设置应用于此作用域，这些设置将覆盖此服务器的“服务器选项”文件夹中的设置。

您想现在为此作用域配置 DHCP 选项吗？

◉ 是，我想现在配置这些选项(Y)

○ 否，我想稍后配置这些选项(O)

< 上一步(B) 下一步(N) > 取消

图 6-33 选择配置 DHCP 选项

(7) 设置“路由器”信息，如图 6－34 所示。

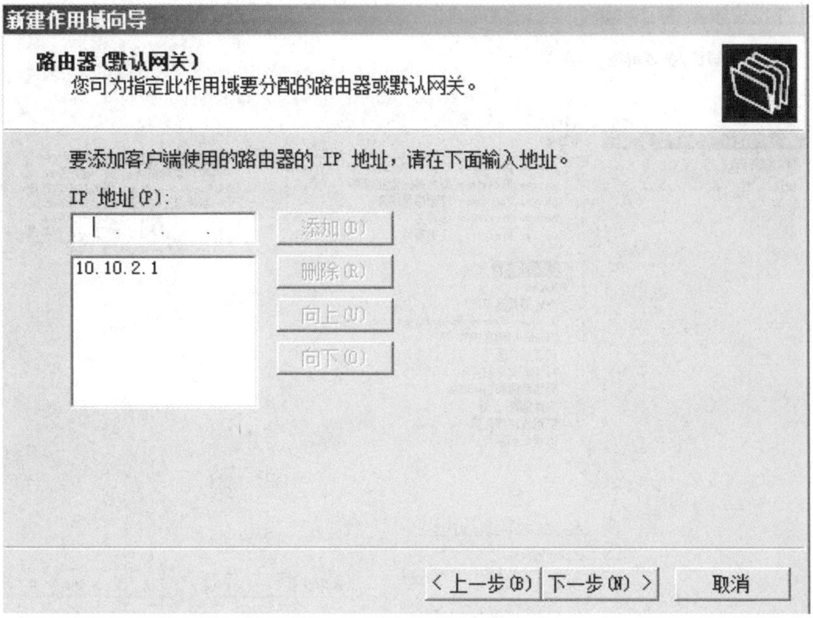

图 6－34　设置路由器信息

实训总结

任务 2　DNS 服务器的配置

实训目的

1. 理解 DNS 机制。
2. 掌握 DNS 服务器的配置。

实训环境

实训室

硬件：PC。

软件：windows server 2008。

实训内容

1. 安装 DNS 服务器角色

(1) 选择“开始”→“管理工具”→“服务器管理”，在打开的窗口中选择“添加角色”，打开如图 6-35 所示的窗口,勾选"DNS 服务器",点击【下一步】。

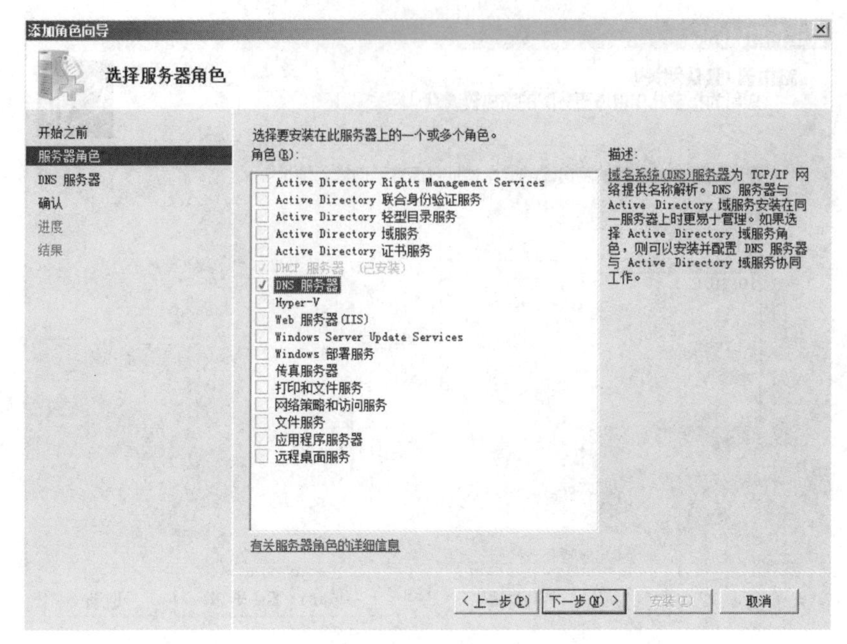

图 6-35 添加服务器角色

(2) 在"DNS 服务器"界面中,点击【下一步】,如图 6-36 所示。

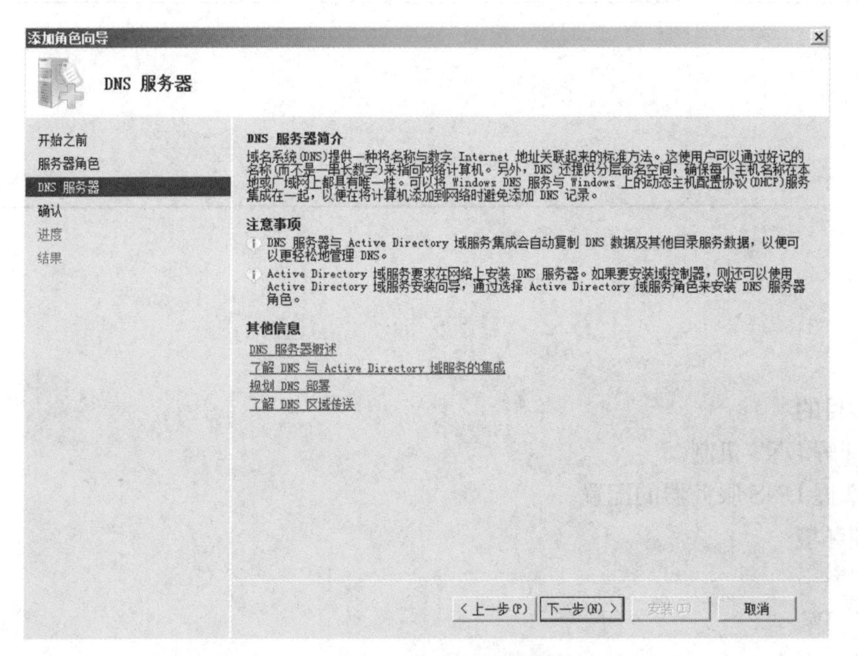

图 6-36 选择 DNS 服务器

(3) 在"确认安装选择"界面中,点击【安装】,如图 6-37 所示。安装过程完成后,关闭。

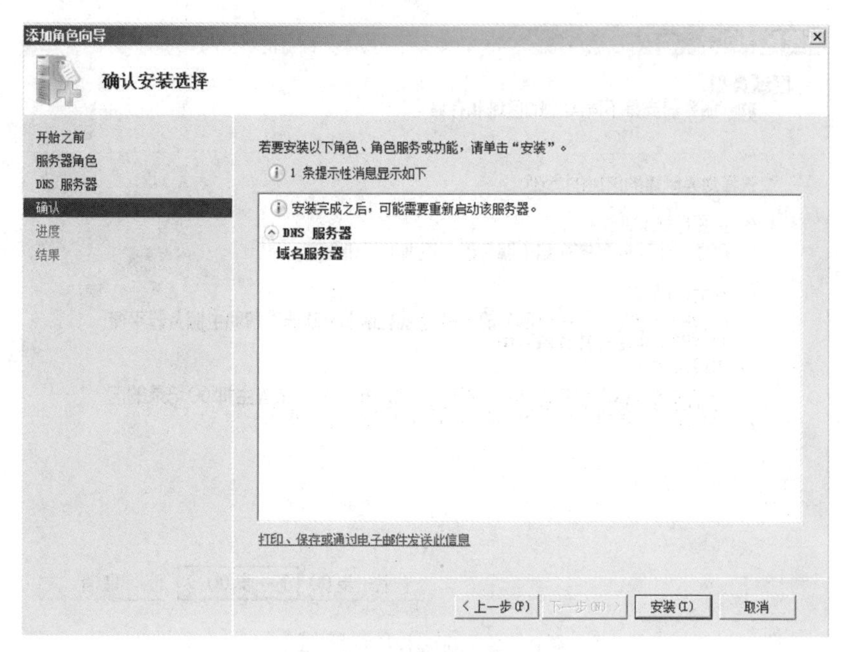

图 6－37　安装完成

2. 创建 DNS 区域

(1) 选择“开始”→“管理工具”→“DNS”，打开“DNS 管理器”窗口，如图 6－38 所示。

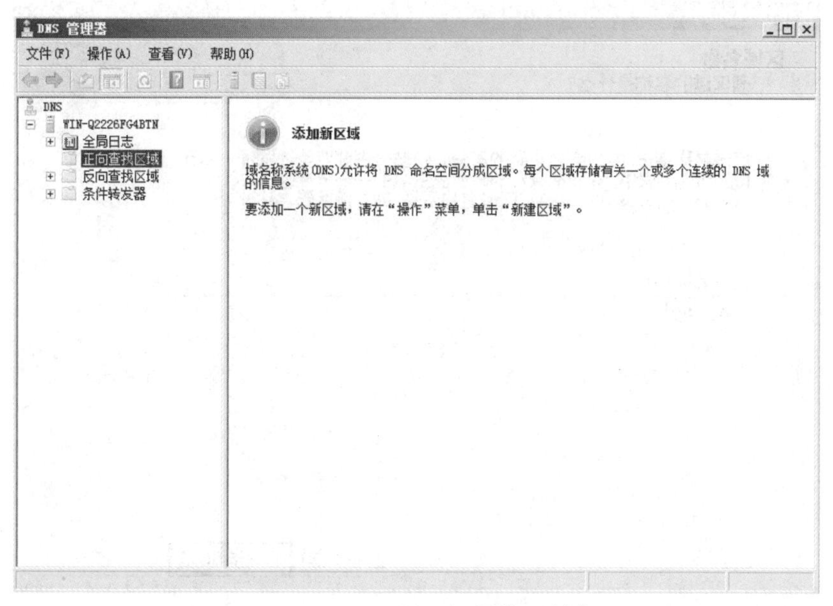

图 6－38　选择【正向查找区域】

(2) 右键单击“正向查找区域”，选择“新建区域”命令，弹出“新建区域向导”对话框，如图 6－39 所示，选择“主要区域”，点击【下一步】。

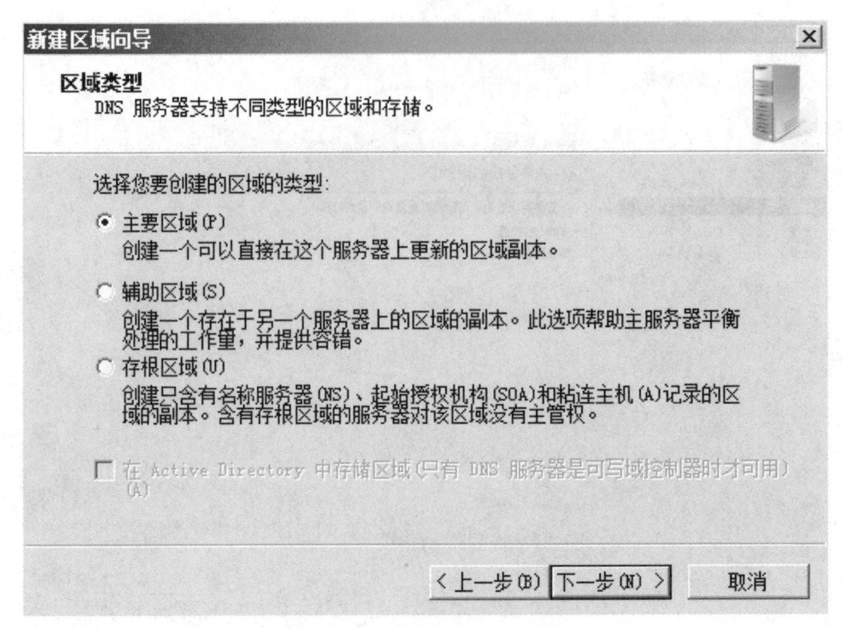

图 6-39 选择【主要区域】

(3) 在“新建区域向导”中输入“区域名称”(如 cszy. com),如图 6-40 所示,点击【下一步】。

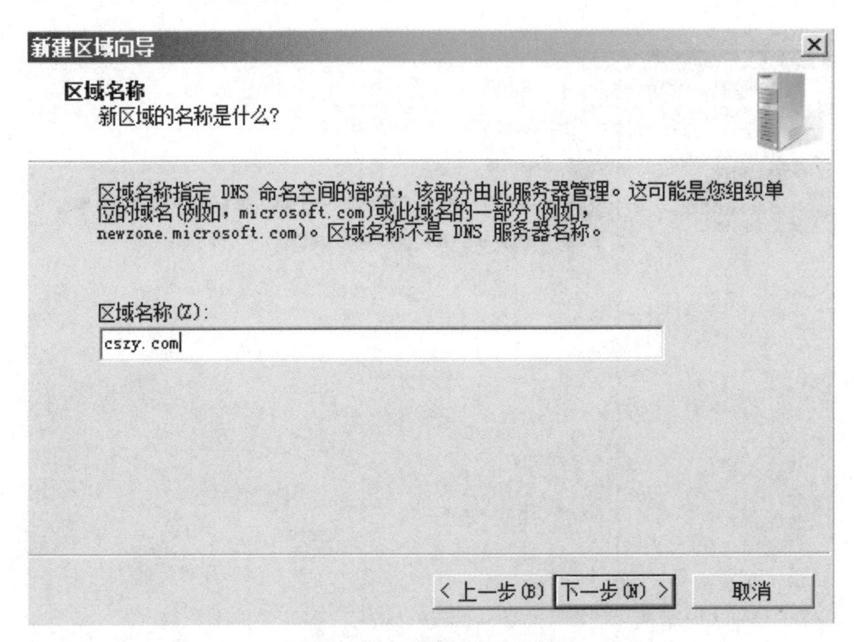

图 6-40 设置“区域名称”

(4) 在“区域文件”中选择默认的第一项“创建新文件,文件名为”,如图 6-41 所示,点击【下一步】。

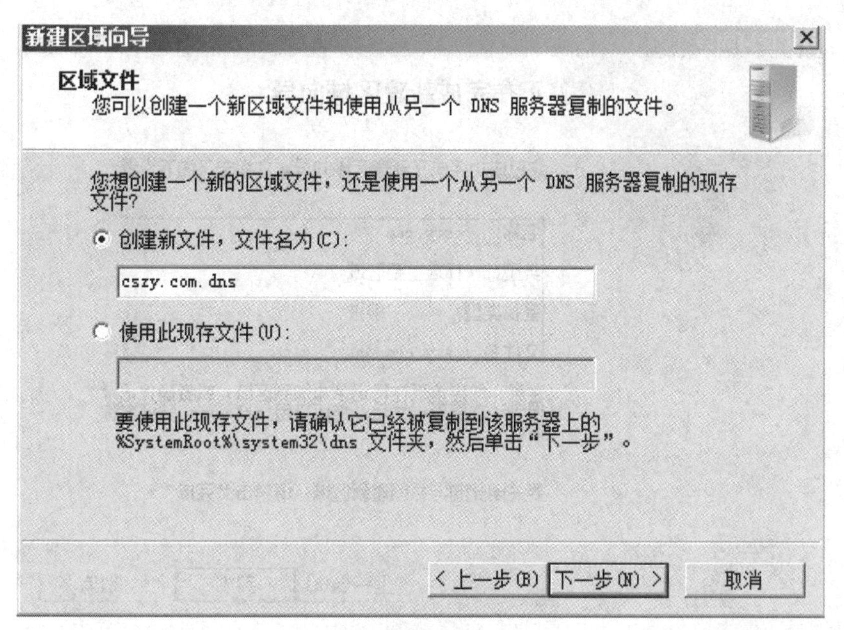

图6-41　设置"区域文件"

(5) 在"动态更新"页面选择默认的"不允许动态更新"选项，如图6-42所示，点击【下一步】。

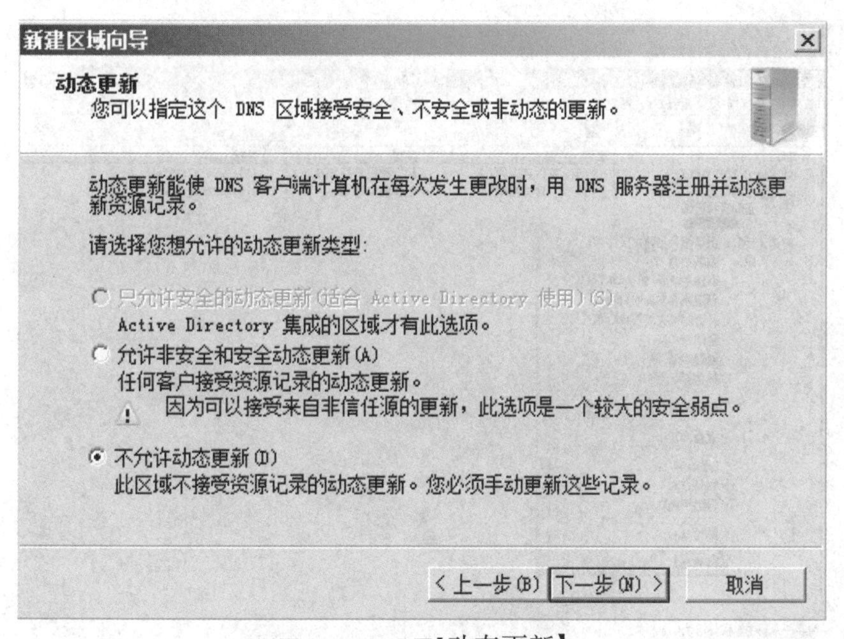

图6-42　设置【动态更新】

(6) 点击【完成】，即可完成新建区域向导，如图6-43所示。

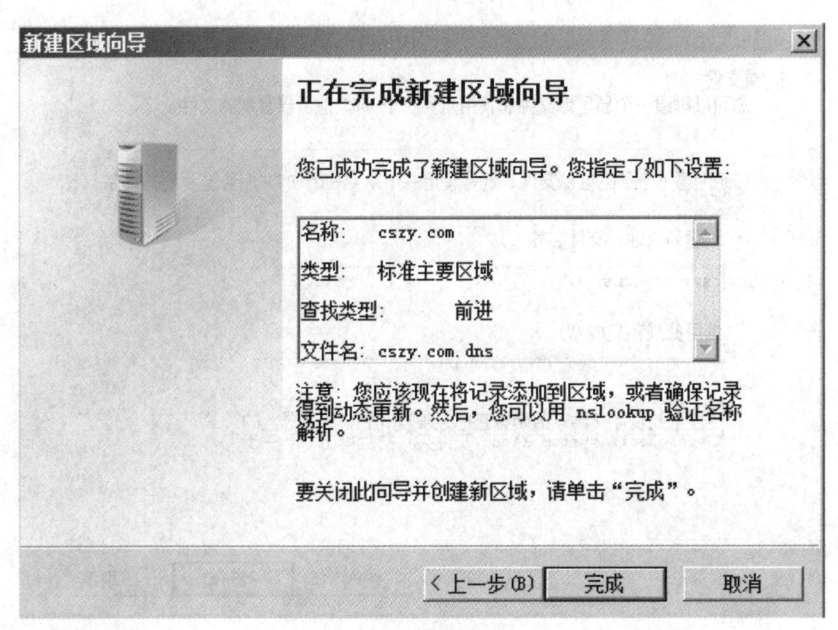

图 6-43 完成区域创建

3. 新建主机

(1) 在新建的区域“cszy.com”上右键单击，在快捷菜单中选择“新建主机”，如图 6-44 所示。

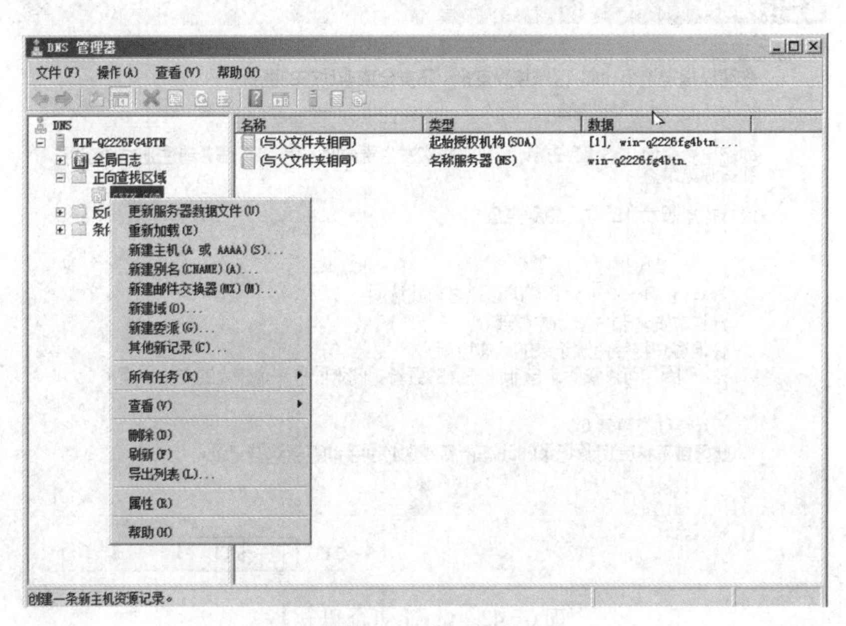

图 6-44 新建主机

(2) 在“新建主机”对话框中，输入名称“www”，设置“www.cszy.com”对应的 IP 地址“10.10.2.174”，点击【添加主机】，如图 6-45 所示。

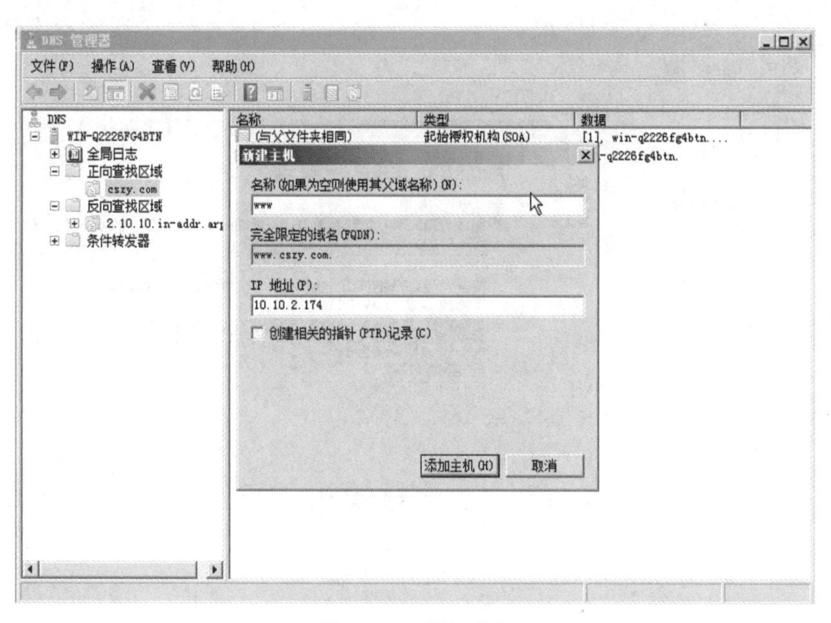

图6-45 添加主机

4. 新建反向查找区域

(1) 在“新建查找区域名称”中选择“IPv4反向查找区域”,如图6-46所示,点击【下一步】。

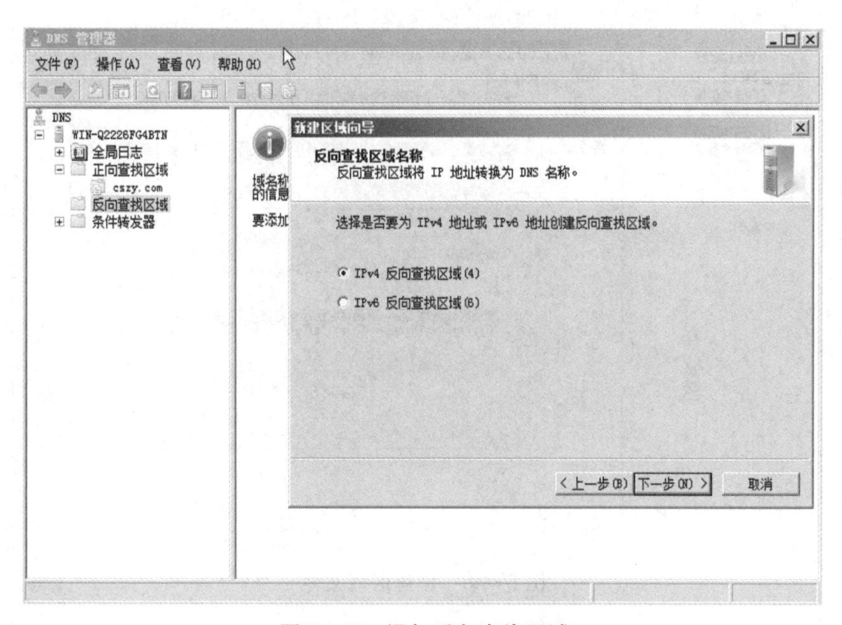

图6-46 添加反向查找区域

(2) 在“网络ID”中输入对应的网络ID(这里输入10.10.2),如图6-47所示,点击【下一步】。

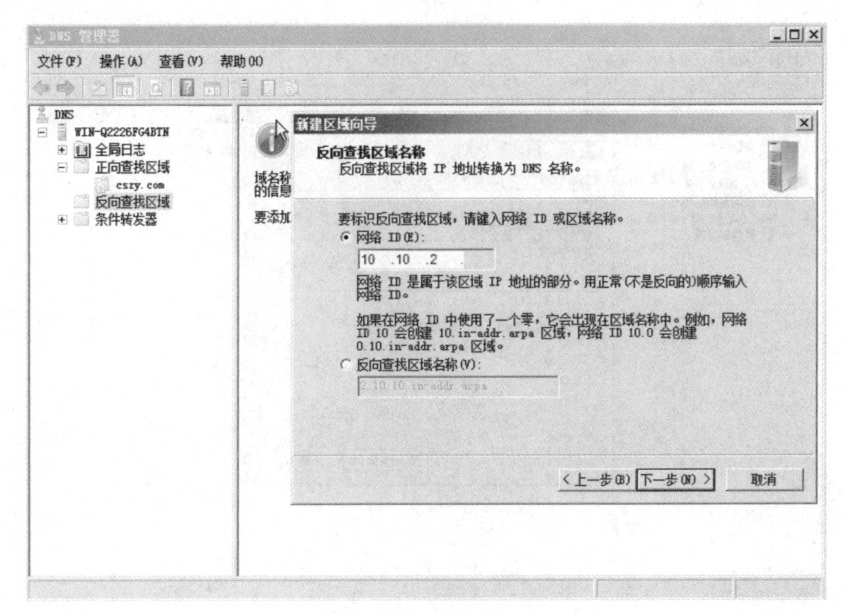

图 6-47 添加网络号

(3) 在“区域文件”中，选择“创建新文件”，如图 6-48 所示，点击【下一步】。

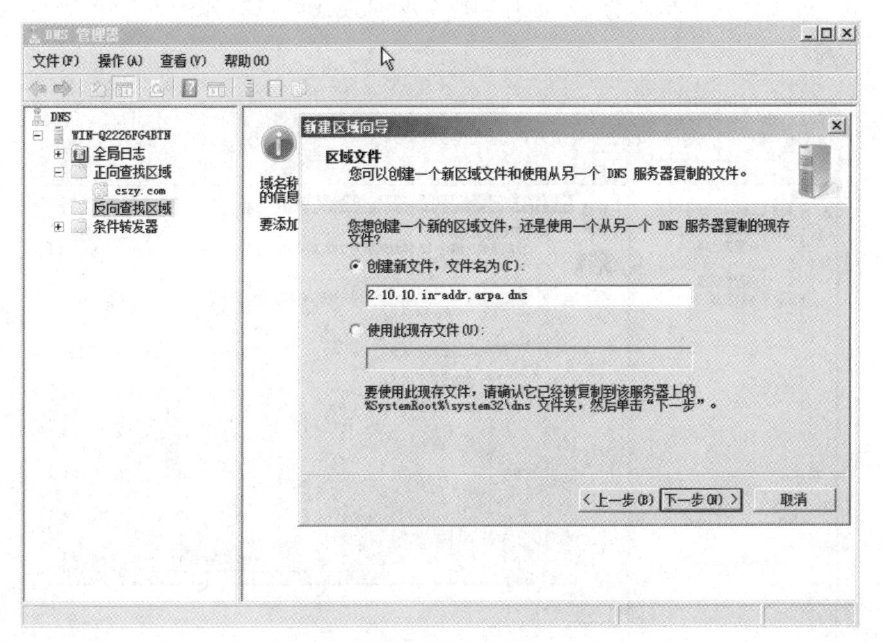

图 6-48 创建区域文件

(4) 在“动态更新”中选择“不允许动态更新”，如图 6-49 所示，点击【下一步】，在完成页面，点击【完成】。

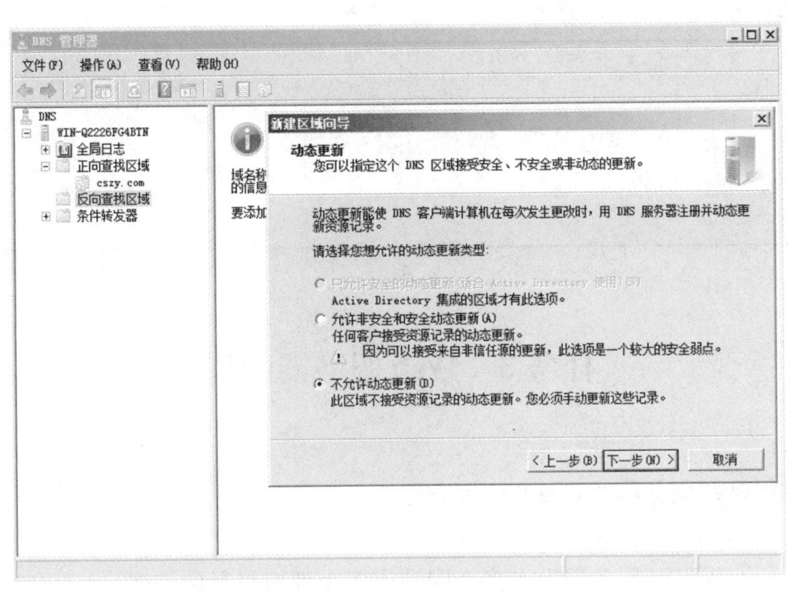

图 6－49　设置动态更新

(5) 在反向区域中的右键快捷菜单中选择“新建指针”，在弹出的“新建资源记录”对话框中输入主机 IP 地址为“10.10.2.174”，主机名为“www.cszy.com”，如图 6－50 所示。确定后完成。

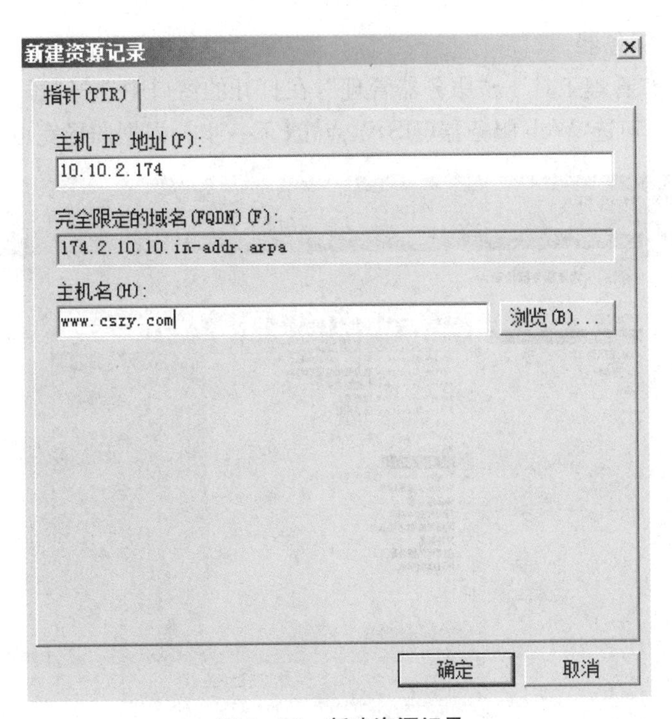

图 6－50　新建资源记录

实训总结

任务3 Web服务器配置

实训目的

1. 掌握WWW服务器的安装与配置方法。
2. 掌握Web站点的管理与设置。
3. 掌握一台WWW服务器发布多个网站或多个虚拟目录的方法。

实训环境

实训室

硬件:PC。

软件:windows server 2008。

实训内容

1. 安装Web服务器

选择“开始”→“管理工具”→“服务器管理”,在打开的窗口中选择“添加角色”,打开如图6-51所示的窗口,勾选“Web服务器(IIS)”,点击【下一步】,根据向导完成安装。

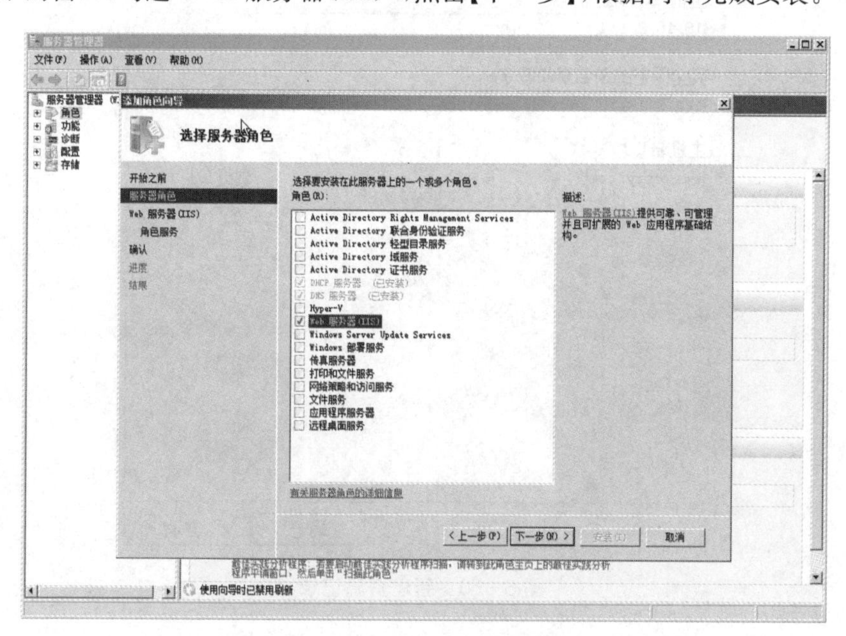

图6-51 添加Web服务器

2. 添加站点

(1) 选择“开始”→“Internet 信息服务(IIS)管理器”，在打开的窗口中，右键选择左侧导航中的“网站”，在弹出的快捷菜单中选择“添加网站”，弹出如图 6－52 所示的对话框。

(2) 在“添加网站”对话框中，设置“网站名称”、“物理路径”(事先准备好的网站文件夹，其中包含首页 index. html 文档)，绑定类型为“http”，IP 地址为“10. 10. 2. 174”，端口为“80”，主机名为“www. cszy. com”(事先在 DNS 中建立好的域名)，点击【确定】。

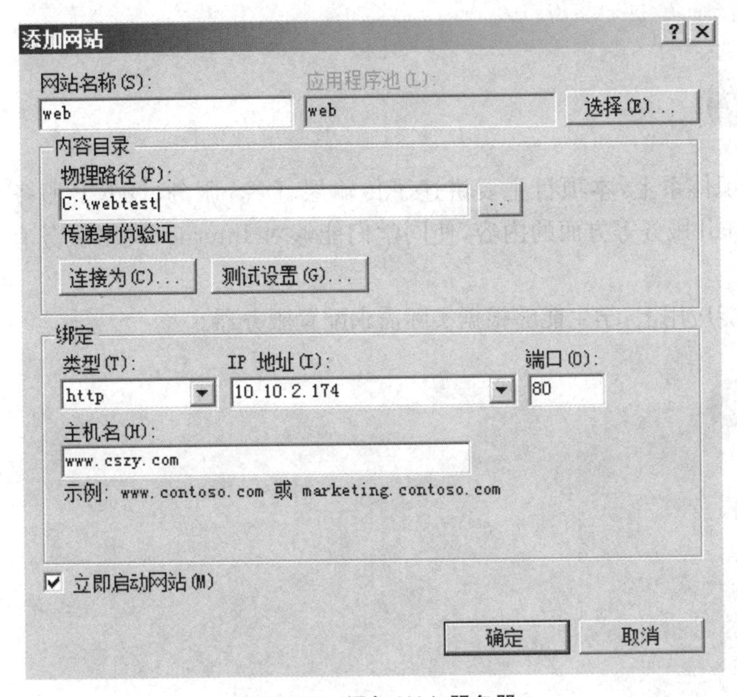

图 6－52 添加 Web 服务器

(3) 在浏览器地址栏，输入网址“http://www. cszy. com/”，可以浏览到相应的网页内容，如图 6－53 所示。

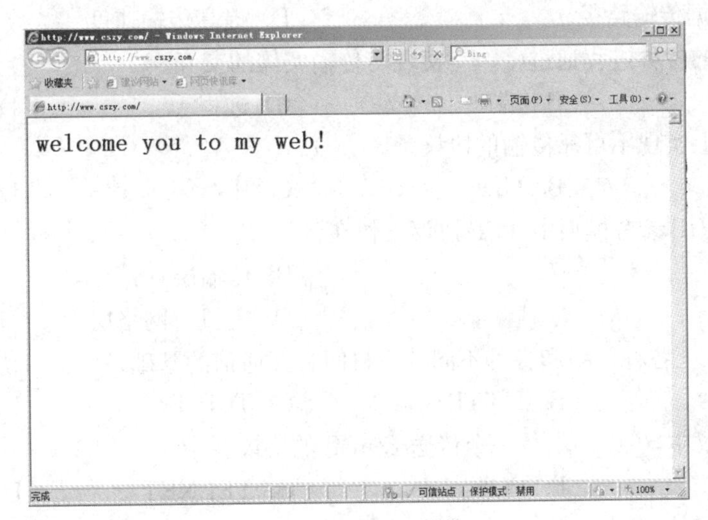

图 6－53 网页浏览

实训总结

学习小结

在理论知识体系上，本项目主要讲述了传输层、DNS服务、DHCP服务、WWW服务、FTP服务、E-mail服务等方面的内容，使同学们能够对Internet网络服务有一定的了解与认识。

在实践技能应用上，学生能够根据实际需求配置服务器。

巩固练习

一、名词解释

1. TCP：
2. UDP：
3. DNS：
4. DHCP：

二、单选题

1. TCP的主要功能是（ ）。

A. 进行数据分组　　B. 保证可靠传输
C. 确定数据传输路径　　D. 提高传输速度

2. 应用层的各种进程通过（ ）实现与传输实体的交互。

A. 程序　　B. 端口　　C. 进程　　D. 调用

3. 传输层上实现不可靠传输的协议是（ ）。

A. TCP　　B. UDP　　C. IP　　D. ARP

4. 在TCP/IP参考模型中TCP协议工作在（ ）。

A. 应用层　　B. 传输层
C. 互连层　　D. 主机—网络层

5. Internet上各种网络和各种不同计算机间相互通信的基础是（ ）协议。

A. IPX　　B. HTTP　　C. TCP/IP　　D. X.25

6. 下面协议中，（ ）不是一个传送E-mail的协议。

A. SMTP　　B. POP　　C. TELNET　　D. MIME

7. HTTP 是一种(　　)。

A. 程序设计语言　　B. 域名
C. 超文本传输协议　　D. 网址

8. 下面合法的 IP 地址是(　　)。

A. 202.120.265.2　　B. 156.245.2.1
C. 1.23.456.7　　D. 202.96.45.321

9. 下面协议中,(　　)不是一个传送 E-mail 的协议。

A. SMTP　　B. POP　　C. TELNET　　D. MIME

10. 在以下协议中,(　　)不是 Internet 收发 E-mail 的协议。

A. RARP　　B. POP3　　C. SMTP　　D. IMAP

三、简答题

1. 简述 TCP 与 UDP 之间的相同点和不同点。
2. 简述 DNS 的主要作用及工作原理。

网络管理与网络安全

教学导航

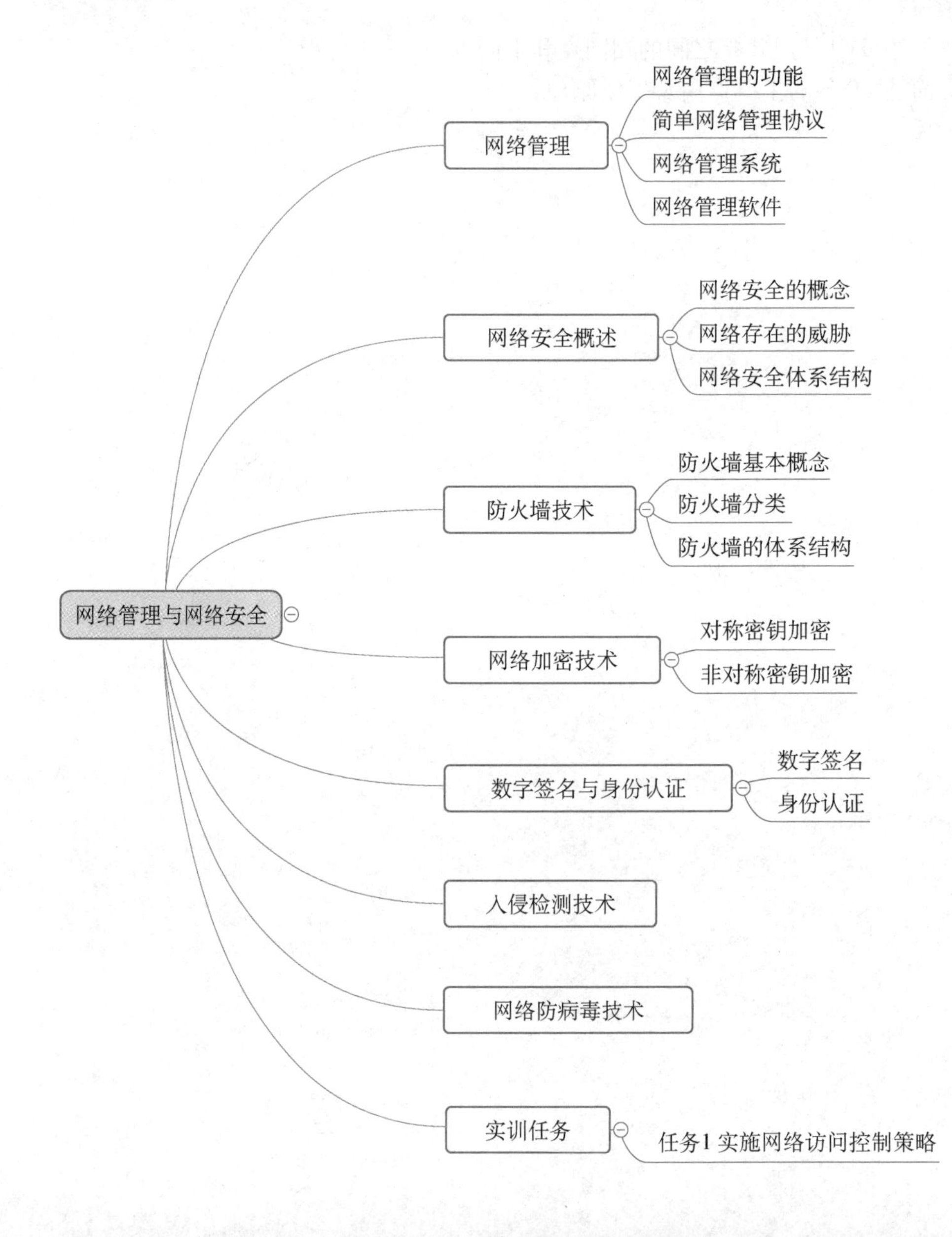

基础知识

7.1 网络管理

7.1.1 网络管理的功能

网络管理就是指监督、组织和控制网络通信服务，以及信息处理所必需的各种活动的总称，其目标是确保计算机网络的持续正常运行，并在计算机网络运行异常时，能够及时响应和排除故障。

根据国际标准化组织定义，网络管理有五大功能：

(1) 故障管理 故障管理是网络管理中最基本的功能之一，是迅速发现、定位和排除网络故障，动态维护网络。故障管理的主要功能有告警检测、故障定位、测试、业务恢复及维修等，同时还要维护故障目标。

(2) 配置管理 配置管理是网络管理最基本的功能，负责监测和控制网络的配置状态。主要提供资源清单管理、资源提供、业务提供及网络拓扑结构服务等功能。配置管理完成建立和维护配置管理信息库(Management Information Base, MIB)。

(3) 性能管理 网络性能管理保证网络有效运行和提供约定的服务质量，在保证各种业务的服务质量的同时，尽量提高网络资源的利用率。性能管理主要包括性能检测、性能分析和性能管理控制等内容。性能管理在性能指标监测、分析和控制时要访问 MIB。当发现网络性能严重恶化时，性能管理便与故障管理互通。

(4) 安全管理 网络安全管理提供信息的保密、认证和完整性保护机制，使网络中的服务数据和系统免受侵扰和破坏。安全管理主要包括风险分析、安全服务、告警、日志和报告功能以及网络管理系统保护功能。

(5) 记账管理 记账管理是正确的计算和接收用户使用网络服务的费用，统计网络资源使用和计算网络成本效益的。

7.1.2 简单网络管理协议

简单网络管理协议(Simple Network Management Protocol, SNMP)属于 TCP/IP 协议簇中的应用层协议，SNMP 主要用于网络设备的管理，如图 7-1 所示。由于 SNMP 协议简单可靠，受到了众多厂商的欢迎，成为了目前最为广泛的网管协议。该协议能够支持网络管理系统，用以监测连接到网络上的设备是否有任何引起管理上关注的情况。

如图 7-2 所示，SNMP 协议主要由两大部分构成：SNMP 管理站和 SNMP 代理。SNMP 管理站是一个中心节点，负责收集维护各个 SNMP 元素的信息，并处理这些信息，最后反馈给网络管理员；而 SNMP 代理运行在各个被管理的网络节点之上，负责统计该节点的各项信息，并且负责与 SNMP 管理站交互，接收并执行管理站的命令，上传各种本地的网络信息。

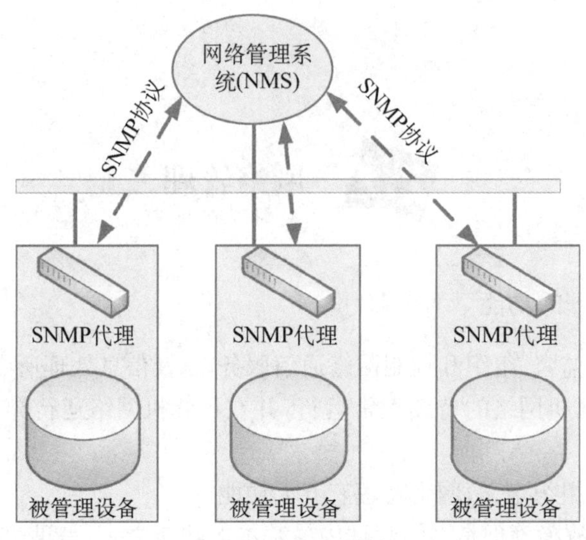

图 7－1 SNMP 协议

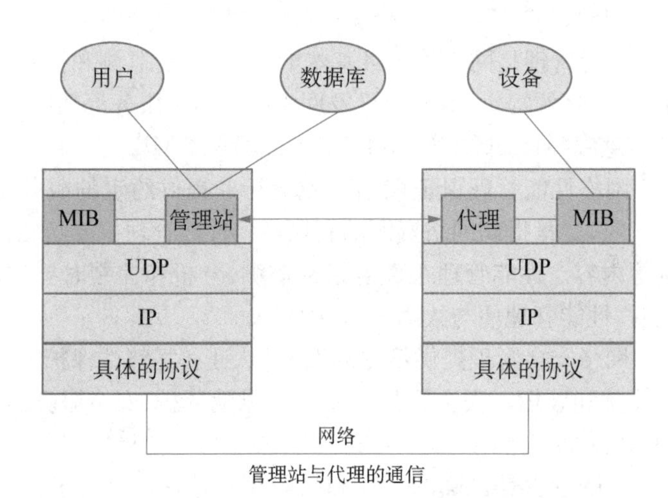

图 7－2 SNMP 协议结构

SNMP 管理站和 SNMP 代理之间是松散耦合。他们之间的通信是通过 UDP 协议完成的。一般情况下，SNMP 管理站通过 UDP 协议向 SNMP 代理发送各种命令，当 SNMP 代理收到命令后，返回 SNMP 管理站需要的参数。但是当 SNMP 代理检测到网络元素异常的时候，也可以主动向 SNMP 管理站发送消息，通告当前异常状况。

SNMP 可以为不同种类的设备、不同厂家生产的设备、不同型号的设备，定义一个统一的接口和协议，使得管理员可以使用统一的外观，管理这些网络设备。通过网络，管理员可以管理位于不同物理空间的设备，从而大大提高网络管理的效率，简化网络管理员的工作。

7.1.3 网络管理系统

一个典型的网络管理系统包括 4 个要素：管理员、管理代理、管理信息数据库、代理服务设备。前 3 个要素是必需的,第四个是可选的。

(1) 管理员 管理员是网络管理软件的重要功能之一,是协助网络管理员完成整个网络的管理工作。网络管理软件要求管理代理定期收集重要的设备信息,收集到的信息将用于确定独立的网络设备、部分网络或整个网络运行的状态是否正常。

(2) 管理代理 网络管理代理是驻留在网络设备中的软件项目,也称为管理代理软件。这里的设备可以是工作站、网络打印机,也可以是其他的网络设备。管理代理软件可以获得本地设备的运转状态、设备特性、系统配置等相关信息。

管理代理相当于管理系统与管理代理软件驻留设备之间的中介,控制设备的管理信息库信息来管理该设备。管理代理软件可以把网络管理员发出的命令,按照标准的网络格式转化,收集所需的信息,之后返回正确的响应。在某些情况下,管理员也可以通过设备某个 MIB 对象来命令系统进行某种操作。

路由器、交换机、集线器等网络设备的管理代理软件一般由原网络设备制造商提供,它可以作为底层系统的一部分,也可以作为可选的升级项目。

(3) 管理信息数据库 MIB 管理信息数据库定义了一种数据对象,它可以由网络管理系统控制。MIB 是一个信息存储库,包括数千个数据对象,网络管理员可以直接控制这些数据对象,去控制、配置或监控网络设备。管理系统可以通过网络管理代理软件来控制 MIB 数据对象。

(4) 代理设备 代理设备在标准网络管理软件和不直接支持该标准协议的系统之间起桥梁作用。利用代理设备,不需要升级整个网络就可以实现从旧版本到新版本的过渡。

7.1.4 网络管理软件

从网络管理范畴来分类,网络管理软件可分为:

(1) 对网“路”的管理 即管理交换机、路由器等主干网络。

(2) 对接入设备的管理 即管理内部 PC、服务器、交换机等。

(3) 对行为的管理 即管理用户的使用。

(4) 对资产的管理 如统计 IT 软、硬件信息。

按网络管理软件产品的功能,网络管理软件可分为网络故障管理软件、网络配置管理软件、网络性能管理软件、网络服务/安全管理软件、网络计费管理软件。

比较典型的网络管理软件有:国外的 Ciscoworks、HP OpenView、CA Unicener TNG、IBM Tivoli NetView、Sun NetManager、SNMPc 等,国内的星网锐捷网络公司开发的 StarView、华为公司的 Quidview、清华紫光 BitView 网络管理系统、方正 FOUND NetWay 网略网络架构管理系统等。

7.2 网络安全概述

7.2.1 网络安全的概念

网络安全涉及国家安全、个人利益、企业生存等方方面面,因此它是信息化进程中具有重大战略意义的问题。

网络安全是指网络系统的硬件、软件及其系统中的数据受到保护,不因偶然的或者恶意的原因而遭受破坏、更改、泄露,系统连续、可靠、正常地运行,网络服务不中断。网络安全就是确保网络上的信息和资源不被非法授权用户使用。为了保证网络安全,就必须对信息处理和数据存储进行物理安全保护。网络信息安全强调的是数据信息的完整性(Integrity)、可用性(Availability)、保密性(Confidentiality)以及不可否认性(Non-repudiation)。完整性是指保护信息不泄露给非授权用户修改和破坏;可用性是指避免拒绝授权访问或拒绝服务;保密性是指保护信息不泄露给非授权用户;不可否认性是指参与通信的双方在信息交流后不能否认曾经进行过信息交流,以及不能否认对信息做过的处理。

7.2.2 网络存在的威胁

如何保护机密信息不受黑客和间谍的入侵已成为 Internet 重要事情之一。一般认为,目前网络存在的威胁主要表现在以下几点:

(1) 非授权访问　非授权访问是指没有预先经过同意就使用网络或计算机资源,例如,有意避开系统访问控制机制,对网络设备及资源进行非正常使用或擅自扩大权限、越权访问信息等。它主要有以下几种形式:假冒、身份攻击、非法用户进入网络系统违法操作、合法用户以未授权方式操作等。

(2) 信息泄漏或丢失　信息泄漏或丢失是指敏感数据在有意或无意中被泄漏出去或丢失,通常包括信息在传输中丢失或泄漏(如黑客利用网络监听、电磁泄漏或搭线窃听等方式可截获机密信息,如用户口令、账号等重要信息,或通过对信息流向、流量、通信频度和长度等参数的分析,推测出有用信息)、信息在存储介质中丢失或泄漏、建立隐蔽隧道等窃取敏感信息等。

(3) 破坏数据完整性　破坏数据完整性是指以非法手段窃得对数据的使用权,删除、修改、插入或重发某些重要信息,以取得有益于攻击者的响应;恶意添加、修改数据,干扰用户的正常使用。

拒绝服务攻击指不断干扰网络服务系统,改变其正常的作业流程,执行无关程序,使系统响应减慢甚至瘫痪,影响正常用户的使用,甚至使合法用户被排斥而不能进入计算机网络系统或不能得到相应的服务。

(4) 利用网络传播病毒　通过网络传播计算机病毒,破坏性大大高于单机系统,而且用户很难防范。

7.2.3 网络安全体系结构

OSI 安全体系包含 7 个层次:物理层、数据链路层、网络层、传输层、会话层、表示层、应用层,如图 7-3 所示。加密技术是确保信息安全的核心技术;安全技术是对信息系统进行安全检查和防护的主要手段;安全协议本质上是关于某种应用的一系列规定,通信各方只有共同遵守协议,才能安全地相互操作。

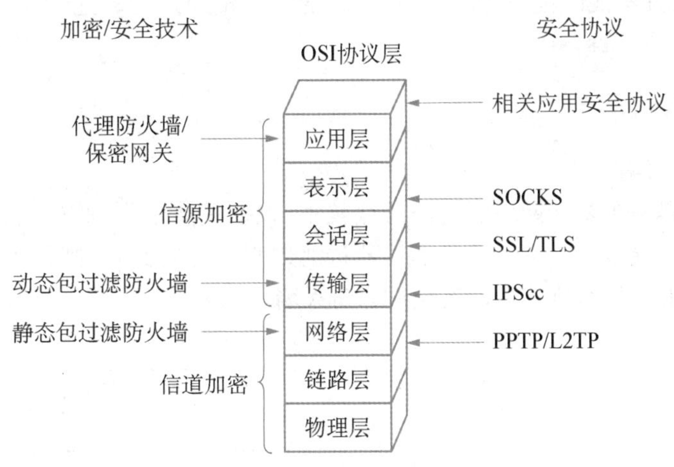

图7-3　网络安全体系结构

7.3 防火墙技术

7.3.1　防火墙基本概念

防火墙是一个由软件和硬件设备组合而成，在内部网和外部网之间、专用网与公共网之间的边界上构造的保护屏障，如图7-4所示。防火墙是一种安全策略，是一类防范措施的总称。事实上，有些人把凡是能保护网络不受外部侵犯而采取的应对措施都称作防火墙。防火墙是一种访问控制技术，用于加强两个网络或多个网络之间的访问控制。防火墙在需要保护的内部网络与有攻击性的外部网络之间设置一道隔离墙，监测并过滤所有从外部网络传来的信息和通向外部网络的信息，保护网络内部敏感数据不被偷窃和破坏。

防火墙作为内部网络和外部网络之间的隔离设备，是由一组能够提供网络安全保障的硬件、软件构成的系统。

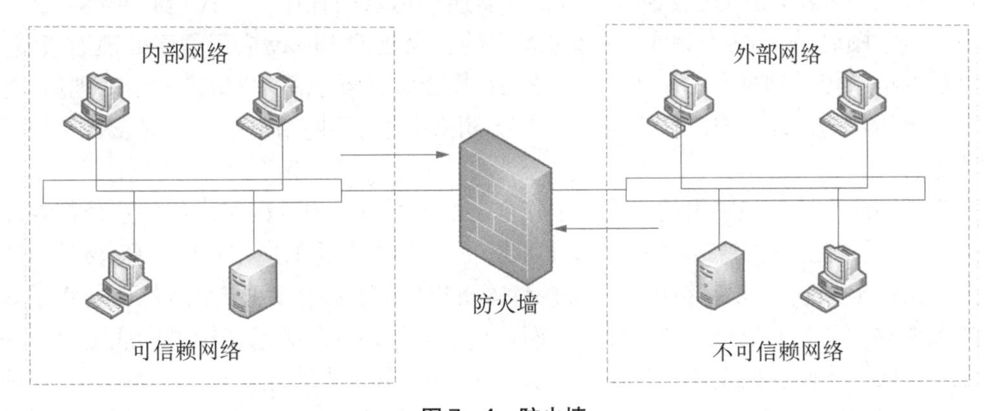

图7-4　防火墙

但是，防火墙并不能防范恶意的知情者，不能防范不通过它的连接，不能防备全部的威胁，防火墙不能防范病毒。

7.3.2 防火墙分类

1. 包过滤防火墙

包过滤技术是一种基于网络层的防火墙技术，根据过滤规则，通过检查 IP 数据包来确定是否允许数据包通过，如图 7-5 所示。若过滤规则事先定义好，则称为静态包过滤防火墙；若过滤规则动态设置，则称为动态包过滤防火墙。

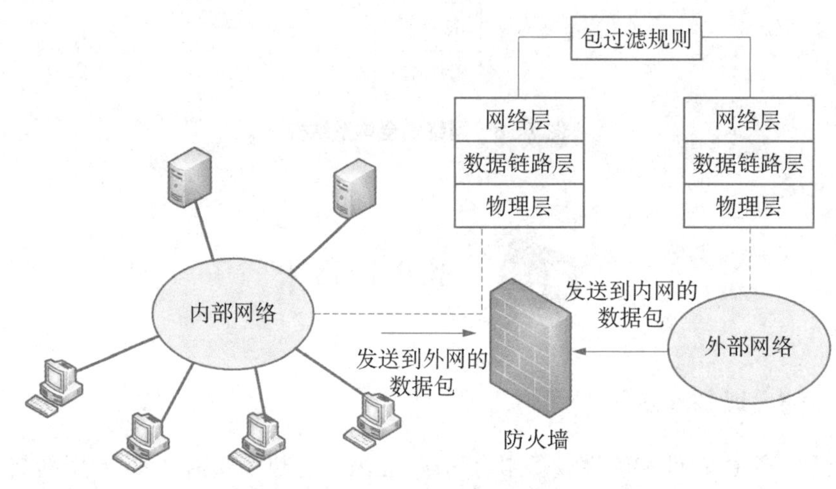

图 7-5 包过滤防火墙

2. 代理防火墙

代理防火墙也叫应用层网关(Application Gateway)防火墙，通过一种代理(Proxy)技术参与到一个 TCP 连接的全过程。从内部发出的数据包经过这样的防火墙处理后，就好像是源于防火墙外部网卡一样，可以达到隐藏内部网结构的作用。这种类型的防火墙被网络安全专家和媒体公认为是最安全的防火墙。它的核心技术就是代理服务器技术。

所谓代理服务器，是指代表客户处理服务器连接请求的程序。当代理服务器得到一个客户的连接意图时，核实客户请求，并经过特定的安全化的 Proxy 应用程序处理连接请求，将处理后的请求传递到真实的服务器上。然后，接受服务器应答，并做进一步处理后，将答复交给发出请求的最终客户。代理服务器在外部网络向内部网络申请服务时发挥了中间转接的作用，如图 7-6 所示。

代理类型防火墙的最突出的优点就是安全。由于每一个内外网络之间的连接都要通过 Proxy 的介入和转换，通过特定的服务如 HTTP 编写的安全化的应用程序处理，然后由防火墙本身提交请求和应答，没有给内外网络的计算机以任何直接会话的机会，从而避免了入侵者使用数据驱动类型的攻击方式入侵内部网。包过滤类型的防火墙是很难彻底避免这一漏洞的。就像向一个陌生的重要人物递交一份声明一样，如果先将这份声明交给律师，律师就会审查声明，确认没有什么负面的影响后才由他交给那个陌生人。在此期间，陌生人对你的存在一无所知。如果要侵犯你，他面对的将是你的律师，而你的律师当然比你更加清楚该如

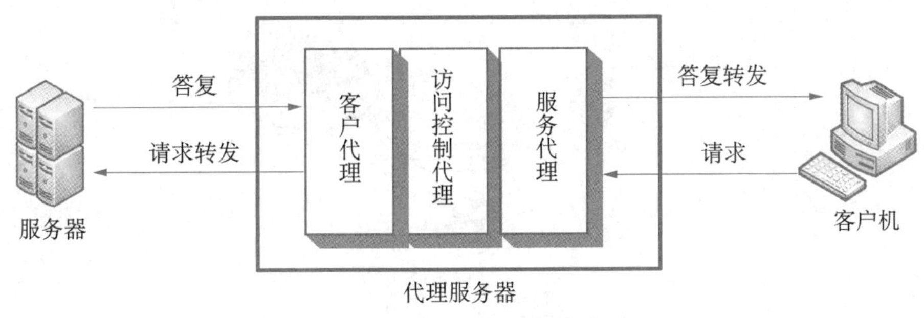

图7-6 代理防火墙

何对付这种人。

代理防火墙的最大缺点就是速度相对比较慢。当用户对内外网络网关的吞吐量要求比较高时(比如要求达到75～100 Mb/s时),代理防火墙就会成为内外网络之间的瓶颈。所幸的是,目前用户接入Internet的速度一般都远低于这个数字。在现实环境中,要考虑使用包过滤类型防火墙来满足速度要求的情况,大部分是高速网(ATM或千兆位以太网等)之间的防火墙。

3. 包过滤防火墙与代理防火墙的比较

包过滤防火墙和代理防火墙各有优缺点,见表7-1。因此在实际应用中,构筑防火墙的解决方案很少采用单一的技术,大多数防火墙都是将数据包过滤和代理服务器结合起来使用的。

表7-1 包过滤防火墙与代理防火墙的比较

类型	包过滤防火墙	代理防火墙
优点	性能开销小,处理速度快,价格较低	内置了专门为提高安全性而编制的Proxy应用程序,能够透彻地理解相关服务的命令;对来往的数据包进行安全化处理;不允许数据包通过防火墙,避免了数据驱动式攻击的发生
缺点	定义复杂,容易出现因配置不当带来的问题;允许数据包直接通过,容易造成数据驱动式的攻击;不能理解特定上下文的环境,相应控制只能在高层由代理服务和应用层网关来完成	速度较慢,不太适合于高速网络之间的应用

7.3.3 防火墙的体系结构

1. 屏蔽路由器

屏蔽路由器是防火墙最基本的构件,是最简单也是最常见的防火墙,屏蔽路由器作为内外连接的唯一通道,要求所有的报文都必须在此通过检查,如图7-7所示。路由器上可以安装基于IP层的报文过滤软件,实现报文过滤功能。许多路由器本身带有报文过滤配置选项,但一般比较简单。这种配置的优点是容易实现、费用少,并且对用户的要求较低,使用方

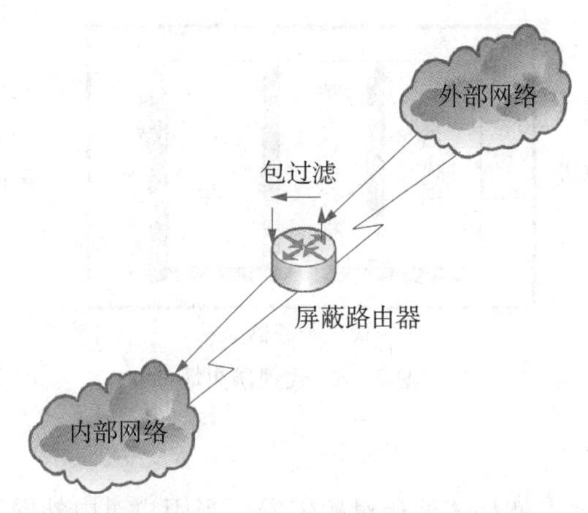

图 7-7 屏蔽路由器

便。其缺点是日志记录能力不强，规则表庞大、复杂，整个系统依靠单一的部件保护，一旦被攻击，系统管理员很难确定系统是否正在被入侵或已经被入侵。

2. 双宿主机网关

双宿主主机是一台安装有两块网卡的计算机，每块网卡有各自的 IP 地址，并分别与受保护网和外部网相连。外部网络上的计算机想与内部网络上的计算机通信，它就必须与双宿主主机上与外部网络相连的 IP 地址联系，代理服务器软件再通过另一块网卡与内部网络相连接。也就是说，外部网络与内部网络不能直接通信，它们之间的通信必须经过双宿主机的过滤和控制，如图 7-8 所示。

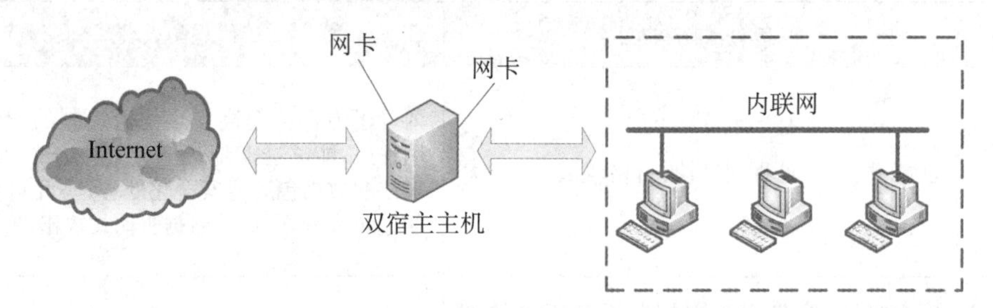

图 7-8 双宿主机网关

网关可将受保护网络与外界完全隔离；代理服务器可提供日志，有助于网络管理员确认哪些主机可能已被入侵。由于它本身是一台主机，所以可用于诸如身份验证服务器及代理服务器，使其具有多种功能。它的缺点是：双宿主主机的每项服务必须使用专门设计的代理服务器，即使较新的代理服务器能处理几种服务，也不能同时进行；另外，一旦双宿主主机受到攻击，并使其只具有路由功能，那么任何网上用户都可以随便访问内部网络，这将严重损害网络的安全性。

3. 屏蔽主机网关

屏蔽主机网关由屏蔽路由器和应用网关组成，屏蔽路由器的作用是包过滤，应用网关的作用是代理服务。这样，在内部网络和外部网络之间建立了两道安全屏障，既实现了网络层安全，又实现了应用层安全。来自外部网络的所有通信都会连接到屏蔽路由器，它根据所设置的规则过滤这些通信。在多数情况下，与应用网关之外的机器的通信都会被拒绝。网关的代理服务器软件用自己的规则，将被允许的通信传送到受保护的网络上。应用网关只有一块网卡，因此它不是双宿主主机网关，如图 7－9 所示。

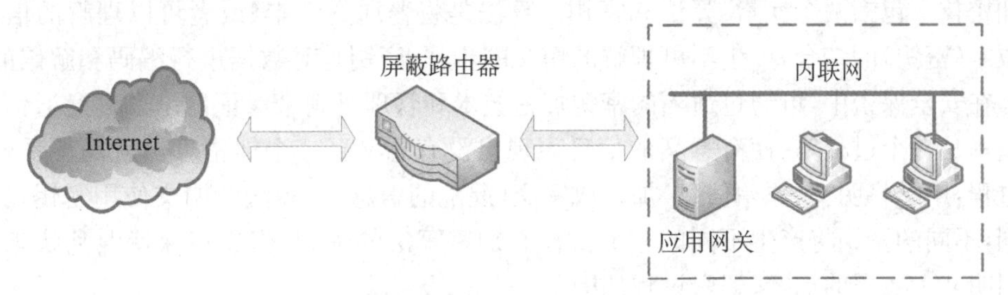

图 7－9 屏蔽主机网关

屏蔽主机网关比双宿主主机网关设置更加灵活，它可以设置成使屏蔽路由器将某些通信直接传到内部网络的站点，而不是传到应用层网关。另外，屏蔽主机网关具有双重保护，安全性更高。它的缺点主要是，由于要求对两个部件配置，使它们能协同工作，所以屏蔽主机网关的配置工作较复杂。另外，如果攻击者成功入侵了应用网关或屏蔽路由器，则内部网络的主机将失去任何的安全保护，整个网络将对攻击者敞开。

4. 屏蔽子网

屏蔽子网系统结构是在屏蔽主机网关的基础上再添加一个屏蔽路由器，两个路由器放在子网的两端，三者形成了一个被称为非军事区（Demilitarized Zone，DMZ）的子网，如图 7－10 所示。

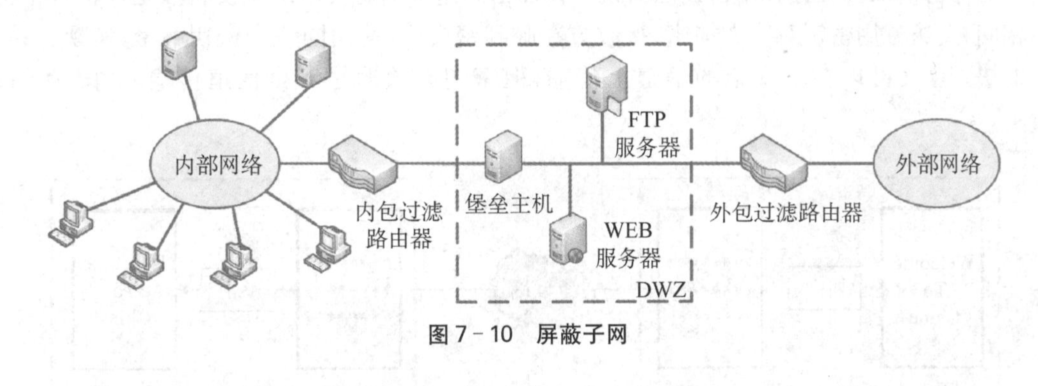

图 7－10 屏蔽子网

这种方法在内部网络和外部网络之间建立了一个被隔离的子网。用两台屏蔽路由器将这一子网与内部网络和外部网络分开。内部网络和外部网络均可访问被屏蔽子网，但禁止它们穿过被屏蔽子网通信。外部屏蔽路由器和应用网关与在屏蔽主机网关中的功能相同，内部屏蔽路由器在应用网关和受保护网络之间提供附加保护。

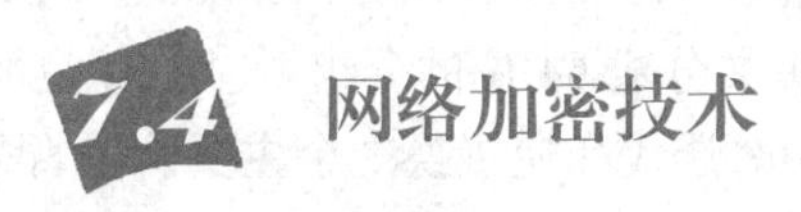

7.4 网络加密技术

加密技术是电子商务采取的主要安全保密措施，是最常用的安全保密手段，利用技术手段把重要的数据变为乱码(加密)传送,到达目的地后再用相同或不同的手段还原(解密)。加密技术的应用是多方面的,但最为广泛的还是在电子商务和 VPN 上的应用,深受广大用户的喜爱。

加密技术包括两个元素:算法和密钥。算法是将普通的文本(或者可以理解的信息)与一串数字(密钥)的结合,产生不可理解的密文的步骤;密钥是对数据进行编码和解码的一种算法。在安全保密中,可通过适当的密钥加密技术和管理机制来保证网络的信息通信安全。加密技术是一个过程,它使有意义的信息表现出没有意义。一个加密算法就是一系列规则或者过程,用于将明文(原始信息)加密成密文(混乱的信息)。算法对明文使用密钥,尽管算法相同,不同的密钥将产生不同的密文。没有加密算法的密钥,密文将保持混乱状态,不能转换回明文。数据的加密、解密过程如图 7-11 所示。

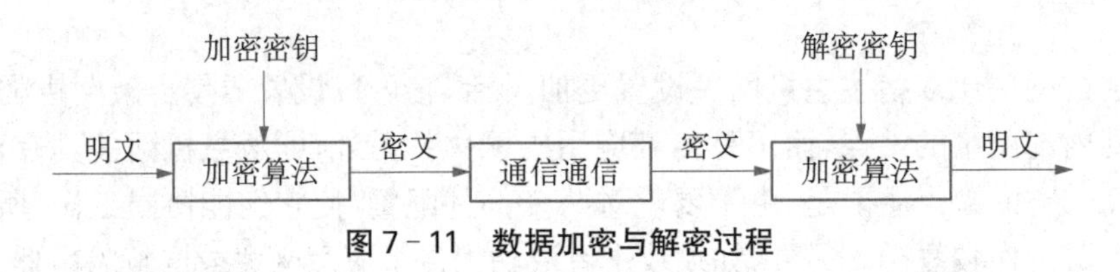

图 7-11 数据加密与解密过程

密钥加密技术的密码体制分为对称密钥体制和非对称密钥体制两种。相应地,对数据加密的技术分为两类,即对称加密(私人密钥加密)和非对称加密(公开密钥加密)。

7.4.1 对称密钥加密

对称密钥加密又称私用密钥加密或单钥加密。这种加密技术的主要特点是加密解密密钥相同,发送方用密钥对明文加密,接收方在收到密文后,使用同一个密钥解密,实现容易,速度快。密文可以在不安全的信道上传输,但密钥必须通过安全信道传输,如图 7-12 所示。

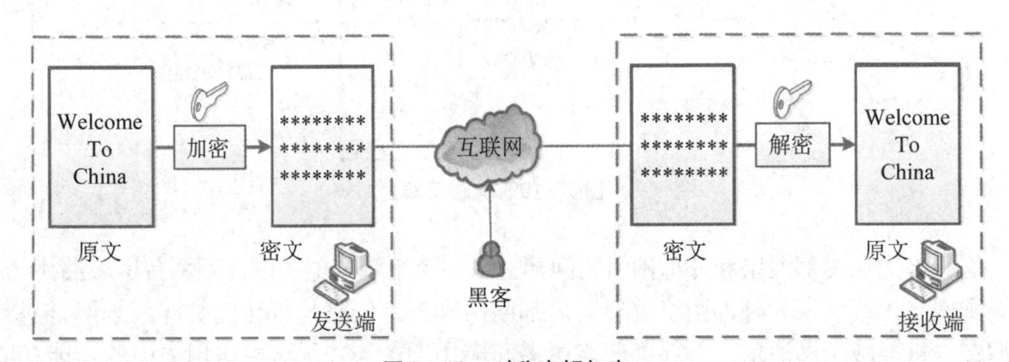

图 7-12 对称密钥加密

对称加密以数据加密标准(Data Encryption Standard, DES)算法为典型代表。DES 的基本思想是将二进制序列的明文分成 64 位的分组,使用 64 位的密钥变换。每个 64 位的明文数据分组经过初始置换、16 次迭代和逆置换 3 个主要阶段,得到 64 位的密文,最后将各组密文串联得到整个密文,如图 7-13 所示。

(1) 初始置换　输入 64 位明文,按初始置换规则将 64 位数据按位重组,并把输出分为

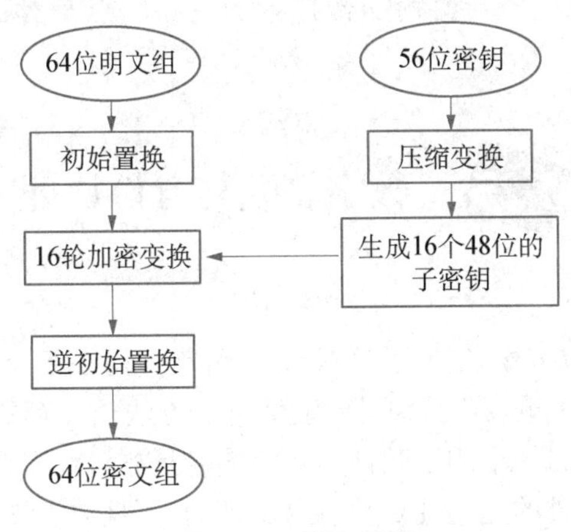

图7-13 DES算法

左右两部分，每部分各为32位。在迭代前，先要变换64位的密钥，去掉其第8、16、24、…、64位，减至56位，去掉的8位被视为奇偶校验位，所以实际密钥长度为56位。

(2) DES算法的迭代 密钥与初始置换后的右半部分结合，然后与左半部分结合，其结果作为新的右半部分。这种过程要重复16次。在最后一次迭代过程之后，所得的左右两部分不再交换。这有可能使加密和解密使用同一算法。

7.4.2 非对称密钥加密

非对称密钥加密技术中，加密密钥不等于解密密钥，如图7-14所示。加密密钥可对外公开，使任何用户都可以将传送给此用户的信息用公开密钥加密，而该用户唯一保存的私有密钥是保密的，只有它能将密文恢复为明文。非对称加密通常以RSA(Rivest Shamir Adleman)算法为代表。对称加密的加密密钥和解密密钥相同，而非对称加密的加密密钥和解密密钥不同，加密密钥可以公开而解密密钥需要保密。

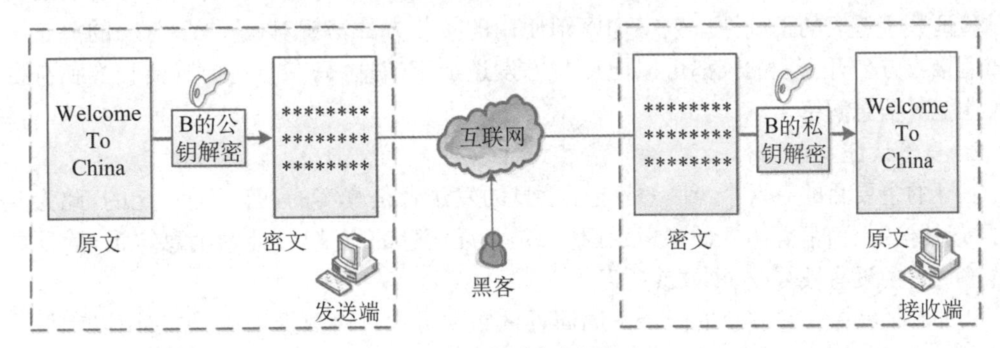

图7-14 非对称密钥加密

用户可以将加密的密钥公开地分发给任何需要的其他用户，这解决了私用密钥加密技术中的密钥分发问题。

公开密钥加密技术能适应网络开放性的要求，是一种适合于计算机网络的安全加密方法。公开密钥加密技术应用范围广泛，不再局限于数据加密，还可以用于身份鉴别、权限区分和数字签名等各种领域。公开密钥加密技术的主要缺点是算法复杂、加密数据的速率较低。

7.5 数字签名与身份认证

1. 数字签名

数字签名(又称公钥数字签名、电子签章)是一种类似写在纸上的普通的物理签名,但是使用公钥加密领域的技术实现,用于鉴别数字信息的方法。一套数字签名通常定义两种互补的运算,一个用于签名,另一个用于验证。数字签名是非对称密钥加密技术与数字摘要技术的应用。数字签名的文件的完整性是很容易验证的,而且数字签名具有不可抵赖性。

数字签名用来保证信息传输过程中信息的完整和提供信息发送者的身份认证。数字签名算法主要由两个算法组成,即签名算法和验证算法。甲首先使用他的秘密密钥对消息进行签名,得到加密的文件,然后将文件发给乙;最后,乙用甲的公钥验证甲的签名的合法性。这样的签名方法符合以下可靠性原则:

① 签名是可以被确认的。

② 签名是无法伪造的。

③ 签名是无法重复使用的。

④ 文件被签名后是无法被篡改的。

⑤ 签名具有不可否认性。

⑥ 数字签名既可用对称算法实现,也可用非对称算法实现,还可以用报文摘要算法来实现。

数字签名和数字加密的过程虽然都使用公开密钥体系,但实现的过程正好相反,使用的密钥对也不同。数字签名使用的是发送方的密钥对,发送方用自己的私有密钥加密,接收方用发送方的公开密钥进行解密。这是一个一对多的关系,任何拥有发送方公开密钥的人都可以验证数字签名的正确性。数字加密则使用的接收方的密钥对,这是多对一的关系。任何知道接收方公开密钥的人都可以向接收方发送加密信息,只有唯一拥有接收方私有密钥的人才能对信息解密。

2. 身份认证

认证的主要目的有两个:其一是验证信息的发送者是真实的,而不是冒充的,此为实体认证,包括信源、信宿等的认证和识别;其二是验证信息的完整性,此为消息认证,验证数据在传输过程中没有被篡改、重放或延迟等。

认证和加密是信息安全的两个不同属性的重要方面。对数据来说:加密用以确保数据的机密性,以防止对手的被动攻击,如截取、窃听等;认证则确保数据的真实性,以阻止对手的主动攻击,如对数据篡改、重排、冒充等。

认证的方法很多。例如,利用消息认证码(MAC)验证消息的完整性;利用通信字、物理密钥、个人认证码(PAC)、生物特征(声纹、指纹、视网膜扫描、DNA 信息)、卡(磁条卡、IC卡、CPU 卡)及访问控制机制等认证用户身份,防止假冒和非法访问;利用时变量作为初始化向量,通过在消息中插入时变量、使用一次性口令等认证消息的时间性,防止重放等。不过，当今最佳的认证方式是数字签名。

7.6 入侵检测技术

入侵检测系统(Intrusion Detection System, IDS)可以定义为对计算机和网络资源的恶意使用行为进行识别和相应处理的系统，包括系统外部的入侵和内部用户的非授权行为，是为保证计算机系统的安全而设计与配置的一种能够及时发现并报告系统中未授权或异常现象的技术，是一种用于检测计算机网络中违反安全策略行为的技术。

入侵检测系统的典型代表是ISS公司(国际互联网安全系统公司)的RealSecure。它是计算机网络上自动、实时的入侵检测和响应系统。它无妨碍地监控网络传输并自动检测和响应可疑的行为，在系统受到危害之前截取和响应安全漏洞和内部误用，从而最大程度地为企业提供网络安全。

(1) 基于主机的入侵检测系统(HIDS)　可监测Windows下的安全记录以及Unix环境下的系统记录。当有文件被修改时，IDS将新的记录条目与已知的攻击特征相比较，看它们是否匹配。如果匹配，就会向系统管理员报警或者作出适当的响应。

(2) 基于网络的入侵检测系统(NIDS)　基于网络的IDS以数据包作为分析的数据源，它通常利用一个工作在混杂模式下的网卡，来实时监视并分析通过网络的数据流。一旦检测到了攻击行为，IDS的响应项目就会报警、切断相关用户的网络连接等。

入侵检测和防火墙最大的区别在于防火墙只是一种被动防御性的网络安全工具，而入侵检测作为一种积极主动的安全防护技术能够在网络系统受到危害之前拦截和响应入侵，很好地弥补了防火墙的不足。

7.7 网络防病毒技术

网络防病毒是指在全网范围内建立起一套全方位、具备实时检测能力的防病毒体系，实现从服务器到工作站再到客户端的全方位病毒防护及集中管理。

与传统单机防毒不同的是，网络防毒体系需要统一管理、统一规划。管理者应对企业网结构了如指掌，细到了解内部服务器和客户机个数，进而能够通过可控的中央管理平台，统一安装客户端的防毒产品，掌握病毒发作情况、防毒产品狙击病毒的运行情况，管理各设备代码库更新工作等。

每一系列产品都有一个自己的管理平台，与其他系列的产品管理平台互不联系，只能一个管理平台管理一个系列的产品，管理平台是嵌入到产品内部的。这种管理模式适用于服务器较少的小型局域网，目前很多国内外厂商的防毒产品都采取这种模式。

把所有系列的产品集中在一个单独设立的防毒服务器上分发和管理，典型的代表是Symantec控制中心(Symantec System Center, SSC)。Symantec对于网络各层次的防毒产品，是由该控制中心为企业网络防毒的安装、维护、更新及报表等，提供集中管理工具，其中防火墙、网关、Lotus Notes以及Microsoft Exchange防毒产品均采用基于Web的管理方式,因此可以实现远程管理。这种管理模式比较适合服务器较多的中型局域网。

实训 任务

任务1 实施网络访问控制策略

实训目的

1. 理解防火墙的原理。
2. 掌握防火墙的应用。

实训环境

实训室

硬件:PC。

软件:win10。

实训内容

(1) 在 windows 10 系统桌面,右键点击“开始”按钮,在弹出的快捷菜单中选择“设置”选项。

(2) 在“设置”窗口,选择“网络和 Internet”图标,打开网络设置窗口。

(3) 在“网络和 Internet”窗口中选择“以太网”,如图 7-15 所示。

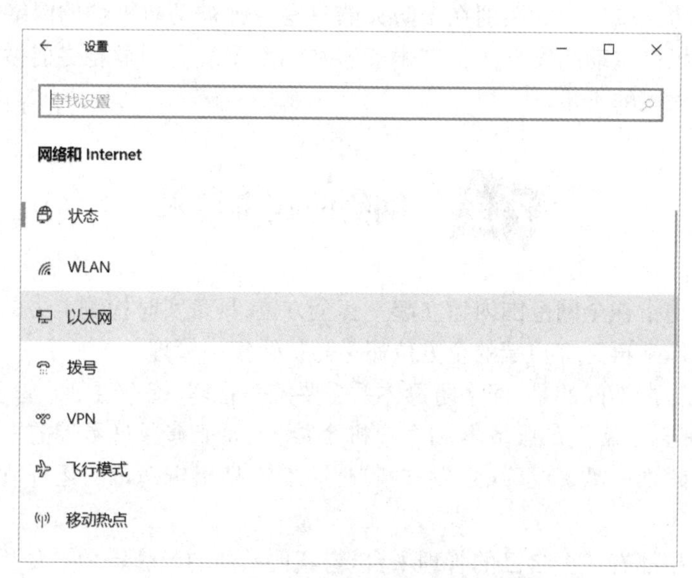

图 7-15 网络设置对话框

(4) 在“以太网”窗口中选择“Windows 防火墙”,如图 7-16 所示。

(5) 在打开的“Windows Defender 安全中心”中可以设置网络保护,如图 7-17 所示,比如,设置病毒和威胁防护、账户保护、防火墙和网络保护、应用和浏览器保护、设备安全性、设备性能和运行状况等方面的保护。

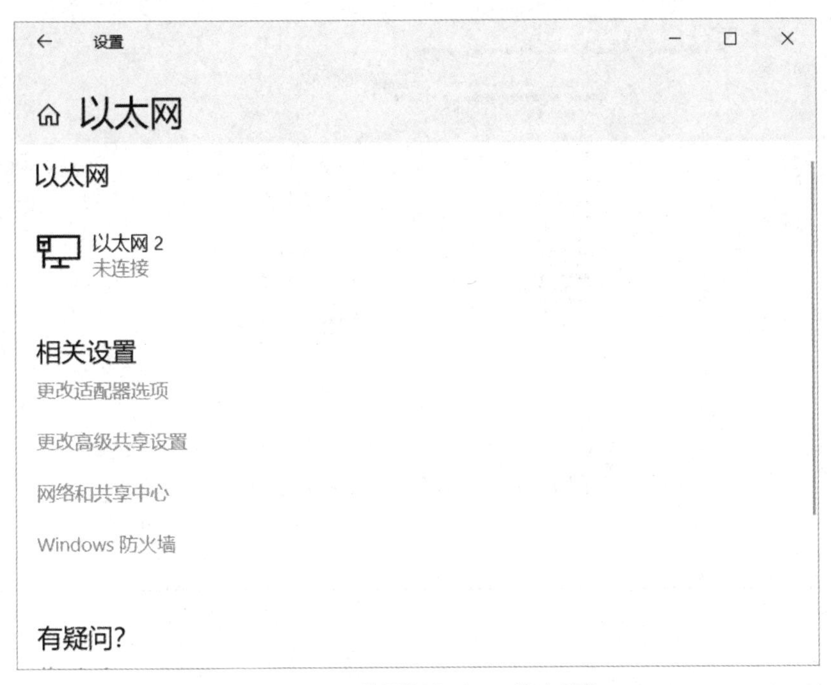

图7-16 选择"Windows防火墙"

图7-17 Windows Defender安全中心

(6) 选择"防火墙和网络保护"中的"允许应用通过防火墙",设置应用和端口,如图7-18所示。

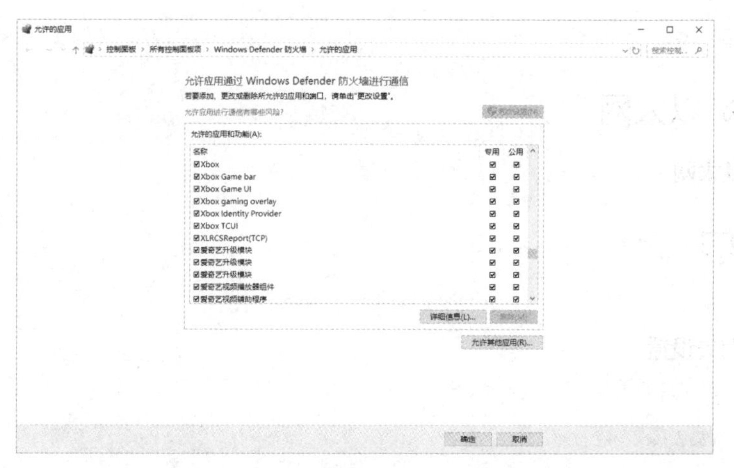

图 7-18 设置允许的应用和端口

实训总结

学习小结

在理论知识体系上，本项目主要讲述了网络管理、网络安全、防火墙技术、网络加密技术、数字签名与身份认证、入侵检测技术、网络防病毒技术等方面的内容，使同学们能够对网络管理与网络安全有一定的了解与认识。

在实践技能应用上，学生能够根据实际需求设置网络访问控制策略，保护网络系统安全。

巩固练习

一、填空题

1. 网络安全机密性的主要防范措施是(　　　　)。
2. 入侵监测系统通常分为基于(　　　　)和基于(　　　　)两类。
3. 数据加密的基本过程就是将可读信息译成(　　　　)的代码形式。
4. 非对称密码技术也称为(　　　　)密码技术。
5. 数字签名技术实现的基础是(　　　　)技术。
6. DES 算法的密钥为(　　　　)位，实际加密时仅用到其中的(　　　　)位。

二、单选题

1. 在以下人为的恶意攻击行为中，属于主动攻击的是(　　)。

A. 数据篡改及破坏　B. 数据窃听　C. 数据流分析　D. 非法访问

2. 以下算法中属于非对称算法的是(　　)。

A. DES　B. RSA 算法　C. IDEA　D. 三重 DES

3. 防止用户被冒名所欺骗的方法是(　　)。

A. 对信息源发方进行身份验证　B. 数据加密

C. 对访问网络的流量进行过滤和保护　D. 采用防火墙

4. 屏蔽路由器型防火墙采用的技术是基于(　　)。

A. 数据包过滤技术　B. 应用网关技术

C. 代理服务技术　D. 三种技术的结合

5. SSL 指的是(　　)。

A. 加密认证协议　B. 安全套接层协议

C. 授权认证协议　D. 安全通道协议

6. 以下方式是入侵检测系统所通常采用的是(　　)。

A. 基于网络的入侵检测　B. 基于 IP 的入侵检测

C. 基于服务的入侵检测　D. 基于域名的入侵检测

7. 加密技术不能实现(　　)。

A. 数据信息的完整性　B. 基于密码技术的身份认证

C. 机密文件加密　D. 基于 IP 头信息的包过滤

8. 所谓加密是指将一个信息经过(　　)及加密函数转换，变成无意义的密文，而接受方则将此密文经过解密函数、(　　)还原成明文。

A. 加密钥匙、解密钥匙　B. 解密钥匙、解密钥匙

C. 加密钥匙、加密钥匙　D. 解密钥匙、加密钥匙

9. 以下关于非对称密钥加密说法正确的是(　　)。

A. 加密方和解密方使用的是不同的算法　B. 加密密钥和解密密钥是不同的

C. 加密密钥和解密密钥匙相同的　D. 加密密钥和解密密钥没有任何关系

10. 数字签名是用来作为(　　)。

A. 身份鉴别的方法　B. 加密数据的方法

C. 传送数据的方法　D. 访问控制的方法

三、简答题

1. 简述防火墙的主要作用及分类。

2. 对称密钥体制与非对称密钥体制的特点分别是什么？

参考文献

[1] 谢钧、谢希仁.计算机网络教程(第5版)[M].北京:人民邮电出版社,2018.
[2] 郭浩.计算机网络技术及应用[M].北京:人民邮电出版社,2017.
[3] 黑马程序员.计算机网络技术及应用[M].北京:人民邮电出版社,2018.
[4] 唐继勇.计算机网络基础[M].北京:中国水利水电出版社,2015.
[5] 徐红,曲文尧.计算机网络技术基础(第2版)[M].北京:高等教育出版社,2018.

图书在版编目(CIP)数据

计算机网络基础项目化教程/罗群,刘振栋主编. —上海：复旦大学出版社，2020.8
ISBN 978-7-309-14648-6

Ⅰ.①计… Ⅱ.①罗… ②刘… Ⅲ.①计算机网络-高等职业教育-教材 Ⅳ.①TP393

中国版本图书馆 CIP 数据核字(2019)第 223786 号

计算机网络基础项目化教程
罗 群 刘振栋 主编
责任编辑/张志军

复旦大学出版社有限公司出版发行
上海市国权路 579 号 邮编：200433
网址：fupnet@fudanpress.com http://www.fudanpress.com
门市零售：86-21-65102580 团体订购：86-21-65104505
外埠邮购：86-21-65642846 出版部电话：86-21-65642845
上海春秋印刷厂

开本 787×1098 1/16 印张 12.75 字数 295 千
2020 年 8 月第 1 版第 1 次印刷

ISBN 978-7-309-14648-6/T・656
定价：39.00 元